数学教学论新编

代 钦 著

科学出版社

北 京

内 容 简 介

本书共十章，第一章为导论；第二章结合中西方数学教育史阐述了中国传统数学教学智慧和苏格拉底 “产婆术”之现代价值；第三章为数学课程的含义和分类；第四章为数学教学目标、备课和教学模式；第五章为数学学习理论；第六章为数学教育评价与测评；第七章为逻辑基础知识与数学教学；第八章为数学教学实践与数学能力的培养；第九章为数学教育研究与教师的继续教育；第十章为信息技术在数学教育中的应用。

本书适合数学教育专业本科生和研究生以及数学教育工作者使用。

图书在版编目（CIP）数据

数学教学论新编 / 代钦著. —北京：科学出版社，2018.6

ISBN 978-7-03-054194-9

Ⅰ. ①数… Ⅱ. ①代… Ⅲ. ①数学教学–教学理论 Ⅳ. ①O1

中国版本图书馆 CIP 数据核字（2017）第 202200 号

责任编辑：滕亚帆 李香叶 / 责任校对：桂伟利
责任印制：吴兆东 / 封面设计：华路天然设计工作室

科学出版社 出版
北京东黄城根北街 16 号
邮政编码：100717
http: //www. sciencep. com

北京中科印刷有限公司印刷

科学出版社发行 各地新华书店经销

*

2018 年 6 月第 一 版 开本：787×1092 1/16
2021 年 1 月第三次印刷 印张：16 1/2
字数：390 000

定价：58.00 元

（如有印装质量问题，我社负责调换）

前　　言

《数学教学论新编》是在笔者多年来为本科生和研究生开设的数学教材教法、数学教育学和数学教学论，以及地方教师培训、各地中小学数学教师“国培”（中小学教师国家级培训）讲座的基础上整理而成的教材。

现代数学教学论是一门数学教学的学问，我国的数学教学论可以追溯到1901年国学大师王国维翻译的日本著名数学教育家藤泽利喜太郎（1861—1933）的著作《算术条目及教授法》，该著作深受德国的传统数学教育思想影响，对我国当时的数学教学理论的学习研究和实践产生了积极作用。20世纪30年代日本著名数学史和数学教育家小仓金之助的《算学教育的根本问题》（1930年）、美国学者Arthur Schultze的《中等学校算学教学法》（1934年）相继被翻译出版，40年代美国著名数学家和数学教育家波利亚的《怎样解题》（1948年）被翻译出版。20世纪20年代和30年代著名教育家俞子夷先生编写出版了不同版本的《小学算术科教学法》，40年代刘开达编写出版了《中学数学教学法》。1949年中华人民共和国成立后，我国文化教育深受苏联的影响，翻译了大量的学术著作，有伯拉基斯《中学数学教学法》（1954年）及其通论、算术教学法、代数教学法、几何教学法、三角教学法的单行本五分册，萨·耶·利亚平的《高中数学教学法》（1960年）代数部分、几何部分和三角部分三册，符·伊·孜科娃的《掌握初等几何知识的心理概论》（1959年），敏钦斯卡娅的《算术教学心理学》（1962年）等。1978年改革开放以后，也翻译出版了苏联的奥加涅相的《中小学数学教学法》（1983年）、斯托利亚尔的《数学教育学》（1984年）、克鲁捷茨基的《中小学数学能力心理学》（1983年）、弗利德曼的《中小学数学教学心理学原理》（1987年）等著作。同时也翻译了波利亚的数学教育系列著作、日本数学家和数学教育家米山国藏的《数学的精神、思想和方法》（1986年）、美国数学教育家贝尔的《中学数学的教与学》（1990年）等重要著作。20世纪90年代后，上海教育出版社出版“中小学数学教学论著译丛”。上述著作的翻译出版为我国数学教学论的发展做出了杰出贡献。在这样的历史发展过程中，我国的马忠林、钟善基、丁尔陞、曹才翰、张奠宙等老一代数学教育工作者们以“他山之石，可以攻玉”之理念，在积极学习并吸收国外数学教育思想的基础上进行创造性的转化，建立了具有中国特色的数学教育理论。

特别是从20世纪90年代开始，年轻一代的数学教育工作者逐渐茁壮成长起来，他们的数学教育研究成果如雨后春笋般地展现在世人面前。中国的数学教育研究在国际上也有了一席之地，这些都是中国数学教育学科建设的里程碑式的见证。

高等师范院校数学教育专业从开设“数学教材教法”“数学教育学”到“数学教学论”课程，在表现形式、内容体系、理论水平、学科地位、时空范围等方面均得到了空前的提升。“数学教材教法”课程时期主要以十三院校协编组的《中学数学教材教法》（总论、分论，1981年）、钟善基先生的《中学数学教材教法》（1982年）、马忠林先生和张贵新先生的《数学教育：中学几何教学论》（1988年）、钟善基先生和孙瑞清先生的《初等几何教材教法》（1990年）、丁尔陞先生的《中学数学教材教法总论》（1990年）和赵振威先生的《中学数学教材教法》（三分册，1990 年）等教材授课；“数学教育学”课程时期，主要以斯托利亚尔的《数学教育学》（1984 年）、张奠宙、唐瑞芬、刘鸿坤先生的《数学教育学》（1991 年）、田万海先生的《数学教育学》（1992 年）、周学海先生的《数学教育学概论》（1996 年）等为教材；“数学教学论”课程时期，可谓是“百花齐放，百家争鸣”的时代，各具特色的“数学教学论”的教材相继问世，形成了令人振奋的繁荣景象。这也反映了数学教育研究队伍的壮大和学科建设的健康发展。

现在，一些师范院校大学生和专业硕士的数学教学论课程被教学技能训练、教学设计等课程代替，目的在于提高师范生的教学技能。但是师范生毕业后所掌握的教学技能并不理想。一方面，因为学校里的教学时间、指导教师人数的不足等客观条件的限制，很难实现目标。另一方面，师范生和专业硕士的教学实习时间不到两个月，能够上讲台授课的机会也并不多，实习的效果并不理想。另外，整个国家在这一方面的管理机制尚不健全，时间分配也不够合理，有急于求成之嫌。相比之下，日本、俄罗斯等国家的师范生教学实习时间至少一年，而且师范生到学校实习后其工作学习和正式教师相比没有区别，这样就保证了实习训练的有效性。现在我们数学教师职前教育存在的问题是在数学教育教学课程下的工夫多，而对实习训练的重视程度很不够，还没有形成师范院校和中小学之间协调合作的职前教育的管理机制。因此我们不能赶时髦地对原先的数学教育学或数学教学论课程进行解构，使其成为支离破碎的课程，而应该在稳中求进，使师范生扎实掌握数学教学论系统的理论知识，为其后续的学习和工作奠定坚实基础，这才是根本。

本书有以下特点：首先，保留传统的数学教学法或教育学或教学论的基本理论知识的同时，增加了笔者的一些研究成果，如备课的六元一体结构、日本中小学数学教学模式等。其次，增加了皮亚杰、桑代克、韦特海默等著名心理学家的数学教育研究成果。再次，基于历史发展的观点，挖掘中外数学教育史上经典的教学思想方法并呈现其现代价值。例如，中国的传统数学教学智慧、苏格拉底的数学教学法等都是从历史文献中挖掘整理出来的具有重要价值的内容。最后，每章前面设置了“阅读要义”，根据不同章节的内容适当地安排了“阅读材料”，附录中列出“近现代数学教育史年表”，以便凸显本书的工具性特点。

本书重视内容的科学性、系统性、可读性和实用性等方面，然尚有不少需要进一步完善的地方，这也是今后我们努力的方向。

代钦

2017 年 4 月

目　　录

第一章　导　　论

阅读要义

1. 数学教学论是研究数学教学规律及其应用的一门学科，是研究数学教学的一门学问。它是一门理论性、实践性和综合性很强的独立学科，与数学、教育学、心理学和逻辑学等学科有着密切联系。

2. 数学教学过程是在学生和教师的双边活动中以数学课程内容和教学设备为媒介进行的。同时，数学教学也是学校实现数学教学目标、完成数学教育任务的基本途径。

3. 数学教学论的意义是由数学教育教学在中学教育中的地位决定的。数学教育对学生知识的掌握、思维和思想观念的发展、能力的提高、人格的形成等诸多方面具有重要作用。数学教学论的健康发展及其合理应用直接影响数学教学的质量。

4. 数学教学论有以下特征：

（1）数学教学论是以数学教学为研究对象的学问；

（2）数学教学论是通过数学教学形成人格的学问；

（3）数学教学论是具有实证性和规范性的学问；

（4）数学教学论是理论联系实践的学问；

（5）数学教学论是结合数学教育的思想和方法的学问。

5. 数学教学论的研究领域包括：

（1）数学教学的本质、意义、目的与目标；

（2）教学内容；

（3）教学方法；

（4）测验与评价；

（5）课程；

（6）教学与学习过程；

（7）学习进度、学习效果和能力；

（8）教学理论和学说；

（9）学习者；

（10）教师与教师教育。

6. 数学教学论的研究方法有：

（1）理论与规范性研究：①哲学方法；②解释方法；③历史方法；④比较教育学方法；⑤符号论方法。

（2）实践与实证研究：①教学实验研究；②教学研究；③问卷研究；④思维过程研究。

第一节　数学教学论的内容及其意义

一、数学教学论的含义

数学教学是一个实践过程，数学教学论是从数学教学实践中总结、概括并上升为理论的科学体系。数学教学理论来自数学教学实践，反过来又指导数学教学实践，并在指导实践的过程中不断地发展和完善。数学教学论与一般教学论既有联系又有区别，具有特殊与一般的关系。数学教学论的研究虽然有了长足的发展，但是目前还处于发展中阶段。

数学教学论是研究数学教学规律及其应用的一门学科，是高等师范院校数学教育专业学生的必修课程之一。学校教育是根据一定的社会要求和受教育者的发展需要，有目的、有计划、有组织地对受教育者施加影响的教育。教师作为学校教育的重要组成部分，承担着培养和塑造人的重任。因此教师不仅是一种职业也是一种专业，其性质与医生、律师、工程师等类似，必须经过专门的培训。数学教学论正是这样一门对有一定数学专业知识的学生进行数学教师基础知识和基本技能培训的课程。简而言之，开设本课程的主要目的是改进和完善数学教育专业师范生的知识结构，使其初步形成正确的数学教学思想和数学教学观念，具备基本的教学、教育科研能力，为他们成为合格的数学教师做好准备。

数学教学过程是在学生和教师的双边活动中以课程内容和教学设备为媒介进行的。同时，数学教学也是学校实现数学教学目标、完成数学教育任务的基本途径。人类经过千百万年的反复实践和理性选择，从前人摸索出来的丰富经验中，筛选出几种最有利于学生身心发展的教学方法，并将其保留下来，如数学课堂教学、数学课外活动、各种形式的数学竞赛活动等，已经发展成为现代学校数学教育中广泛运用的途径。各种途径相互作用，并影响学生发展。在这些途径中，数学课堂教学是学校数学教育的基本途径，学校数学教育目的的贯彻落实和数学教育任务的完成主要是通过课堂教学途径实现的。在各种途径中，数学课堂教学的知识容量最大，计划性、系统性最强，活动的效果最明显，因而对学生的全面发展和个性特长的发挥有着更强的作用和意义。

教学论（或教学理论）这个术语，最早在17世纪的德国教育家拉特克（1571—1635）和捷克教育家扬·阿姆斯·夸美纽斯（Johann Amos Comenius，1592—1670）的著作中出现，他们把它理解为“教学的艺术”。

在我国，早在两千多年前的《礼记·学记》中，就提出了“教学相长”“故君子之教，喻也，道而弗牵，强而弗抑，开而弗达”等思想，这是世界教育史上关于教学论的最早论述。

近代以来，对于“教学论”这个术语，汉语使用过的同义词有“教授学”“教学法”“教学原理”“普通教学法”等。例如，20世纪20年代前出现了多种“教授学”的论著。

“教学论”这个术语常常与“教学法”发生混淆。一方面，“教学法”这个术语有时就是指“教学论”，讲的是教学的一般原理；另一方面，“教学法”就是指某一学科的教学法，如数学教学法，这与教学论不同。数学教育中出现过“数学教授法”“数学教学法”“数学教育学”“数学教学论”等说法，但是从迄今为止出版的相关论著中发现，明确区分这四个说法是非常困难的。本书不去推敲这四个说法的区别，仅从可操作性的角度去处理。本书中“数学教学论”的内容和“数学教学法”的有些内容也不尽相同，甚至在某些方面超越了“数学教学法”。

数学教学论侧重从教学指导的视角研究数学教学规律及其运用，涉及指导数学教学的基本理论、数学教学的一般原则、数学教学方法，以及设置依据等较为理论化的问题的研究；也涉及包括数学教学设计的基本要求、原则、方法和程序，数学教学各环节设计与教案编写、数学课堂教学的优化、数学课外活动的设计和实施，数学教学基本技能，以及多媒体技术的使用等以数学教学过程为研究对象的较为具体的问题的探讨；还包括中学数学教学内容概述、数学基本概念和基本理论教学、数学应用教学、数学习题与数学复习教学等以中学数学具体教学内容为研究对象的更为细致的问题的研究和探讨。本书通过对数学教学理论不同层面的展开，展示数学教学理论的主要研究成果、介绍国内外先进的教学思想和教学理念、揭示数学教学过程中的主要矛盾和基本规律、示范数学教学的基本模式和常规方法。

二、数学教学论的意义

从数学教育目的看，自数学教学论出现以来渐次形成的特殊意义有以下四个方面。

（1）数学教学以有目的、有计划、有组织的数学活动形式进行人类经验的传授，使数学教学活动有着良好的秩序和节奏，从而大大提高了数学教学的效率。各种数学教学规章制度的形成更规范了师生的教学行为，使数学教学活动去除了随意性和零散性，从而使之变成一种专业性很强的特殊活动。

（2）数学教学将传授的内容，经科学的选择，依据知识构成的逻辑顺序和学生获得知识的认知规律编成教材，作为学生认识世界的媒介。这比起学生自己选择学习内容，无论从其目标、内容、时间还是效果上来说都要优越得多。

（3）数学教学又是在教师的引导和精心安排的过程中进行的。它不仅可以避免学生自学上的困难和反复尝试错误，而且，教师又总是试图选择最优的方法去完成教育的任务，这就保证了学习者学习上的每一步都能够顺利地进行。

（4）数学教学所要实现的不仅仅是知识的传授，它要完成的任务始终是全面的，既有知识的获得、智力的发展、能力的培养和提高，又有思想品德的完善、基本技能的形成、个性特长的发展等。

数学教学论的上述作用客观地决定了学校数学教学工作的途径，即有效地进行数学教学活动。要高质量高效率地完成任务，数学教学的一个重要方面是必须遵循数学的教学规律，处理好间接经验和直接经验的关系、传授知识和提高思想觉悟的关系、传授知识和发展智力的关系，以及发挥教师的主导作用与调动学生积极性、自觉性的关系。因此，从教师可持续发展的角度看，将数学教学理论纳入本科师范生的知识结构中已成为社会发展的迫切需要。师范生应该在数学教学论的学习中努力掌握本课程的基础知识和基本原理，注重培养数学教育教学的基本技能，深刻领会典型范例，使基本理论的学习与具体授课方式的学习相得益彰。学校的数学教育工作也应该遵循以数学教学为主的规律，从而保证数学教育质量，培养出合格的人才。

第二节　数学教学论的特征、研究领域及其研究方法

现在，人们把研究数学教学论，即数学教育的学问改称为“数学教育学”。虽然数学教育的研究很早就开始了，但是数学教学论作为学问或学科，其历史并不长。关于建立一

个新学问应该追求什么，以及根据什么，人们对此提出了各种不同的见解。

数学教学论的课题和本质，随着其自身的发展也在不断地变化和发展。但是现在考察、整理数学教学论应该以数学教育的研究进展为根据。

一、数学教学论的特征

数学教学论，顾名思义，就是由数学和教学论合并而形成的学科，但实际上它并不是数学和教学论的简单组合，而它的本质应该是“数学教学”和“论”结合而成的。“论”就是“学问”，因此可以说数学教学论就是数学教学的学问。从这个意义上很容易看到数学教学论这个学科的独立性。

数学教学论并不是从“数学”和“教学论”角度去理解，而是从“数学教学”和“学问”的角度去理解的。换言之，“数学教学论”是以“数学教学”为研究对象的“学问”。这就明确了数学教学论的研究对象和研究方向。

数学教学论是研究数学教学过程的一门科学。“数学”这个术语可以表示一种思维活动（数学活动），或者表示这种活动的结果—— 理论。这在数学教学中有截然不同的表现形式，从而形成不同的数学教学论。一种是研究某种数学理论的数学教学论，另一种是研究数学思维活动的数学教学论。我们这里研究的数学教学论是后者，主张数学教学是数学思维活动的教学。

根据数学教学论的含义和研究对象、方法等，我们可以概括出它的以下特征。

首先，数学教学论作为一门科学，它应该具有实证性的特征。

其次，从根本上看，数学教学论是以形成职业技能为目标的，因此数学教学论具有规范性的特征。

再次，数学教学论也具有较强的实践性。

最后，数学教学论具有自己的理论体系。

由此可见，数学教学论是综合实证性、规范性、实践性和理论性的一门独立的学科。

数学教学论的研究是思想与方法，或者说哲学与技术的整合性研究。在数学教育中，教育方法是实现教育思想的重要因素。再高深的思想也必须借助方法来实现，否则就是空洞的。同样地，缺乏思想的方法也是很危险的。所以在数学教学论的研究中必须有机地结合思想和方法。

由以上的简要分析，总结出数学教学论具有以下特征：

（1）数学教学论是以数学教学为研究对象的学问；

（2）数学教学论是通过数学教学形成人格的学问；

（3）数学教学论是具有实证性和规范性的学问；

（4）数学教学论是理论联系实践的学问；

（5）数学教学论是结合数学教育的思想和方法的学问。

二、数学教学论的研究领域

过去从教学目的、教学内容、教学方法和评价等视角研究数学教育的问题，但现在随着数学教育的发展和现代科学技术、教育学和心理学等学科的研究进展，数学教学论的研究领域发生了很大变化。例如，从教育领域来划分，可以作如下分类：

（1）数学教学的本质、意义、目的与目标；

（2）教学内容；

（3）教学方法；

（4）测验与评价；

（5）课程；

（6）教学与学习过程；

（7）学习进度、学习效果和能力；

（8）教学理论和学说；

（9）学习者；

（10）教师与教师教育。

从最近发表在《数学教育学报》《数学通报》及《数学教学》等期刊上的论文内容中也可以将数学教学论研究的对象总结为以下研究领域：

（1）教材论；

（2）学习指导方法；

（3）评价；

（4）课程；

（5）教学与学习过程；

（6）问题解决；

（7）理解、认知和思维；

（8）多媒体技术的应用；

（9）其他。

以上领域的分类具有共同点，那就是这些领域的内容不再局限于教学目的、教学内容、教学方法和评价，而是独立出现的新的研究领域，例如，课程，教学与学习过程，理解、认知和思维及问题解决的研究等。这些领域并不是相互独立的，而是一个密不可分的整体的不同方面。

一般地，所谓数学教学主要是指中小学数学教学。从这个意义上说，数学教学论就是以数学教学为研究对象的学科。一方面，教学目的、教学内容和教学方法等是把构成教学的要素进行分解的假设性的成分；另一方面，教学结构的研究和课程的研究是非常重要的领域。根据以上两种不同的分类方法，我们可以概括出数学教学论的研究对象及其研究领域的结构[①]，如图 1-1 所示。

三、数学教学论的研究方法

（一）理论与规范性研究

1. 哲学方法

按照哲学研究的方法是以文献和思辨为研究主体进行的研究方法。一般在阐明教

---

① 数学教育研究会. 新数学教育の理論と実際[M]. 東京：聖文社，1999.

育、人格（人）、数学等的本质与它们之间关系的研究领域，以及数学教育目的等研究领域中使用，如图 1-1 所示。

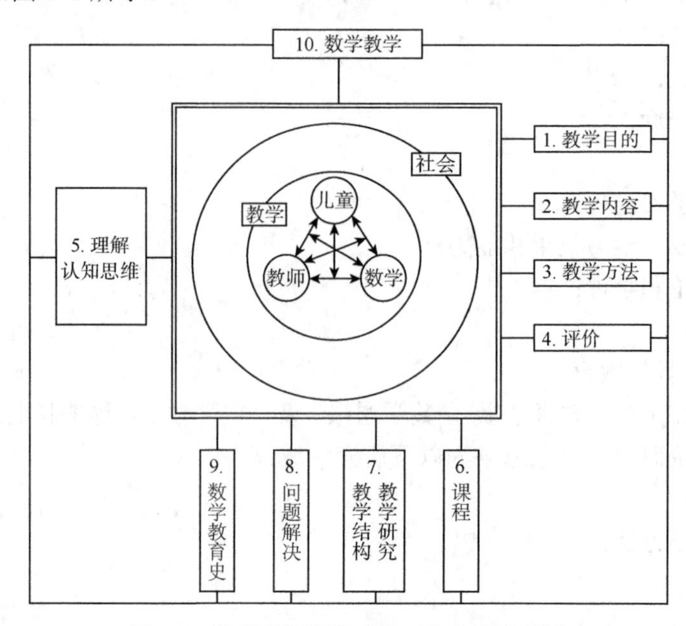

图 1-1　数学教学论的研究对象和研究领域

2. 解释方法

解释方法是指以前人所研究的理论、原理等为研究对象，对它们的解释、相互关系、价值等方面进行的研究。例如，关于皮亚杰理论在数学教育中的应用、数学教育中关于“理解”的各种模式的研究等方面经常使用解释方法。

3. 历史方法

历史方法是指应用历史学的研究方法，进行数学教育的通史性研究、断代史研究、各国数学教育史的研究、不同问题的研究、人物研究等。

4. 比较教育学方法

比较教育学方法是指应用比较研究方法，对若干个国家的数学教育进行比较研究，阐明它们的特征、问题与课题等。

5. 符号论方法

符号论方法是指灵活应用符号论、表记论、语言论等学科的成果，进行数学教育研究的方法。在数学教育中，表记的研究和表证体系的研究等经常使用。

（二）实践与实证研究

1. 教学实验研究

教学实验研究是指提出研究假设，并通过教学实验来实证假说的研究。其最典型的方法是确定实验群的班级和一般群的班级来进行教学，进行统计性检验。

2. 教学研究

教学研究是指以改进教学为目的，将教学过程用摄像机等设备记录下来，并进行分析的研究。它是从教学论的研究、教育技术学的研究、学科内容的研究等各种视角进行的研究。

3. 问卷研究

问卷研究是进行问卷调查，根据分析结果来明确某一事实、论证研究假设等的研究方法。在这种情况下，统计方法和多变量分析方法被广泛使用。学力[①]的调查分析和学生错误解答的分析也包含在其中。

4. 思维过程研究

思维过程研究是把学生在问题解决过程中的思维过程用摄像机等设备记录下来并进行分析，最后阐明学生思维的数学过程和心理过程等。

---

① 学力：广义指借助学校教育所形成的能力，亦即通过学科教学及生活指导而形成的能力的总体。狭义指借助学科教学而形成的能力。学力的概念是日本学者胜田守一和广冈亮藏等于20世纪60年代提出的。

第二章　数学教育的发展

阅读要义

没有历史的观念也就没有发展的眼光。数学教育经历了几千年的历史，积累了丰富的经验，各国也在各个时代不同程度地发展了数学教育。

1. 中国数学教育具有三千多年的历史，在西周时期的“六艺”中就有了数学教育内容。西汉末年出现了影响中国传统数学发展的数学教科书《九章算术》。隋朝于公元 589 年统一全国后，在国子学中首次增设了算学，这标志着中国古代的国家数学教育制度的初步形成。公元 656 年，唐朝在国子学中设“明算科”，规定了课程、考试方法和教科书，即“算经十书”，创建了世界上第一所数学专科学校。宋、金、元时期的数学教育相当发达，出现了李冶、秦九韶、杨辉、朱世杰等著名数学家。在明末，欧几里得的《几何原本》等西方数学著作的传入，使中国数学教育逐渐开始学习西方数学教育，清末民国时期出现了模仿学习日本、欧美数学教育的高潮。

2. 中国数学教育在自己悠久的历史发展过程中积累和总结出了丰富而深刻的教学思想方法，在《周髀算经》《九章算术》《数书九章》《杨辉算法》等数学名著中展现了数学教学过程、数学教学计划、数学问题解决方法的经典教学案例，也充分展示了中国古代的启发式教学、精讲多练、熟能生巧、一题多解等数学教学智慧。

3. 中华人民共和国成立后，进行了多次数学教育改革。大致分六个阶段：第一阶段（1950－1958 年），学习苏联时期；第二阶段（1958－1961 年），教育大革命时期；第三阶段（1961－1966 年），“调整、巩固、充实、提高”时期；第四阶段（1966－1976 年），“文化大革命”时期；第五阶段（1976－2001 年），稳固发展时期；第六阶段（2001 年至今），全面改革时期。

4. 古埃及、古巴比伦、古希腊数学教育在几千年前就开始了，早期教育的目的在于实用。古希腊的泰勒斯在数学中引进证明思想后，古希腊数学教育的目的逐渐倾向于发展学生理性思维能力。毕达哥拉斯、柏拉图等先哲的思想对数学教育的发展产生了深远影响。苏格拉底的“产婆术”彻底打破了之前的模仿与记忆的教学方法——目的不是传授知识而是探求什么是可以接受的正确知识，他把教学看作是充满着疑问的过程。

欧几里得的《几何原本》的问世，使几何从过去以实验和观察为依据的经验科学过渡到演绎的科学。作为教科书，《几何原本》影响了数学教育两千多年。

5. 中世纪，数学教育的发展受到极大的阻碍。文艺复兴时期，数学教育进入了一个新的发展阶段。在 17、18 世纪，夸美纽斯、约翰·洛克（John Locke，1632－1704）各自提出了自己的数学教育观点。19 世纪，J. H. 裴斯泰洛齐（Johann Heinrich Pestalozzi，1746－1827）、赫尔巴特（Johann Friedrich Herbart，1776－1841）等教育家的教育思想对数学教育产生了极大影响。

6. 20 世纪初，由约翰·培利、F. 克莱因和 E. H. 莫尔（E. H. Moore，1862－1932）等倡导的数学教育改革运动，结束了西方传统数学教育。培利提倡引起学生学习兴趣和结合实际进行“实用数学”的教学，主张让学生自己去思考、发现和解决数学问题。克莱因主张以函数概念统一数学教育内容。以 E. H. 莫尔为代表的美国数学教育界提出了各科融合的统一数学。

7. 20 世纪中叶，随着科学技术的迅速发展和国际政治的变化，在数学教育发展进程中出现了从美国开始的“新数运动”，波及其他发达国家。“新数运动”最终以失败而告终。

第一节　中国数学教育史简介

中国的数学教育源远流长，最早可以追溯到商朝（公元前 1600－前 1046 年），至今已经有 3600 多年的历史。本节在简要介绍中国古代数学教育发展史的基础上，以杨辉的“习算纲目”的教学思想为中心，阐述中国古代数学教学研究的概况；同时，以学制发展和数学教育思想的进步为线索介绍近现代数学教育和教学法的发展概况。

一、古代数学教育

中国古代的数学教育在世界上也曾产生过一定的影响，如《算经十书》成为日本、朝鲜等国家的教科书；唐代的数学专科学校是世界上第一所数学专科学校；南宋末期数学家、数学教育家杨辉的《乘除通变本末》中的“习算纲目”是中国第一个数学“教学计划”，也是世界上至今为止被发现的最早“教学计划”。本部分将分别阐述中国古代数学教育的形成与发展，以及古代数学教育的目的、教育内容、教育制度。

（一）古代数学教育的形成与发展

中国在夏商时期就有了数学教育。《说文解字》中有“数，计也”表明数学教育是计算之意。在周朝（公元前 1046－前 256 年）国学内容“六艺”①中开始把数学教育作为其中之一。艺者，技艺，把数学作为一种技艺来传授是中国古代非常独特的数学教育观念。“六艺”教育为我们明确指出了在中国古代就已经把数学教育作为培养官吏的必要内容之一。“六艺”教育使西周的数学教育逐渐形成，并为后世数学教育的发展确定了方向。并且，大约在秦朝（公元前 221－前 206 年）时期我国就有了数学教育制度。

虽然隋朝在历史上仅存在了 37 年，但它对我国的数学教育却产生了深远影响。隋朝于公元 589 年统一全国后，制定了各种制度，除了依照前代设立国子学，恢复国家教育外，首次增设了算学，聘请数学教师，招收学生，从而使我国古代的国家数学教育初步形成。唐朝建立后，经过几十年的整顿，于公元 656 年在国子学中设“明算科”，规定了课程、考试方法和教科书，创建了世界上第一所数学专科学校，由唐高宗钦定数学教科书——《算经十书》②。通过考试选拔算学人才，充当官吏。其中，《算经十书》作为教科书，曾广泛传

---

① “六艺”：礼、乐、射、御、书、数六种科目的合称。其中“礼”是政治理论课，包括奴隶社会的宗法等级世袭制度、道德规范和仪节；“乐”为艺术课，音乐、诗歌、舞蹈结合为一体；“射”与“御”为军事训练课；“书”与“数”为基础文化课。“六艺”以“礼”为中心，文武兼备，代表我国奴隶社会全盛时期的教育水平。其中，“书”和“数”为小艺，主要在小学阶段学习；“礼”“乐”“射”“御”为大艺，主要在大学阶段学习。

② 汉至唐千余年广泛流传的十部数学名著之合称。唐代科举“明算科”必读书。唐高宗御定为国子监算学馆教科书。李淳风详加校注。包括《周髀算经》《九章算术》《海岛算经》《五曹算经》《孙子算经》《夏侯阳算经》《张邱建算经》《五经算术》《缉古算经》《缀术》十部算书。历代数学家给予注释的颇多，亦有增补删改的。现今流传的为北宋元丰七年（1084 年）秘书省刻本的各种传刻本。在北宋以《数术记遗》代替了《缀术》。

播，被日本、朝鲜定为教科书。

宋朝在历史上存在了319年，在北宋后期才开始断断续续地筹办数学教育。比较突出的影响主要体现在两个方面：首先，首次雕版印刷唐朝流传下来的数学教科书；其次，元丰时制定算学条例，大观元年（1107年）“重加删润，修成勒令”，流传至今，有三个部分，即“崇宁国子监算学令”、“崇宁国子监算学格”和“崇宁国子监算学对修中书省格”。南宋存在了一个半世纪，虽然一直没有恢复数学教育，但搜集了北宋元丰时所刊算经，并进行重刊，使今人可以通过这些书间接地窥见元丰版算经的情况。更重要的是，在南宋末期，杨辉于1274年在著作中编写了“习算纲目”，这是中国数学教育史上的珍贵文献。

金朝没有建立国家数学教育，但民间数学传授很盛。我国北方的山西、河北等地民间数学研究和传习相当普遍，他们的一些研究促进了天元术的诞生。数学家李冶在河北元氏县建封龙书院，收徒授课，传播数学知识①。

蒙古和元朝的大汗蒙哥、忽必烈等都比较重视数学，蒙哥学习过《几何原本》，而忽必烈则请数学家王恂给太子讲课。忽必烈时期，一再要求官员子弟也要像普通汉人的子弟那样学习数学。元朝还明确规定下级官吏必须掌握算学知识，目的是满足实际需要。

1368年明朝建立后，于1369年把数学列为教育内容。1392年（洪武二十五年）再次申明数学教学与考试内容：“数习九章之法，务在精通，俟其科贡，兼考之。”②所有学生都要学习算法，精通九章。1393年，由于发生一个案件牵连到算学生，于是撤销了算学。②但是民间的数学传授并没有中断。例如，吴敬在杭州一带是很有名气的数学家和数学知识传授者；程大位于1592年出版了《算法统宗》一书，该书对于数学知识的传播起到了很大的作用，在国内外产生了一定的影响。

中国在两千多年的发展历程中，一直都非常重视数学教育。随着时代的进步，数学教育的内容、方式、方法等都有了一定的发展，并逐渐形成了具有自己特色的数学思想方法。这对我国古代的数学教育思想的形成起到了导向作用。例如，根据社会日常生活需要的“经世致用”的应用思想，算法化、模型化、离散化，突出培养计算能力的运筹思想；数形结合、出入相补、有限与无限相统一的朴素的辩证思想，重视创造和推广简便易行的算筹和算盘的普及思想③。

总之，由于中国古代非常重视数学教育，中国14世纪以前的数学教育长期居于世界领先地位。我国当时先进的数学教育，不但对国内产生了重要影响，而且对中国的邻国日本、朝鲜也产生了极大的影响。

（二）古代数学教育目的、教育内容、教育制度

1. 古代数学教育的目的

中国古代数学教育的基本目的，就是“经世致用”，即社会生活离不开数学知识，所以人们要学习它，并且学会了可以“世用”。在这样的教育目的的指导下，人们只需掌握现有的数学知识便能够满足社会生活的需要，所以不必对数学进行更进一步的研究。故中

---

① 李迪，代钦. 中国数学教育史纲/中日近现代数学教育史[M]. 大阪：ハンカイ出版印刷株式会社，2000，4：92-103.

② 李迪，代钦. 中国数学教育史纲/中日近现代数学教育史[M]. 大阪：ハンカイ出版印刷株式会社，2000，4：95.

③ 罗小伟. 中学数学教学论[M]. 南宁：广西民族出版社，2000：1.

国古代的数学教育基本上都是计算技能的教育。

2. 古代数学教育的内容

中国古代数学教育是以西周时期的“六艺”中的“九数”教学为主要内容的。“九数”即为“方田、粟米、衰分、少广、商功、均输、盈不足、方程、旁要，今有重差、夕桀、勾股。”《九章算术》与“九数”的题目篇名基本相同。只是“九数”中的“旁要”被《九章算术》的“勾股”代替了。所以，可以说古代的“九数”教育事实上就是《九章算术》的教育。《九章算术》是对中国古代数学教育成就的总结，也是中国古代划时代的数学名著。其中负数、分数四则运算，联立一次方程解法，几何图形的面积、体积计算等方面在当时均是具有世界意义的成就。该书出现后对数学教育的影响是极大的。首先，它是中国古代人学习数学知识的重要源泉。例如，数学家刘徽、祖冲之等古代先哲学习并注释过它，程大位的《算法统宗》中演算了《九章算术》的许多问题。其次，它确定了中国古代的数学体系、内容和思想方法。其内容丰富多彩，全书共收入246个问题，每一个问题都有“问”、答，每一类问题还有“术”，共有202个“术”[①]。最后，它创立了中国传统的数学教学模式，即“问题中心，从例中学习”。这种模式对培养专业人员是非常有效的。只要问题提得得当，它就能启发人去探索，从而有所发现和创新。但这种教学模式也存在很大的局限性，例如，缺乏系统性和结构性等。

3. 古代数学教育制度

中国大约在秦朝时期逐渐就有了数学教育制度。例如，规定贵族子弟6岁开始学习数数，9岁教数日，即六十甲子，10岁学习大数计算。到南北朝的后魏时代，已经有“算生博士”的官制，其考试方法已不可考。隋朝也是如此。到唐朝初期才有了一些具体设施。如唐朝建立的世界上第一个数学专科学校，规定算学生一次招生名额是30人。入学条件是八品以下文武官员及庶民的子弟。入学后分科教学，学习《算经十书》中的内容。其中15人学习《缀术》和《缉古算经》，15人学习《九章算术》《海岛算经》《孙子算经》《五曹算经》《张邱建算经》《夏侯阳算经》《五经算术》及《周髀算经》。另外还兼修《记遗》和《三等数》两门数学著作。若能通过毕业考试就可以当九品以下的官员。元明两朝没有完全实行这种方法。清代初期设立了算学馆，开始只规定八旗世家子弟有资格入学，名额限制严格，后来放宽了。学习内容是《数理精蕴》的一些内容。毕业后一般在钦天监工作。

4. 古代数学教育形式

中国古代的数学教育一般有官学教育和私家教育两种形式。国家社会稳定时期，官学教育得到稳步发展，数学教育同样也得到发展。但每一个朝代的发展程度并不一样。每一个时代的数学教育制度反映了官学数学教育的发展情况。私家的数学传授是中国古代数学教育的重要形式之一。例如，南朝数学家祖冲之的儿子祖暅把数学知识教给信都芳和毛栖成；元朝数学家朱世杰周游四海二十多年传授数学知识等。

在明末到清末这300年期间，由于西方数学的传入，中国的数学教育开始向近代西方

① “术”，中国古代数学用语，指算法或算法程序。

数学教育制度过渡，清末基本上完成过渡。因为这一时期的数学教育有其自身的特点，既不同于明末前传统的数学教育，又有别于西方的近代数学教育，故称其为过渡时期的数学教育。

早在隋、唐、元时期，就有外国的数学知识传入中国，但对中国的影响是微乎其微的。从明末开始就不同了，西方初等数学不断传入中国，并被翻译成中文，产生了广泛的影响。其中主要有《几何原本》前六卷、笔算、二次曲线、三角和一些数学工具。“几何”一词被人们接受，到清初形成了“三算”概念，即珠算、笔算、筹算，并成为数学教育的内容。明末清初的数学教育主要靠民间的传承，以清代数学家梅文鼎为代表的梅氏家族就是个典型例子。“他的主导思想是‘会通中西’，对西方的几何、三角、笔算等都有著述。此外还有不少人向他请教和互相学习讨论，实际上形成了一个以梅文鼎为中心的学习、研究中西数学的人群。学习内容，西方数学所占比重较大。”[①]

清代前中期，应该说在康熙时期是非常重视数学教育的，并取得了一定的成绩。康熙皇帝自幼对数学就特别感兴趣，曾请人教授西方数学、测量学等。康熙五十二年（1713年）设立算学馆，选八旗世家子弟，请高水平的数学家任教。康熙皇帝还组织人力制作了许多数学模型和计算工具，如立体几何图形、比例规、画图工具、手摇计算机等。在康熙末年，他又主持编撰《数理精蕴》一书，于1722年成书，1723年刊刻出版，雍正皇帝下诏“颁行天下”，该书直到清末仍是传播数学知识的教科书。

清代末期，中国新学制下的数学教育的诞生经历了半个世纪的酝酿之后才形成。中国近代数学教育，开始于“西学东渐”—— 西方科学知识传入中国之时。19世纪中叶西方传教士到中国时，带来了很多数学书籍，这样西方数学及数学教育在中国逐渐地代替了传统数学，彻底改变了中国传统的数学教育思想和方式。

1852－1859年，李善兰（1811－1882）和伟烈亚力（A. Wylie，1815－1887）翻译了《几何原本》的后九卷与英国德摩根的《代数学》、介绍解析几何和微积分的《代微积拾级》。1853年，伟烈亚力又用中文编写了介绍西方数学的《数学启蒙》，对中国接受现代数学起了积极作用。19世纪70年代，华蘅芳（1833－1902）和英国传教士傅兰雅（J. Fryer，1839－1928）合作翻译了代数、三角、微积分、概率论等方面的数学著作。

从1842年开始，传教士在中国创办教会学校，开设数学课程，主要有几何、代数、三角、解析几何和微积分等。

1862年创建了新式学校——北京同文馆，1866年该馆扩充高等学堂之后，增设了“算学馆”，1868年李善兰被聘为算学馆首任总教习。该馆学制沿用了30年。

19世纪末，中国开始创办数学杂志。1897年，黄庆澄在浙江创办了《算学报》；1899年，朱宪章创办了《算学报》；1900年，杜亚泉在上海出版《中外算报》[②]。这些杂志的创办也促进了数学知识的普及与数学教育的发展。

1901年5月，罗振玉于上海创办《教育世界》杂志。《教育世界》自1901年起就刊载了由国学大师王国维翻译的日本著名数学家藤泽利喜太郎的《算术条目及教授法》[③]等外国数学教育研究的重要论著。

---

① 李迪，代钦. 中国数学教育史纲/中日近现代数学教育史[M]. 大阪：ハンカイ出版印刷株式会社，2000，第4卷：96.

② 张静庐. 中国近代出版史料初稿[M]. 上海：上海书店出版社，2003：80.

③ 《算术条目及教授法》的翻译出版，标志着中国数学教育理论的学习、研究的开端。

上述历史发展为清末确立 1902 年的《钦定学堂章程》和 1904 年的《奏定学堂章程》中的数学教育体系创造了客观条件。

阅读材料

中国最早的数学教科书之一《九章算术》

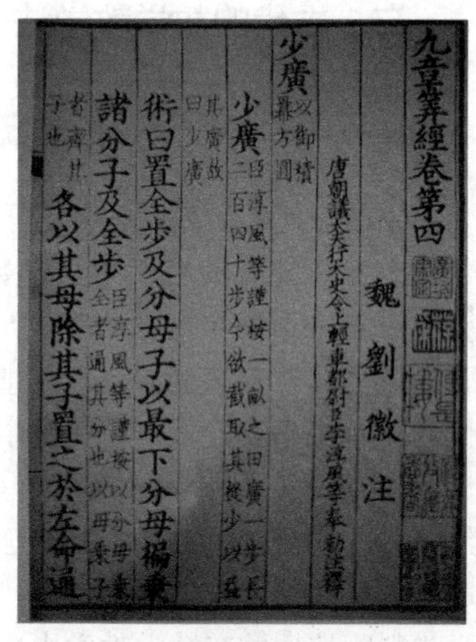

九章算經卷第四

魏 劉 徽 注

唐朝議大夫行太史令上輕車都尉臣李淳風等奉勅注釋

少廣 以御積冪方圓

少廣 臣淳風等謹按一畝之田廣一步長二百四十步今欲截取其從少以益其廣故曰少廣

術曰置全步及分母子以最下分母徧乘諸分子及全步 臣淳風等謹按以分母乘全者通其分也以母乘子者齊其子也 各以其母除其子置之於左命通

图 2-1

《九章算术》是中国传统数学的经典著作(图 2-1)，也是世界数学名著，是中国最早的数学教科书之一。它是汉代以前数学知识的集大成者，包括了当时的大部分数学成果，是一部百科全书式的数学著作。该书后来对中国和朝鲜、日本等东方国家的数学发展产生了极其深远的影响，成为中国传统数学的代表。《九章算术》标志着中国古代数学在公元 1 世纪就已经达到了极高水平，并且在很多重要方面其成就是创造性的、世界领先的。例如，位值制十进制记数法，印度最早在 6 世纪末才出现；分数运算方面也是很成熟的，印度在 7 世纪才应用；开平方、开立方，西方 4 世纪末才有开平方，但还没有开立方；至于正、负数概念和一些运算法则，印度最早见于7世纪，西欧至16世纪才出现；联立一次方程、二次方程方面，也是领先于印度、西方至少 6 个世纪之多。

《九章算术》的作者不详。魏晋时期的著名数学家刘徽注解《九章算术》之前，它已经确立了代表中国传统数学的不可动摇的地位。刘徽的注解，使《九章算术》的内容变得清晰明白，更容易被人们理解，得以流传。

《九章算术》是由九卷组成的，是以应用问题集的形式编写的，共有 246 个问题。一般地，先举出问题，然后给出“答”和“术”，即每一类问题都有“术”，这些“术”是解决问题的方法或算法程序，有的相当于数学定理或数学公式。全书共有 202 个“术”。

《九章算术》的主要内容与结构如下所示。

卷第一，方田，主要内容是：各种平面形田地面积的计算问题与计算面积有关的分数四则运算。

卷第二，粟米，主要内容是：计算各种粮食兑换、计算商品单价等比例问题。

卷第三，衰分，主要内容是：按一定比例进行分配的问题，按等级制分配物品、税收、罚款、记工、贷款利息、粮食买卖等问题。包括分配比例及更为复杂的正比例和复比例。

卷第四，少广，主要内容是：已知矩形田地面积及一边求另一边；关于正方形、圆形、立方体、球体等求积问题，以及介绍开平方、开立方方法。

卷第五，商功，主要内容是：土方工程的计算。关于筑城、开渠、开运河、修堤坝、建粮仓等问题。计算劳动力人数等问题。给出多种立体体积的求积方法。

卷第六，均输，主要内容是：关于按各地区人口多少、路途远近、生产粮食的种类、交纳实物或摊派徭役的计算方法。有加权分配比例、复比例、连比例、合作问题和行程问题。

卷第七，盈不足，主要内容是：引出和运用“盈不足术”的应用问题，即在非负数范围内用双假设法列线性方程问题。

卷第八，方程，主要内容是：线性方程组的一般解法——消去法。正负数概念及其加减运算法则。

卷第九，勾股，主要内容是：利用勾股定理来求解的应用问题。

二、古代的数学教学法

（一）如何认识中国传统数学教学

中国古代数学教育家创造了迄今为止仍然闪烁着睿智的数学教学思想的方法。然而，数学教育研究者和广大中小学数学教师对中国古代数学教学思想方法的了解和应用却不够。近年来虽然出现了一些关于数学文化与数学教育、数学史与数学教育关系的研究论著，但是其内容偏重于西方数学史或西方数学文化，擅长于“概念游戏”，缺乏实际操作性。在有些相关论著中即使有中国数学史和数学文化内容，也只局限于李俨、钱宝琮、李迪等名家论著中展示的几个典型案例——“物不知数”“勾股定理”和数学家故事。诚然，不乏郁祖权《中国古算解趣》、王树禾《数学聊斋》等富有趣味的杰作，但是由于在严酷的考场上其作用微乎其微，因而在课堂上没有容身之地。总之，从浩瀚丰富的中国数学史料中挖掘并在数学教学中应用的人寥若晨星。

意大利著名历史学家克罗齐（Benedetto Croce，1866—1952）曾经说过：“当生活的发展逐渐需要时，死历史就会复活，过去史就变成现在的。”“因此，现在被我们视为编年史的大部分历史，现在对我们沉默不语的文献，将依次被新生活的光辉照耀，将重新开口说话。”[①]“因为从年代学上看，不管进入历史的事实多么悠远，实际上它总是涉及现今需求和形势的历史，那些事实在当前形势下不断震颤”。[②]中国人自古以来格外崇尚“温故而知新”的思想和实践，在个体的学习中重视在温习旧知识的基础上掌握新知识；在民族和国家的发展中，中国人践行“以史为鉴”，将过去的知识经验、思想方法应用于实践，这也是“知新”的目的。

近几年在审阅一定量的数学教育期刊论文、一些师范院校的硕士学位论文和大量阅读数学教育方面的论著时，发现不少年轻的研究者以直接或间接地否定中国传统数学教育为铺垫来阐述自己的“创见”。正如张奠宙先生质言“晚近以来，所谓‘传统的’教育方式，几乎成了‘落后’‘陈旧’的代名词。”[③]笔者质疑有些研究者对中国传统数学教育究竟了解多少。笔者认为，传统和现在及未来并不是决裂的，“创新”并不意味着同“传统”的必然分离，而是以超越和违反传统要求为前提的，在它们之间有某些价值的相合之处。正如著名哲学家叶秀山先生所言：“历史包含了过去、现在、未来。不仅‘过去’规定着‘现在’，‘未来’同样也影响着‘现在’，‘过去’和‘未来’都在‘现在’之中，‘现在’不是一个几何‘点’，而是一个‘面’，人们每天都在‘过去’的规

① 克罗齐. 作为思想和行动的历史[M]. 田时纲，译. 北京：中国社会科学出版社，2005：Ⅳ.

② 克罗齐. 作为思想和行动的历史[M]. 田时纲，译. 北京：中国社会科学出版社，2005：6.

③ 张奠宙，赵小平. 中国教育是不是有“美”的一面？[J].数学教学，2012（3）：封底.

范下、在‘未来’的吸引下生活着、工作着。‘往者’未逝，‘来者’可追，‘价值’‘意义’不是碎片，而是延伸。”[①]从过去、现在和未来的延续性看，“传统”和“创新”是一种文化更新发展的辩证运动的两个方面。我们应该站在传统教育基础上寻找继承和发展的契合点和平衡点，以防止极端的做法。高明的结论若没有历史事实都是苍白无力的。因此，即使是在想否定传统数学教育的情形下，也需要认真地学习研究中国数学教育传统内容，嗣后下结论也为时不晚。

传统是构建民族文化记忆的源泉，是创造的动力，也是超越力的刺激物。所谓传统就是世代相传的具有自己特点的社会因素，古老的东西直接或间接地蕴涵在当今的现实中而继续发挥作用。无论社会变革多么激烈，传统思想是不会被彻底地改变的。虽然当今中国的学校数学教育内容几乎都是西方的，但是数学教育观、数学教与学的方式方法都延续着“尊师重道”“教学相长”“精讲多练”等传统，因此在过去和现在之间具有一种割不断的血缘关系。

张奠宙先生说：“中国教育有自己的‘美’，我们需要民族自信，中国教师是中国优秀教育传统的守望者。”[②]这里笔者再补充一句：中国教育不仅有自己的“美”，还拥有自己的“真”和“善”，其“美”蕴涵在“真”和“善”之中，并以“美”的形式将“真”和“善”展示在世人面前。一言以蔽之，中国传统教育有着丰富的具有生命力的优秀内容，它是真善美的统一，数学教育亦如此。在这种体系下，《华人如何学习数学》《中国数学教育：传统与现实》问世，《华人如何教数学》也在孕育之中。

（二）中国传统数学教育的灵魂

中国传统数学教育是中国传统教育不可分割的一部分，其教育教学指导思想就是中国传统教育思想，换言之，中国传统教育思想就是传统数学教育的灵魂。这体现在传统数学教育中的“尊师重道”“教学相长”等永恒的主题上。关于这方面，在拙文《中国数学教育：传统与现实》（江苏教育出版社，2009 年）第 1 章中国传统文化与数学教育中较详细地论述了中国古代数学教育价值问题，这里摭取其要点，以便读者更好地了解中国传统数学教育思想的内核。

首先，中国传统数学教育主张“教师主导、学生主体”的观点，这体现在“尊师重道”上：既关注学生在教学过程中的主体地位，又强调教师的主导作用。

自古以来教师都受到人们的尊敬，在伦理上具有崇高的地位。中国古代先哲们有很多精辟的论述：

“师严然后道尊，道尊然后民知敬学。”（《礼记·学记》）

“国将兴，必贵师而重傅……国将衰，必贱师而轻傅。”（《荀子·大略》）

“一日为师，终身为父。”[③]（《鸣沙石室佚书·太公家教》）

“为学莫重于尊师。”[④]（《浏阳算学馆增订章程》）

---

① 叶秀山. 美的哲学（重订本）[M]. 北京：世界图书出版公司，2010：149.

② 张奠宙，赵小平. 中国教育是不是有“美”的一面？[J]. 数学教学，2012（3）：封底.

③ 罗振玉. 鸣沙石室佚书正续编[M]. 北京：北京图书馆出版社，2004：346. 原文为：“一日为师。终日为父。”后来改为“一日为师，终身为父。”

④ 谭嗣同. 谭嗣同全集[M]. 北京：中华书局，1981：192.

尊师重道，“重道”，即提倡实事求是地传道，这是在肯定学生主体地位的基础上才能够实现的，并不是当今有些人所认为的那样，在否定学生主体地位的情况下传道的。我们不能把严格要求学生和否定学生主体地位混为一谈。同时，我们还要提醒人们：宽松的课堂也并不等于体现了学生的主体地位。

其次，伟大的教育家、思想家孔子早在两千几百年前提出了“教学相长”（《礼记·学记》)的思想，这里凝练了以教师为主导、以学生为主体相结合的教学思想。概言之，“教学相长”主张：教与学是互相促进的；教师与学生是互相促进的；教师的教与教师本人的学是互相促进的。“教学相长”的理念，并不主张“学生中心”或“教师中心”的二分法的观点，而是积极提倡教与学的平衡与和谐。在不同的教学场景和时间里有着不同的表达方式，如“三人行，必有我师焉”①（《论语·述而》）、“故弟子不必不如师，师不必贤于弟子。闻道有先后，术业有专攻”②（韩愈《师说》）等。“教学相长”的理念一直支撑着中国传统数学教学实践及其发展。

在学习方面，孔子强调学生的学习和思考的统一性：“学而不思则罔，思而不学则殆”③（《论语·为政》）。中国有古语说：“师傅领进门，修行在个人。”这些都提倡学生学习的主动性。

在教学方面，强调教师的献身精神的有孔子的：“学而不厌，诲人不倦”④（《论语·述而》），并且认为：“教不严，师之惰”⑤（《三字经》）、“玉不琢，不成器”⑥（《礼记·学记》)。如果学生学得不好，教师有一定责任。所以，教师把教学中的“主导”当作自己的责任。

如果在数学教学过程中，教师制订教学计划，完成教学设计，实施教学评价，那么，教师就发挥了主导作用。总之，中国数学教育坚持“教师主导”，同时也强调“学生主体”，追求教与学、教师与学生之间的和谐平衡。

“教学相长”思想是通过师生对话讨论的方式来实现的，这类似于古希腊苏格拉底的产婆术。在中国古代数学教学中不乏对话讨论形式的典型教学案例。下面通过《周髀算经》中的实例来品味一下中国传统数学教育思想。

《周髀算经》⑦中荣方向陈子请教数学问题，而陈子没有直接告诉答案，谆谆教导学习思考数学方法，在荣方不厌其烦地反复思考的基础上，清晰地讲解了问题的缘由和结果。

昔者荣方问于陈子，曰：“今者窃闻夫子之道，知日之高大，光之所照，一日所行，远近之数，人所望见，四极之穷，列星之宿，天地之广袤。夫子之道皆能知之，其信有之乎？”

陈子曰：“然。”

荣方曰：“方虽不省，愿夫子幸而说之。今若方者可教此道邪？”

陈子曰：“然。此皆算术之所及。子之于算，足以知此矣。若诚累思之。”

---

① 杨伯峻．论语译注[M]．北京：中华书局，1980：72.
② 牛宝彤．唐宋八大家文选[M]．兰州：甘肃人民出版社，1984：19.
③ 杨伯峻．论语译注[M]．北京：中华书局，1980：19.
④ 杨伯峻．论语译注[M]．北京：中华书局，1980：67.
⑤ 李逸安，张立敏．三字经·百家姓·千字文·弟子规·千家诗（译注）[M]．北京：中华书局，2015：8.
⑥ 胡平生，陈美兰．礼记·孝经（译注）[M]．北京：中华书局，2016：131.
⑦ 江晓原，谢筠．周髀算经（译注）[M]．沈阳：辽宁教育出版社，1996：76-77.

于是荣方归而思之，数日不能得。复见陈子曰："方思之不能得，敢请问之。"

陈子曰："思之未熟。此亦望远起高之术，而子不能得，则子之于数，未能通类。是智有所不及，而神有所穷。夫道术，言约而用博者，智类之明。问一类而万事达者，谓之知道。今子所学，算数之术，是用智矣，而尚有所难，是子之智类单。夫道术所以难通者，既学矣，患其不博；既博矣，患其不习；既习矣，患其不能知。故同术相学，同事相观，此列士之愚智，贤不肖之所分。是故能类以合类，此贤者业精习智之质也。夫学同业而不能入神者，此不肖无智而业不能精习。是故算不能精习。吾岂以道隐子哉？固复熟思之！"

荣方复归，思之，数日不能得。复见陈子曰："方思之以精熟矣，智有所不及，而神有所穷，知不能得，愿终请说之。"陈子曰："复坐，吾语汝。"于是荣方复坐而请。陈子说之曰："夏至南万六千里，冬至南十三万五千里，日中立竿测影。此一者天道之数。周髀长八尺，夏至之日晷一尺六寸。髀者，股也。正晷者，句也。正南千里，句一尺五寸；正北千里，句一尺七寸。日益表南，晷日益长。候句六尺，即取竹，空径一寸，长八尺，捕影而视之，空正掩日，而日应空之孔。由此观之，率八十寸而得径一寸。故以句为首，以髀为股。从髀至日下六万里，而髀无影。从此以上至日，则八万里。"

虽然上述案例是个别案例，但它蕴涵了数学学习方法的哲理性，从中我们可以看到以下三点。

第一，中国古代数学教学中采用师生平等对话讨论的启发式教学方法，注重了师生互动。这种教与学的讨论方式类似于古希腊柏拉图的《美诺篇》中苏格拉底的几何教学的"产婆术"。

第二，陈子提倡自主学习，向荣方阐明了思考在数学学习中的重要性。

第三，陈子没有直接把知识授予荣方，而是在荣方反复思考后传授了知识。

总之，《周髀算经》中强调，学习数学时要举一反三，积极思考，除掌握一定的知识外，也应该注重思维能力的训练和培养。《周髀算经》中的启发式教学方法与苏格拉底的"产婆术"相媲美，两者东西相辉，不仅在东西方数学教育史上发挥了积极作用，而且在当今数学教育中亦具有重要价值。

（三）中国传统数学教育之三个支撑点

"不共线的三个点确定一个平面"，这是不争的公理。类似于这个公理，中国传统思维、中国传统教育思想和中国传统数学的独特思想方法(三点)确定了中国传统数学教育。它们的有机结合形成了中国传统数学教育这个完美的整体，三者在数学教育实践中互相促进、互相依存，推动了整体的良性循环，表现出其生命力。诚然这个整体并不是一个封闭的系统，而是能够与时俱进，不断地吸纳新的思想和方法，以完善自己和超越自己。我们还是通过下面的两个案例来体验其中的趣味吧。

例 2.1　赵爽对勾股定理的证明。

《周髀算经》中明确记载了勾股定理："若求邪至日者，以日下为勾，日高为股，勾股各自乘，并而开方除之，得邪至日。"（《周髀算经》上卷二）

赵爽在《周髀算经注》中创造了"勾股圆方图"，证明了勾股定理。"勾股圆方图"是用"出入相补"原理通过若干次旋转、对称变换来实现的，即"勾股各自乘，并之为

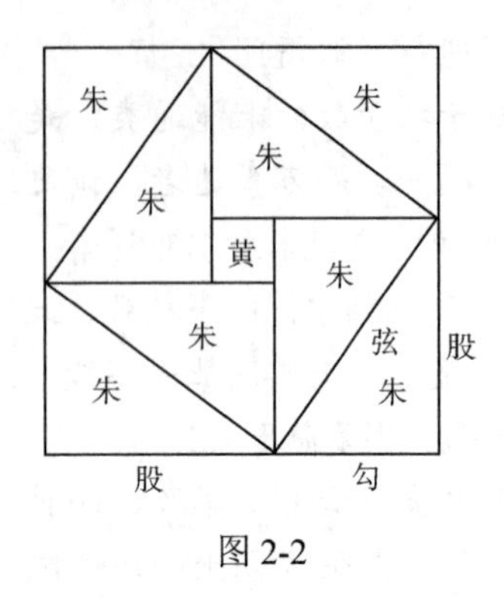

图 2-2

弦实。开方除之即弦。按弦图，又可以勾股相乘为朱实二，倍之为朱实四，以勾股之差自相乘为中黄实，加差实，亦成弦实”。

按“弦图”，以勾、股相乘，其积表示为一个矩形，称为“朱实”，在图中用红色涂之。加倍就有四个红色的矩形。以勾股之差自乘，在图中用“黄色”表示为一个小正方形，用黄色涂之，称为“中黄实”。以两个“朱实”加上一个“中黄实”也得到“弦实”——弦的平方（图 2-2）。

将以上证明过程用现代数学符号表示如下：

设 a，b，c 表示勾股形的勾、股、弦，则一个朱实为 $\frac{1}{2}ab$，四个朱实为 $2ab$，黄实为 $(b-a)^2$。所以，$c^2=2ab+(b-a)^2=a^2+b^2$，即 $c^2=a^2+b^2$。

例 2.2 刘徽对勾股定理的证明。

刘徽在《九章算术注》[①]中用“出入相补”原理（亦称“以盈补虚”方法）构造了两个不同的矩形（整体），从整体中去把握了三角形的底边、高与面积的关系（图 2-3），即三角形面积等于矩形面积的一半，即“半广以乘正从，半广知，以盈补虚为直田也，亦可半正从以乘广”。

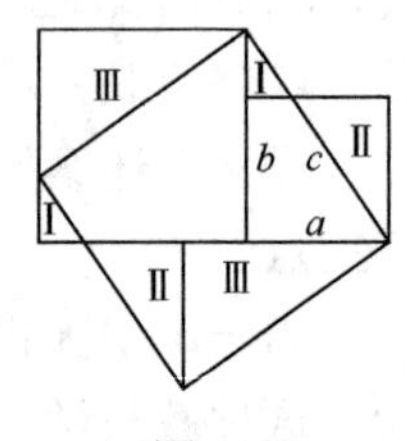

图 2-3

赵爽、刘徽对勾股定理的证明方法是中国古代几何证明方法的典型例子，它是将条件和结论的内在联系作为一个整体从直觉上把握，言简意赅地表述了证明过程。这种证明方法称为“出入相补”方法或原理，其中隐含着中国传统思维的整体性思想，几何证明中试图构造一个井然有序的整体。“出入相补”方法有两个显著的特点：首先，它是整体思维方法，即根据已知几何形体的大小和形状等特点再构造一个新的完整的形体，然后从面积、体积的大小推出结论，即从整体把握部分的特征。其次，在证明中，从整体把握部分的特征以外，还以量为标准从整体与部分之间的关系推出结论。其中，若干次使用几何形体（或面积和体积）之间的全等关系作几何变换，以实现构造整体。但这里仅仅是从面积和体积等量的角度考虑的，一般不涉及几何形体的角度的大小、直线与直线的位置关系等各种性质，或者说，刘徽等中国古代数学家在几何变换过程中依靠直观来把握这些性质关系，所以证明的某些环节显得模糊不清，这不同于古希腊数学的研究方法。例如，赵爽在勾股定理的证明中进行了若干个旋转和移动变换之后构造了一个整体——正方形，然后加以解释勾股定理。这种证明思路和古希腊的欧几里得《几何原本》中对勾股定理的证明方法截然不同。

（四）中国古代数学教学的典范——杨辉的数学教学思想方法

考察中国古代数学教育思想方法时，首先必须介绍南宋著名数学家和数学教育家杨辉。因为在杨辉数学教育思想方法中，凝聚了他之前的先哲们的数学思想方法和教育教学思想方法。他在数学教育教学中充分履践了“温故知新”“循序渐进”“精讲多练”等教

① 郭书春. 九章算术（译注）[M]. 沈阳：辽宁教育出版社，1998：444-445.

学理念，将数学思想方法和中国传统的教学思想方法融为一体，为后世留下了珍贵财富。

中国古代数学教学计划的典范——“习算纲目”

杨辉，字谦光，是南宋著名数学家和数学教育家，钱塘（今浙江杭州）人，其生卒年及生平无从详考。杨辉在数学教育方面的主要贡献之一为“习算纲目”，这是中国古代数学教育史上的一份重要文献，首载于《杨辉算法》①的《乘除通变本末》篇。“习算纲目”是中国乃至世界上目前所发现的第一个有关数学教学计划的文献，是与中国后来所出现的“教学法”“课程标准”“教学计划”“教学大纲”属于同一类的“数学教学的文献”。它阐述了数学学习或数学教学的基本原则，并且具体指出和规定了学习的基本内容，以及各部分知识的学习方法、时间、参考书、学习中的一些重点和难点。这里凝练了杨辉多年从事数学教育实践的经验和深邃的思想，凸显了杨辉卓尔不群的见解。

1）“习算纲目”的具体内容

“习算纲目”是有一定的数学基础知识和文化素养的学习者学习数学的计划，其具体内容如下②：

（1）先念九九合数③：“一一如一，至九九八十一，自小至大。”

（2）学相乘起例并定位：“功课一日。温习乘法题目。自一位乘，至六位以上，并定位，功课五日。”

（3）学商除④起例并定位：“功课一日。温习除法题目。自一位除，至六位除以上，并更易定位，功课半月日。”

（4）《五曹算经》《应用算法》：“既识乘除起例，收买《五曹算经》《应用算法》二本，依法术日下两三问。诸家算法，不循次第，今用二书，以便初学。且未要穷理，但要知如何发问，作如何用法答题，如何用乘除。不过两月，而《五曹算经》《应用算法》已算得七八分矣。《详解算法》⑤第一卷，有乘除立问一十三题，专说乘除用体。玩味注字，自然开晓。”

（5）诸家算书：“用度不出‘乘’‘除’‘开方”三法，起例不出‘如’‘十’⑥二字，下算不出‘横’‘直’二位⑦。引而申之，其机殆无穷尽矣！乘除者，本钩深致远之法，《指南算法》以‘加’‘减’‘九归’⑧‘求一’旁求捷径，学者岂容不晓宜兼而用之。”

（6）学加法起例并定位：“功课一日。温习加一位、加二位、加隔位。三日。”

（7）学减法起例并定位：“功课一日。加法乃生数也，减法乃去数也，有加则有减。凡学减，必以加法题考之，庶知其源。用五日温习足矣。”

（8）学九归：“若记四十四句念法，非五七日不熟。今但于《详解算法》‘九归’题术中细看注文，便知用意之隙，而念法用法，一日可记矣！温习九归题目。一日。”

---

① 孙宏安. 杨辉算法（译注）[M]. 沈阳：辽宁教育出版社，1997：231-240.

② 这些内容是根据孙宏安译注的《杨辉算法》（辽宁教育出版社，1997年）中阐述的“习算纲目” 而归纳总结出来的，见第231-235页。

③ “合数”指相乘。“九九合数”即乘法表。

④ “商除”，即用心算逐位估商作除法，与今笔算除法相似。

⑤ 《详解算法》指《详解九章算法》（1261年）。

⑥ “如”指作一位数乘法时不进位：“二三如六”；“十”指作一位数乘法时进位：“三四十二。”

⑦ “下算”指布列算筹进行计算，其运筹方式，按不同的情况，或在数的同行改数（横），或在另行布列（直）。

⑧ “九归”本指除数为一位的除法，这里指用一位除数除法化简更复杂的除法的方法。

（9）求一[①]：“求一本是加减，乃以倍折兼用，故名求一。其实无甚深奥，却要知识用度。卷后具有题术下法，温习只须一日。”

（10）穿除：“穿除，又名飞归[②]，不过就本位商数除而已。《详解》有文，一见而晓。加减至穿除，皆小法也。”

（11）治诸分：“商除后，不尽之数，法为分母，实为分子，若乘而还原，必用通分[③]；分母分子繁者，必用约分；诸分母子不齐而欲并者，必用合分[④]；分母者有二，较其多寡者，必用课分[⑤]；均不齐之分者，则用平分[⑥]。金连铢两，匹带尺寸，亦犹分子，非乘分除分[⑦]不能治也。治分，乃用算之喉襟也。如不学，则不足以知算。而诸分并著《九章算术》“方田”。若以日习一法，不旬日而周知。更以两月温习，必能开释。《张邱建算经》序云，不患乘除为难，而患分母子之为难。以辉言之，分子本不为难，不过位繁，剖析诸分，不致差错而已矣！”

（12）开方：“开方，乃算法中大节目。勾股、旁要、演段、锁积多用。例有七体，一曰开平方，二曰开平圆，三曰开立方，四曰开立圆，五曰开分子方，六曰开三乘以上方，七曰带从开方。并‘少广’‘勾股’二章。作一日学一法，用两月演习题目，须讨论用法之源，庶久而无失忘矣。”

（13）《九章算术》：“《九章算术》二百四十六问，固是不出乘除开方三术。但下法布置，尤宜编历。如‘互乘互换’‘维乘’‘列衰’‘方程’并列图于卷首。《九章算术》二百四十六问，除习过乘除开方三术，自余‘方田’‘粟米’只须一日下遍。‘衰分’功在立衰。‘少广’全类合分。‘商功’皆是折变。‘均输’取用衰分互乘。每一章作三日演习。‘盈不足’‘方程’‘勾股’用法颇杂，每一章作四日演习。更将《九章算术》‘纂类’消详。庶知用算门例，《九章算术》之义尽矣。”

上述表明“习算纲目”有：①较完整的数学知识体系；②明确的学习进程和目标；③明确的教材层次分析和教学参考书目；④精讲多练的教学方法；⑤强调教学要明算理，要“讨论用法之源”。

2）杨辉的数学教学思想方法

杨辉的数学教学思想方法具体体现在以下三个方面。

（1）计算教学中的对称方法。

在杨辉的著作中可以欣赏到令人陶醉的数学美学思想方法，特别是数学的对称思想方法在杨辉的著作中体现得淋漓尽致。

例 2.3　在《续古摘奇算法》中说：“天数一三五七九，地数二四六八十，积五十五。求积法曰：并上下数共一十一，以高数十乘之，得百一十，折半得五十五，为天地之

---

① “求一”指通过计算，把乘数或除数化为首位数是 1 的数，从而用“加”“减”简化除法的方法。

② 按“九归”之法，把归除口诀推广用于多位除数的除法，利用口诀，直接得出商数和余数，因其速度较快，所以称为“飞归”。

③ 化带分数为假分数的方法，把大的单位化成其下的小单位数也叫通分。

④ 分数加法。

⑤ 比较两个分数大小的方法。

⑥ 求几个分数的算术平均数的方法。

⑦ 分数乘法和分数除法。

数。”[①]

这里杨辉把最小的天数与最大的地数相加，最小的地数与最大的天数相加，相加的结果都为11，以此类推，可得到10个结果为11的数组，于是有$11\times10=110$，再除以2得55。即

$$S=1+2+3+\cdots+9+10$$
$$S=10+9+\cdots+3+2+1$$

将上面两式左、右两边分别相加得

$$2S=(1+10)+(2+9)+\cdots+(2+9)+(1+10)=11\times10=110$$
$$S=110\div2=55$$

杨辉利用对称性原理构造了新方法[②]。这种方法说明，和这列数首末两端距离相等的每两个数的和（对称性）都等于首末两数的和（统一性）。能够观察总结出这样的规律，在计算上就方便了许多。对称性方法在数学教学及数学研究中都是颇有启发性的，如在小学数学教学中就是根据这个对称性原理推导出等差数列前n项和公式的。

（2）纵横图[③]中的对称方法。

杨辉所构造的从3阶到10阶的各种纵横图都是很典型的数学中的对称性、统一性的例子。例如，发现了三阶纵横图中每行、每列及对角线上的数字之和均为15；四阶纵横图的对角线上的四个数字之和都是34（图2-4）。其他就不一一列举了。

4	9	2
3	5	7
8	1	6

（a）三阶纵横图

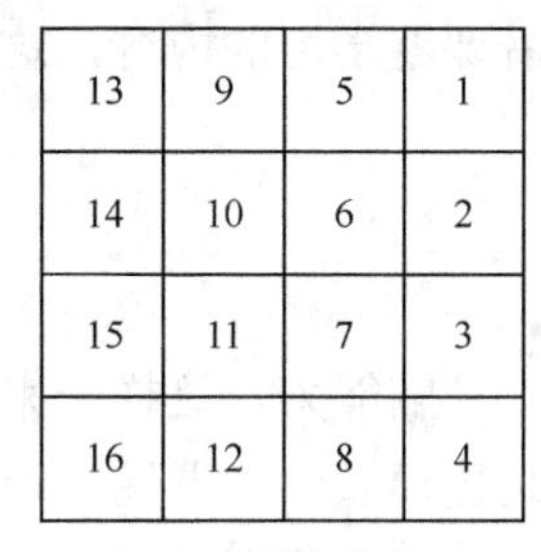

13	9	5	1
14	10	6	2
15	11	7	3
16	12	8	4

（b）依次排列

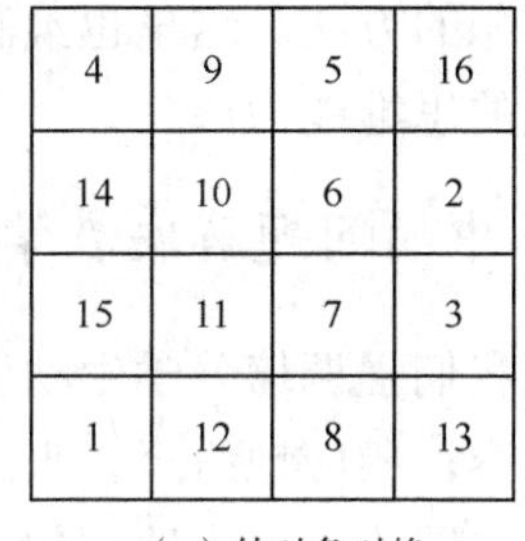

4	9	5	16
14	10	6	2
15	11	7	3
1	12	8	13

（c）外对角对换

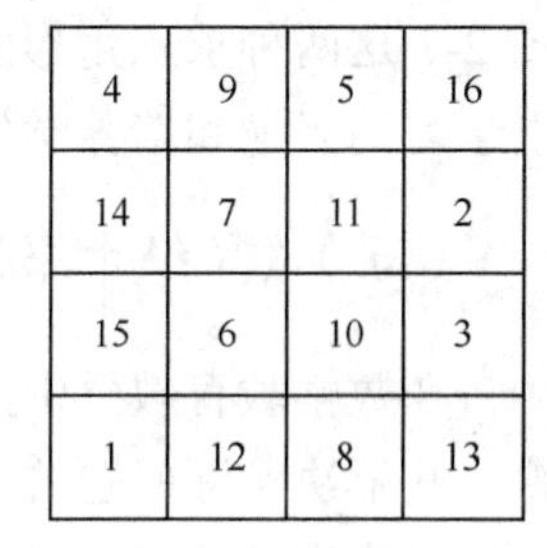

4	9	5	16
14	7	11	2
15	6	10	3
1	12	8	13

（d）内对角对换

图2-4

（3）面积教学中的对称方法。

《九章算术》中圭田（三角形）面积公式的推导方法也运用了对称思想——中心对称性原理：“半广以乘正从，半广知，以盈补虚为直田也，亦可半正从以乘广。”

这就是现在三角形面积公式的文字表述，用几何图形表示如图2-5—图2-7所示（已知$\triangle ABC$，D，E分别为边AB，AC的中点）。

杨辉在《田亩比类乘除捷法》中更进一步发挥刘徽的“以盈补虚”方法详细地研究了三角形面积公式的推导，补充了各种可能的情况，使得推理方法更严谨。他具体给出了以下方法：

“广步可以折半者，用半广以乘正从。从步可以折半者，用半从步以乘广。广从皆不

① 这种运算方法在著名数学家高斯传记中有详细记载：高斯在小学时曾在没有老师提示下自己想到了这种对称的运算法。另外，在民国时期著名数学家吴在渊的传记中记载，吴在渊孩提时代在独自想出这种对称运算方法后得意的情景。

② 代钦. 儒家思想与中国传统数学[M]. 北京：商务印书馆，2003：204.

③ 纵横图，亦称幻方。

可折半者，用广从相乘折半。”（图 2-5—图 2-7）

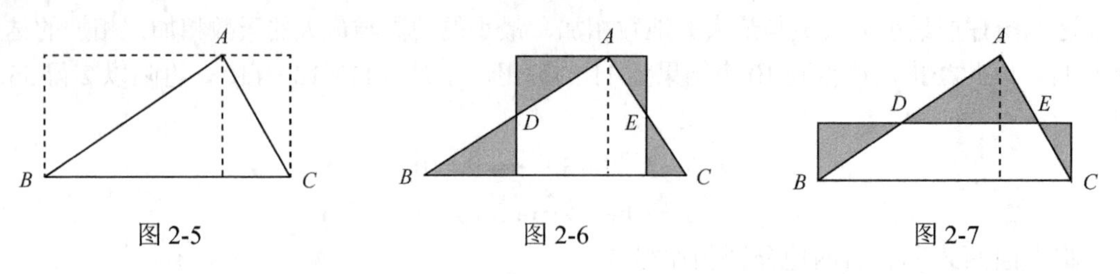

图 2-5　图 2-6　图 2-7

用公式分别表示上述内容即为：$S=\frac{1}{2}(ah)$；$S=\left(\frac{1}{2}a\right)h$；$S=a\left(\frac{1}{2}h\right)$（其中 S 表示三角形的面积，a 表示三角形的底，h 表示三角形的高）。

事实上，中国古代数学家在推导几何图形面积公式的过程中已经不自觉地采用了简单的初等几何中的中心变换方法。刘徽、杨辉通过“以盈补虚”的方法把不完整的图形加以补充，来构造一个完美的整体图形——矩形。计算三角形的面积时，他们首先在矩形这个整体观念的框架中把握问题的关键。

杨辉的这种对称性美学思想方法在数学教学中具有一定的价值。今天，在小学数学教学中求三角形面积时一般只采用图 2-5 的情况来解释。但有见地的教师在教授三角形面积求法时，先用图 2-5 这种方法解释之后，再接着用启发式教学方法引导学生学习图 2-6、图 2-7 这两种求三角形面积的方法。这里也蕴涵着课题学习的内容，这样更有利于激起学生学习的兴趣和培养学生的思维能力。

（五）《算经十书》中的问题解决教学

在数学教育教学中，我们强调培养学生动手、动脑能力。这样一来在课程和教学中设置一些解决实际问题的内容，相应地纷至沓来的是建模教学、课题学习、自主探究等教学方法。内容的选择上模仿美国或者人为地制作一些题目。更有甚者说中国传统数学教育中缺乏这方面的内容，这也许是对历史的无知造成的。在中国传统数学教育中令人赏心悦目的解决实际问题的教学实例不胜枚举，下面仅举中国古代数学教科书《算经十书》中的一些例子。

1.《周髀算经》中的测高问题

《周髀算经》卷上[①]：平矩[②]以正绳，偃矩以望高，覆矩以测深，卧矩以知远，环矩以为圆，合矩以为方。

译文：把矩放平了，用矩的一边可以测量水平和铅直方向的线是否为直线；把矩的一边垂直立起来，就能够测出高度；把矩的一边垂直向下，可以测深度；把矩放平了，可以测量两点间的距离；将矩环转一圈便成圆形；将两矩合起来便得方形。

这首诗的前四句叙述用矩测量的方法，后两句则说明圆与方的形成。诗中所说的测法

① 江晓原，谢筠. 周髀算经（译注）[M]. 沈阳：辽宁教育出版社，1996：75.

② “矩”是由长、短两尺成直角组成的一种“方尺”，尺上有刻度。也是现代木工常用的一种画线和检查直角正确程度的工具。“矩”又称弯尺、曲尺。

理论，就是今天中学平面几何中相似三角形的性质原理。

例 2.4 测高的方法理论如下（图 2-8）。

若把曲尺一边AC放平，即与水平位置AE重合，另一边BC垂直，从A点望高处顶端F，视线AF与BC相交于D，则

$$\triangle ACD \backsim \triangle AEF$$

$$\frac{AC}{CD}=\frac{AE}{EF}$$

$$（高）\ EF=\frac{CD\times AE}{AC}$$

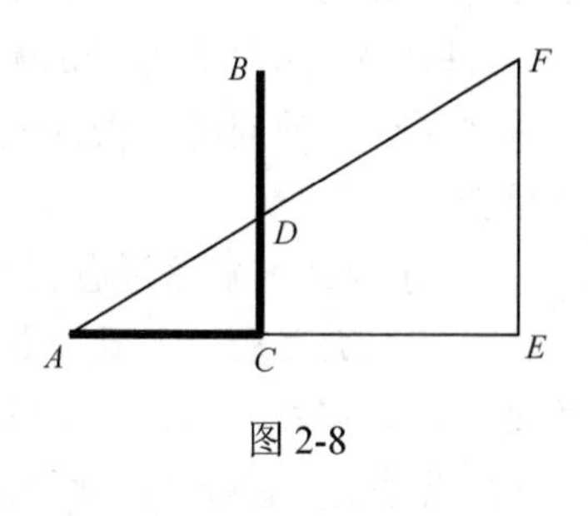

图 2-8

2.《九章算术》中“凫雁相逢”问题[①]

今有凫起南海，七日至北海；雁起北海，九日至南海。今凫雁俱起，问何日相逢？答曰：三日十六分日之十五。

凫一般指野鸭。本题说，野鸭从南海飞往北海，需要 7 天，雁从北海飞往南海需要 9 天。现在二鸟分别从南海、北海同时起飞，问多少天后相逢？

本题虽简单，在中算书籍里却很典型。它反映了我国数学家处理分数问题时的基本思想方法，这种思想方法叫齐同术，即化异分母为同分母叫同其母，要保持分数值不变，必须齐其分子，齐同以后才可以进行加减运算。

术曰：并日数为法，日数相乘为实，实如法得一曰。

“按此术，置凫七日一至，雁九日一至，齐其至，同其日。定六十三日凫九至，雁七至。今凫雁俱起而问相逢者，是为共至。并齐以除同，即得相逢日。”

用一个数表来表示，即

$$\begin{matrix} & 凫 & 雁 \\ 日 & \\ 至 & \end{matrix}\begin{bmatrix}7 & 9\\1 & 1\end{bmatrix}\xrightarrow[齐其至]{同其日}\begin{bmatrix}63 & 63\\9 & 7\end{bmatrix}\xrightarrow{并齐至为共至}\begin{bmatrix}63\\9+7\end{bmatrix}$$

即 63 日相逢 16 次，故相逢日数为

$$\frac{63}{7+9}=\frac{63}{16}=3\frac{15}{16}\ （日）$$

刘徽又给出另一解释：凫一日飞全程的 1/7。雁一日飞全程的 1/9，按同其日齐其至的要求，分别记为$\frac{9}{63}$和$\frac{7}{63}$。若把南、北的距离设想为飞 63 天的话，则凫、雁共飞 9+7=16（次），所以相逢日数是

$$\frac{63}{16}=3\frac{15}{16}\ （日）$$

3.《孙子算经》中“物不知数”问题[②]

“今有物不知其数，三三数之剩二，五五数之剩三，七七数之剩二。问物几何？”

---

① 郭书春. 九章算术（译注）[M]. 沈阳：辽宁教育出版社，1998：367.

② 孙子算经卷下[M]. 上海：鸿宝斋，1896：4.

即有一些物品，不知道有多少个，只知道将它们三个三个地数，会剩下两个；五个五个地数，会剩下三个；七个七个地数，也会剩下两个。这些物品的数量至少是多少？

（注：诗题及题目原文都无“至少”二字，但“《孙子算经》问题”都是些求“最少”或者求“至少”的问题，否则就会有无数个答案。所以，解释题目意思时，在语句中加上了“至少”二字。）

《孙子算经》解这道题目的“术文”和答案是：

“三三数之剩二，置一百四十；五五数之剩三，置六十三；七七数之剩二，置三十。并之，得二百三十三，以二百十减之，即得。”“答曰：二十三。”

即先求被3除余2，并能同时被5、7整除的数，这样的数最小是35；再求被5除余3，并能同时被3、7整除的数，这样的数最小是63；然后求被7除余2，并能同时被3、5整除的数，这样的数最小是30。

于是，由35＋63＋30=128，得到的128就是一个所求之数。但这个数并不是最小的。

再用求得的“128”减去或者加上3、5、7的最小公倍数“105”的倍数，就得到很多这种数：

$$\{23, 128, 233, 338, 443, \cdots\}$$

从而可知，23，128，233，338，443，…都是这道题目的解，而其中最小的解是23。答：这些物品至少有23个。

需要指出的是，在《孙子算经》上，有一段关于这类题目的解题“术文”：

“凡三三数之剩一则置七十，五五数之剩一则置二十一，七七数之剩一则置十五，一百六以上以一百五减之，即得。”

（注：古称“106”和“105”为“一百六”和“一百五”，而称“160”和“150”为“一百六十”和“一百五十”。所以，这里的“一百六”和“一百五”分别指“106”和“105”，而不是“160”和“150”。）

4. 张邱建百钱买百鸡

中国古代数学家张邱建在名著《张邱建算经》中提出下面的百鸡问题[①]：

“今有鸡翁一，值钱五，鸡母一，值钱三，鸡雏三，值钱一。百钱买百鸡。问鸡翁、鸡母、鸡雏各几何？”

张邱建生卒年代已不可考，唯知《张邱建算经》为我国古代十大算经之一，在隋朝该书已经广为流传。

百钱买百鸡问题的数学模型如下：设 x，y，z 分别为鸡翁、鸡母和鸡雏的数目，则 x，y，z 应满足方程组 $\begin{cases} 5x+3y+\frac{1}{3}z=100, \\ x+y+z=100, \end{cases}$ 其中 x，y，z 是非负整数。

消去未知数 z，x 与 y 应满足方程

$$7x+4y=100 \tag{1}$$

上式的齐次方程

① 张邱建算经卷下[M]. 上海：鸿宝斋，1896：13.

$$7x + 4y = 0 \qquad (2)$$

的整数通解 $x = -4t$， $y = 7t$， t 是整数。

由观察得知（1）有整数特解 $x_0 = -100$， $y_0 = 200$。

于是（1）的整数通解为

$$\begin{cases} x = -4t + x_0 = -4t - 100 \\ y = 7t + y_0 = 7t + 200 \end{cases} \qquad (3)$$

我们从全体整数解中挑选非负整数解，欲 $x \geqslant 0$， $y \geqslant 0$，则应有 $\begin{cases} -4t - 100 \geqslant 0, \\ 7t + 200 \geqslant 0, \end{cases}$ 解此不等式组得 $-\dfrac{200}{7} \leqslant t \leqslant -25$，$t$ 应取–28，–27，–26，–25 四个值。

由 $x + y + z = 100$ 得 $z = 100 - x - y$，把 $t =$ –28，–27，–26，–25 代入（3），可得四组解（x，y，z）为（12，4，84），（8，11，81），（4，18，78），（0，25，75）。

5. 甄鸾解决实际问题的教学

甄鸾（535—566），字叔遵，南北朝时期人，无极（今河北省无极县）人，北周数学家，任官司隶大夫、汉中郡守。信佛教，擅长于精算、制天和历法，编有《天和历》，自天和元年（566 年）起被颁行通用。著有《五曹算经》《五经算术》《数术记遗》等数学著作。

甄鸾在《数术记遗》[①]中的有些题目的解决方法是中国古代数学教学中应用对称方法解决实际问题的典型例子。书中说：

“今有大水，不知广狭，欲不用算筹以度之。”

问题解决过程如下：

“假令于水北度之者，在水北置三表，令南北相直，各相去一丈。人在中表之北，平直相望水北岸，令三相直，即记南表相望相直之处，其中表人目望处亦记之。又从中相望处直望水南岸，三相直，看南表相直之处亦记之。取南表二记之处高下，以等北表点记之。还从中表前望之所北望之，北表下记三相直之北，即河北岸也。又望上记三相直之处，即水南岸。中间则水广狭也。”

这里就使用了几何学的轴对称原理[②]。用几何图形表示如图 2-9 所示，A，A'，B，B' 均为记号。

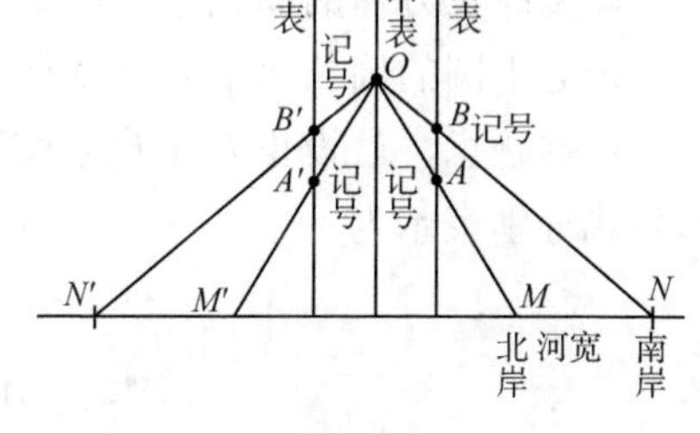

图 2-9

（六）数学的歌诀教学方法

中国古人认为，牢固记忆可以通向理解。牢固数学记忆的方法多种多样，口诀、歌诀教学方法是中国人惯用的方法之一。中国传统数学中牢固记忆的方法是通过数学诗歌或歌诀来实现的。数学歌诀在数学学习研究和商业来往中起到过一定的作用。歌诀使数学知识易于普及于民间。中国最早的数学歌诀在《周髀算经》中就有：“平矩以正绳，偃矩以望

① 数术记遗[M]. 上海：鸿宝斋，1896：6.

② 李迪. 中国数学通史（上古到五代卷）[M]. 南京：江苏教育出版社，1997：263.

高，覆矩以测深，卧矩以知远，环矩以为圆，合矩以为方。”[①]宋元之际在杨辉、朱世杰的著作中也出现过不少数学歌诀；明代程大位的《算法统宗》达到了炉火纯青的境界，珠算的操作都是以歌诀形式进行，许多数学题是以歌诀形式编写的。歌诀也反映了中国古代数学家的浪漫的艺术气质。

数学歌诀也是中国数学的一种表达方式。中国古代人把一些数学问题改编成歌诀，以便掌握和传授。数学歌诀是反映数量关系和空间形式的内在联系及其规律的一种口头形式，它是按数学内容的要点编成的有节奏、生动、押韵的整齐句子，是数学内容和诗歌相结合的结果。数学歌诀首先是数学内容简洁和统一的表示方法，其次是艺术和数学的有机结合。

“13、14世纪数学书，曾应用歌诀来帮助计算。”[②]

例 2.5 在贾亨（14世纪末至15世纪初）编著的《算法全能集》中的第十二项开平方歌诀如下：

开方以积使商除，除得其间上置诸。
下另倍为方法数，却将方倍减其余。
得其次数上商续，方下傍边也续欹。
上下再将续除积，积之数尽自昭如。
若还不尽倍方次，逐一将方位数除。
除见数来商又续，只将此续取空虚。

例 2.6 柱体体积公式歌[③]。

方仓长用阔相乘，堆与圆仓周自行。
各再以高乘见积，唯圆十二一中分。

译文：正方体的储粮仓的体积等于底面的边长与宽相乘，再乘以高。圆柱体的储粮仓的体积等于圆的周长自乘后乘以高，再除以12。

根据题意，若设正方体的边长为 a，圆柱底面周长为 C，高为 h，则体积公式用今天的公式分别表示为

$$V_{方仓}=V_{正方体}=a^3 \tag{1}$$

$$V_{圆仓}=V_{圆柱体}=\frac{1}{12}C^2h \tag{2}$$

以上记忆正方体、圆柱体的体积公式的歌诀，与今天的公式是一致的。正方体公式显然，圆柱体公式与今天的 $V_{圆柱体}=\pi r^2h$ 形式不同，但实质是一样的，推理如下：

因为 $C=2\pi r$，所以 $C^2=4\pi\cdot\pi r^2$，将 C^2 代入公式（2），古时 π 取 3，有

$$V_{圆柱体}=\frac{1}{12}\cdot 4\pi\cdot\pi r^2h=\frac{1}{12}\times4\times3\cdot\pi r^2h=\pi r^2h$$

① 江晓原，谢筠. 周髀算经（译注）[M].沈阳：辽宁教育出版社，1996：75.

② 李俨，钱宝琮. 李俨、钱宝琮科学史全集（第2卷）[M]. 沈阳：辽宁教育出版社，1998：472.

③ 明朝《详明算法》卷下“盘景仓窖”，又见程大位《算法统宗》。

（七）游戏中学习数学

在中国古代，人们根据小孩的年龄特点编制丰富多彩的数学游戏问题，将数学游戏与数学学习融为一体，让小孩在游戏中学习数学，以便激起小孩学习数学的兴趣、培养他们的数学思维能力。

1813 年出版的《七巧图合璧》序文中说：“七巧之板，不知何人所创，其资戏娱，巧中巧者。”

中国称为“七巧八分图”和“益智图”。正如序文中所说，中国古代的器具，即便现在也销售着完全相同形状的东西。

例 2.7　制作正方形。如图 2-10 所示，给每一块图形起了名字。用斜、小、方、小、中五块作正方形。制作如图 2-11 所示。

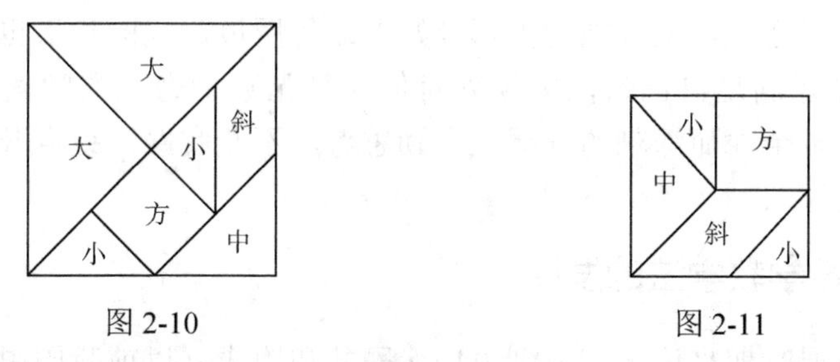

图 2-10　　　　图 2-11

例 2.8　造字——“七巧八分”“山川草木”。

七巧板游戏曾经在中国广泛流行过。一位钱姓女子花一生收集了七巧板的图形，总计 1500 多种，是一种图文兼并的壮观的东西。她把它们分成 8 个部分，后被整理成六册《七巧八分图》的巨著，出版时间是咸丰十一年（1861 年）。如图 2-12 所示，这是从《七巧八分图》中抽出的一组图形，上面的是“七巧八分”，下面的是“山川草木”。“草”使用了古字。

如图 2-13 所示，是利用三组七巧板，把绘画进行图案化了的东西，表现了正在饮酒的场面。

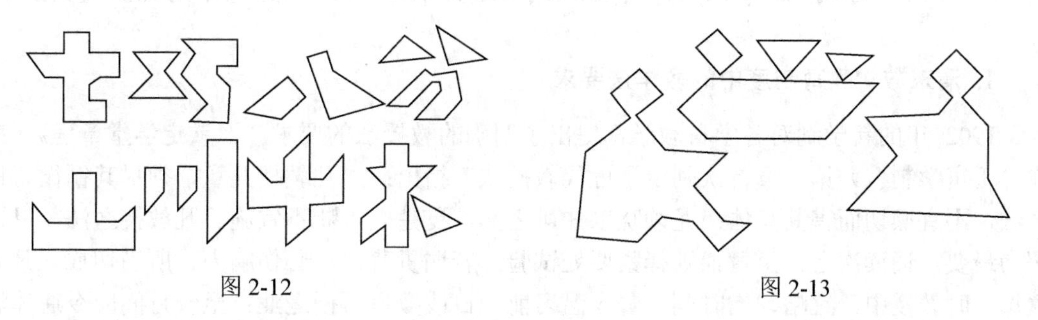

图 2-12　　　　图 2-13

（八）对中国古代数学教学法的创造性转化

牛顿曾经说过：“如果说我看得比别人更远，那是因为我站在了巨人的肩上。”这“巨人的肩”不是别的，就是欧洲科学的成就与传统。传统是基石，传统是源泉，传统具有自组织能力，传统能够创造新的传统。发展中国数学教育要在其传统的基础上进行创造性的转化，创造新的传统，这是我们所面临的艰巨任务。在发展中接纳外国的先进经验，积极吸纳各种新思想和新观点的合理成分，以保证数学教育健康发展，这是我们的责任。中国传统数学教育并不是完美无缺的，我们在看到它的魅力和丰富多彩的同时，也要看到它的瑕疵。我们要站在历史、现在和未来的全景观点上，将传统与改革有机地结合起来，摒弃我们传统数学教育中的不合理因素，同时用新的内容、思想和方法等来充实传统数学教育，循序渐进地发展，克服极端做法，防止教育资源的浪费。因为只有扎实地掌握传统数学教育知识，深刻理解传统数学教育，才能更好地发展中国数学教育。我们应该在一个超脱的境界中审视中国传统数学教育，而不应该盲目地否定它或教条地、过分地宣扬它。认识和创造中国传统数学教育，要有良好的选择能力、判断能力和实践能力。在传统数学教育面前，广大的数学教育工作者犹如摄影爱好者或摄影师一般，当面对绚丽多彩的传统风景时，如何选景、如何调整角度和光圈、如何构图、如何曝光等均需要很高的选择能力、判断能力和实践能力。一个优秀的摄影师用老式相机也能创造出令人陶醉的摄影作品，反之，一位笨拙的摄影爱好者即使用最新式的相机也不一定能够做到这一点，他的作品除满足自己瞬间需要外对他人毫无吸引力。数学教育工作者亦是如此，只有对传统的较全面而深刻的理解，辛勤思考，不断实践，锐意开拓，才能创造出数学教育的新传统。

三、近现代数学教学法的发展

本节分三个发展时期来论述清末到中华人民共和国成立以前我国中小学数学学科教学法的发展史。

20 世纪初，中国教育发生了巨大变化。清代末期，新的学校系统逐渐建立之后，中国两千年以来的传统的教学法发生了根本性的变化。教学法大致经历了三个发展时期。第一时期从1900年到1912年，第二时期从1912年到1919年，第三时期从1919年到1949年。在第一、第二时期没有“教学法”这一名称，而叫作“教授法”；第三时期才有了“教学法”一词。

（一）第一时期：新学制与学习日本或通过日本学习欧美教授法（1900—1912 年）

1. 清末数学教育制度中的教学法要求

1902 年的新学制对各学科教学都提出了明确的教授法的要求。《钦定学堂章程》（亦称“壬寅学制”）第二章首次制定了近代教授法。指出：“凡教授儿童，须尽其循循善诱之法，不宜操切而害其身体；尤须晓以知耻之义，夏楚之事断不宜施。凡教授之法，以讲解为最要，诵读次之，至背诵则择紧要处试验。若遍责背诵，必伤脑力，所当切戒。凡儿童每一时教授中，宜略匀出时刻，督令温习前一日或数日所授之业；至一月间应令通体温习一次，以免遗忘。”①该学堂章程虽没有得到实施，但对以后的学制发展起了一定作用。在 1904 年的《奏定学堂章程》（亦称“癸卯学制”）第二章中指出：“第十节，各教科详细节目，讲授之时不可紊其次序，误其指挥。尤贵使互相贯通印证，以为补益。第十一节，凡教授儿童，须尽其循循善诱之法，不宜操切以伤其身体，尤须晓以知耻之义。夏楚只可示威，不可轻施，尤以不用为最善。第十二节，凡教授之法，以讲解为最要，讲解

① 舒新城. 中国近代教育史资料（中）[M]. 北京：人民教育出版社，1985：397.

明则领悟易。所诵经书本应成诵，万一有记性过钝实不能背诵者，宜于试验时择紧要处令其讲解。常有记性甚劣而悟性尚可者，长大后或渐能领会，亦自有益。若强责背诵，必伤脑力，不可不慎。”[①]高等小学堂章程中的规定和《钦定高等小学堂章程》的教授法基本相同。在算术教授法中指出：“教授之时，宜稍加以复杂之算术，兼使习熟运算之法。”[②]《奏定中学堂章程》也有相应的规定，和高等小学堂基本一样。只是特意提出了算学教授法：“凡教算学者，其讲算术，解说务须详明，立法务须简捷，兼详运算之理，并使习熟于速算。其讲代数，贵能简明解释数理之问题；其讲几何，须详于论理，使得应用于测量求积等法。”[③]

在第一时期，中小学最通行的教授法是讲演式的注入教授法。这种教授法是最陈旧的，后来逐渐被淘汰了。当时比较进步的是通过日本传进来的赫尔巴特派的五段教授法，便于采用，在清末民初曾风行一时。

2. 王国维与我国近代数学教授法

要介绍日本教授法思想对中国的影响之时，不能不介绍国学大师王国维(1877－1927)对我国近代数学教授法的贡献。王国维自 1901 年至 1911 年间翻译和撰写了反映当时西方国家教育新思潮的论著 26 部(篇)。其中，他翻译的藤泽利喜太郎的《算术条目及教授法》是一部具有极大影响的重要文献。

王国维翻译的藤泽利喜太郎的《算术条目及教授法》填补了中国近代中小学数学教育理论研究与实践的空白。这是王国维对我国数学教学理论做出的重要贡献。

3. 藤泽利喜太郎与日本数学教育及其对中国数学教育的影响

藤泽利喜太郎，留学德国，导师为著名数学家克罗内克（Leopold Kronecker，1823－1891），明治二十年回日本从事数学和数学教育研究工作。他热心于数学教育，编写了教科书——《算术教科书》（明治二十九年）、《算术小教科书》（明治三十一年）和《代数学教科书》(明治三十一年)。另外，他以比较教育研究的方法，著有《算术条目及教授法》（明治二十八年）和《数学教授法讲义》（明治三十三年）这两本数学教育研究著作，并提出了“数学教育”研究是一门“学问”的观点。特别是，藤泽利喜太郎在《算术条目及教授法》中提出的“普通算术不需要理论”等主张，获得了日本政府的允许和支持，最终使日本数学教育走向了全国统一的道路。日本明治三十五年（1902 年）的《中学校数学科教授要目》完全是根据藤泽利喜太郎和菊池大麓的数学教育思想而制订的。藤泽利喜太郎和菊池大麓的数学教育思想也深受欧洲的传统数学教育思想的影响。这与从 1901 年开始的英国和德国等国家的数学教育改革运动是背道而驰的。

下面简述藤泽利喜太郎著作的重要内容和一些重要思想。

首先，藤泽利喜太郎在《算术条目及教授法》中明确地提出了数学的教育价值与目的。他明确地提出了数学在普通教育中的教学目的：“数学之于学术技艺军事航海术工业之必要。今更无俟多述。其他文明社会有形之事业，其不要数学之知识者，即有之，亦绝罕也。故极端之论者，往往以为社会之进步非他，乃社会一切之事物，脱于暧昧模糊之里，

① 舒新城. 中国近代教育史资料（中）[M]. 北京：人民教育出版社，1985：425.
② 舒新城. 中国近代教育史资料（中）[M]. 北京：人民教育出版社，1985：435.
③ 舒新城. 中国近代教育史资料（中）[M]. 北京：人民教育出版社，1985：510.

而次第为数学的进化也。即初等数学所以占领普通教育之大部分者，其为将来从事要数学之职业者，与以预备之知识。无论也。然此但直接之利益而间接之效，更有大者。即际人类智育发达之时代，使其思想致密，推理精确，而自信者深厚，一言以蔽之，曰有锻炼脑髓之效，宛如筋骨运动之于体育也。”即，“第一，与以阶梯预备之数学知识。第二，养成数学思想即精神的锻炼”。[①]藤泽利喜太郎指出：“以第一目的，则数学知识，当深浸润学者之脑髓。其重要之部分，唯经年月，尚存在其人之记忆。为必要也。以第二为目的之时，则反之，学者将来忘数学可也，其人尚不失为有数学思想之人。宛如修体操科者后年虽忘体操术，尚强健。”[①]这也是数学的教育价值所在。同时，他分析了数学科学抽象性等特征以及数学学科的教育目的的特殊性。藤泽利喜太郎在这里明确提出了“数学是锻炼思维的体操”的观点。

其次，藤泽利喜太郎明确阐述了抛弃理论算术的主张，即针对当时的日本普遍重视算术中的理论的倾向，明确指出了在算术中引进理论的各种弊端。他的主张具体体现在日本明治三十五年（1902 年）的《中学校数学科教授要目》中。

藤泽利喜太郎明确区分了普通教育中的算术和培养数学专业人才的算术。用今天的话来说就是明晰地指出了数学的教育形态和学术形态的不同特点。

1904 年，在《钦定学堂章程》的基础上，清政府公布了《奏定学堂章程》。这是中国近代第一个比较完整的并在全国公布实行的学制。该学制是严格模仿日本《中学校数学科教授要目》（1902 年）学制确定的。

首先，教学目的，即要义之比较。

《奏定高等小学堂章程》算术之教学要义（1904 年）：“其要义在使习四民皆所必需之算法，为将来自谋生计之基本。教授之时，宜稍加以复杂之算术，兼使习熟运算之法。”[②]

日本《中学校数学科教授要目》（1902 年）：“使习熟日用之计算，与以自谋生计必需之知识，兼使之思考精确。”[③]

其次，教学要求之比较。

中国《奏定中学堂章程》算学教法：“凡教算学者，其讲算术，解说务须详明，立法务须简捷，兼详运算之理，并使习熟于速算。其讲代数，贵能简明解释数理之问题；其讲几何，须详于论理，使得应用于测量求积等法。”[④]

日本《中学校数学科教授要目》（几何）之“注意七”中提出的几何教学要求为“其讲几何，须详于论理”[⑤]。

最后，课程设置与教学时数方面基本相同。

随着中国学制系统的发展和国内政治形势的发展，国外的各种教育思潮传入，各种教授法的书籍通过日本大量传入中国，大多数是赫尔巴特派的教授法著作或论文。

当时，中国学习并采用赫尔巴特派教授法有以下原因。首先，因为五段教授法在日本教育界十分盛行，它的精神充斥于日本颁布施行的各种教规、教则中，而中国在学习日本

① 藤泽利喜太郎. 算术条目及教授法[M]. 王国维，译. 上海：教育世界杂志社，1901：1.
② 舒新城. 中国近代教育史资料（中）[M]. 北京：人民教育出版社，1981：431.
③ 小仓金之助，黑田孝郎. 日本数学教育史[M]. 东京：明治图书，1978：8.
④ 舒新城. 中国近代教育史资料（中）[M]. 北京：人民教育出版社，1981：505.
⑤ 小仓金之助. 数学教育史[M]. 东京：岩波书店，1941：355.

之际大量地把它们翻译介绍过来。其次，留日师范生和来华讲学的日本教习成为传入五段教授法的重要力量。当时中国各级师范学校科目（包括教授法）基本上由日本教习任教，这些教习除直接讲授五段教授法外，还身体力行地在自己的教授实际中加以应用，并用于指导师范生的实习。

（二）第二时期：学制改革与美德等外国教授法的传入（1912—1919 年）

1912 年中华民国成立后，进行了学制改革，教授法也发生了相应的变化。在 1912 年教育部制定《小学校教则及课程表》中除提出了一般性教授法要求外，同时也提出了各科教授法要求。小学算术的教授法如下："教授算术，务令解释精审，运算纯熟，又宜说明运算之方法理由。算术问题宜择他科目已授事项，或参酌地方情形切于日用者用之。"[①]1916 年，教育部又一次公布《国民学校令施行细则》，其中算术教授法发生了微小的变化，"教授算术，务令解释精审，演算纯熟；又宜说明演算之方法理由，尤宜令熟习心算[②]。"这里强调了心算能力的培养，其他方面没有多大变化。

在这个时期，自学辅导主义教授法和分团教授法比较盛行。它们能把教与学联系起来，构成教学的有机整体，但教学次序还是五段教授法程序。

1913 年，教育部曾通令全国中等学校，奖励采用"教员口讲，学生笔记"的教授法，但仍旧没有摆脱讲演式注入法的影子。1914 年后，美国的自学辅导主义教授法传入中国，才由教师的教学转到儿童的学习。所谓自学辅导主义，是指使国民学校三年级以上的学生先自己学习教材，遇到困难时，再由教师加以辅导。接着传入了分团教学法，它是将同年级学生按学力与性质分为若干团，由教师分别指导，以增进他们的学习能力。

1917 年后，美国的设计教学法输入中国，被广泛采用。这种教授法是将实际生活的问题应用于教学上，打破科目的界限与理论组织，分成若干学习单元，经过确定目的、计划、实行、批评四个步骤学习。

（三）第三时期：学习杜威实用主义教育学说与各种教学法的综合应用（1919—1949 年）

1. 各种教学法与数学教学法

1919 年以后，在新文化运动和美国杜威实用主义教育思想的影响下，教育界人士积极要求改进学校教学法。例如，近代教育家廖世承提出："增进教学法，似亦为新学制之特点，盖在旧学制中，功课支配既不适当，目的又不明了，教学法自难优美。教学法增进后，学业成绩自可较前提高。"[③]在社会各界的积极倡导下，最终制定了 1922 年的"壬戌学制"。1923 年到 1929 年期间实行了"壬戌学制"。新学制中，中学分为初中和高中，小学分为初级小学和高级小学。数学学科的最大特色是初中各种数学科目都采用了混合编排的方法。"壬戌学制"增进了教学法，体现在："①注重应用（不重记忆名词）。②讨

---

① 舒新城. 中国近代教育史资料（中）[M]. 北京：人民教育出版社，1985：457.

② 舒新城. 中国近代教育史资料（中）[M]. 北京：人民教育出版社，1985：473.

③ 璩鑫圭，唐良炎. 中国近代教育史资料汇编——学制演变[M]. 上海：上海教育出版社，1991：921.

论问题（不用演讲灌输）。”在数学教学方法方面强调：“用圆周法混合式，以免学者精神、时间之耗费。”①

1929 年 5 月，教育部颁布了《初级中学暂行课程标准》和《高级中学普通科暂行课程标准》。在教学法上除特别强调个性的发展以外没有多大变化。

1933 年 8 月，教育部修正各科课程标准，定名为《正式课程标准》。1939 年 4 月，举行全国第三次教育会议，提出重新修订各科课程标准。1941 年 5 月，初高中数学科课程标准修订完成，并由教育部公布施行，一直使用到 1949 年。在这十几年间教学法方面没有变化。

1919 年后，中国教师方面受杜威实用主义教育学说的影响，学生方面受新文化运动的影响，中等学校教授法由注入式转向启发式教学法的自动主义。1922 年之后，设计教学法、道尔顿制、文纳特卡制等传入中国。道尔顿制被少数中小学采用，但成绩不理想。例如，1924 年在道尔顿制风行之际，廖世承先生组织教师十余人开展道尔顿制与学科制比较实验，写出《东大附中道尔顿制实验报告》，认为道尔顿制不适合中国。此外，由于受到国外教学法的影响，20 世纪 20 年代后，在中国，讨论法、试验法、演示法、表演法、演讲法、五段教学法、复式教学法等较通行。尤其在小学校进行各种教学法教学实验，有时单独使用一种教学法，有时复合使用几种教学法。相对而言，在中学的实验少。

1920 年以前一般都采用“教授法”之名称，从 1920 年以后采用了“教学法”一词。从传统的“教授法”改变为“教学法”，虽只有一字之差，但充分体现了教育观念的根本性转变。这是从以教师为中心的教学转变为以学生为中心的教学，即从传统的只注重教师的教学转向了学生的学习，这种转变具有质的变化。

2. 数学教学原则与教学方式

教学目的、教学原则和教学方式是教学法研究的主要对象。这里仅介绍数学教学原则和教学方式，关于教学目的在此不作论述。中国中小学数学教学原则和教学方式，经过几十年的实践才达到了较完善的程度。下面通过比较典型的参考资料介绍当时的数学教学原则和教学方式。

1）小学算术教学原则与教学过程

在 20 世纪 20 年代，人们总结出了小学算术教学原则和在教学过程中的注意事项。钟鲁斋的《小学各科新教学法之研究》②中总结的数学教学原则的具体内容如下。①选择算术教材应当符合下列原则：教材与本学科目的有密切关系者；需适合儿童心理者，算术问题要与儿童经验和能力相称；需注意生活的材料。②教数学要用具体的东西或绘画给儿童看。应当设法把抽象的转变为具体的。③宜注意练习，养成准确敏捷的习惯。④宜设种种算术游戏或竞赛。⑤宜备各种算术教具。⑥宜注意实际应用问题。⑦宜注意方法和步骤。⑧宜多用诊断测验。⑨取材与教学法须依年级高低而异。⑩教学生解决算题宜用归纳法而不宜用演绎法。

该书提出，教学过程包括下列五个步骤：第一步，预备。引起动机、发生疑难、决定目的。第二步，讨论与研究。讨论解决法、问答、立式演算。第三步，练习。实习、检验、练习。第四步，共同订正。揭示算式、正误、对照、质疑。第五步，考核成绩。

① 璩鑫圭，唐良炎. 中国近代教育史资料汇编——学制演变[M]. 上海：上海教育出版社，1991：887.

② 钟鲁斋. 小学各科新教学法之研究[M]. 上海：商务印书馆，1934：194.

2）中学数学教学法研究及教学原则

自中国有了学校以后，首先采用的是演讲式的注入主义的教学法。在清末的学堂章程中虽然有改进教学法的具体规定，但是由于当时教员人数和实际素质的低下，注意改善教学法的教师极少。从民国之初，人们开始研究小学各科教学。在相对发达地区搞各种教学法实验研究，取得了一定的成就。从20世纪20年代起，大量地出版了各科教学法书籍。但中学的情况和小学的情况不同。1920年以前，还是采用演讲式的教学法，没有任何改进。五四运动后，人们逐渐开始注意中学教学法的研究。当时杜威实用主义教学法起主导作用。各科的教学法都特别注重学生经验性的东西和实验性的教学方法。对数学科而言，非常注意基本知识的掌握与实际能力的培养。但是，在具体教学中也有一些教师不讲究教学法，偏重机械记忆，导致中学生所学的知识不能应用，数学成了几个抽象的符号，教材和学生实际生活经验绝少接近。基于上述原因，开始强调改进教学法，实行测验，使学生多参与教室内的作业，同时多用客观的方法，度量作业成绩。

在整个教学法的发展过程中，中学教学法研究著作不多。最有代表性的有钟鲁斋的《中学各科教学法》①，该书对中学数学教学法进行了详细的论述：数学教学法项目的第一节是算学教学的目标，详细地介绍了初中和高中数学教学目标。第二节是算学的价值，分别介绍了数学科的直接价值和间接价值，即阐述了数学科的教育价值。第三节是算学教学应注意的要点，也就是数学教学原则：①要选择优良的教本。②教学算学应有相当的设备。③要注重观察数学。④教算学在初中宜用归纳法在高中则宜兼用演绎法。⑤教算学宜用启发法不宜用讲演法。⑥宜教学生练习作图。⑦宜教学生读定义定理的方法。⑧宜选择适当的练习题。⑨宜排列适当的练习时间。⑩宜教学生演算练习题的方法。⑪宜指导学生善用图画室。⑫宜改正学生通常所犯的错误。⑬宜补充国防化的算学教材。第四节是算学教学的过程，即介绍了教学方法：①预备。②提示。③练习。④质疑与订正。⑤考核成绩。

四、中华人民共和国成立以降的数学教育与教学法

1949年10月1日，中华人民共和国宣告成立后，我国进行了多次数学教育改革。大致分六个阶段：第一阶段(1950－1958年)，学习苏联时期；第二阶段(1958－1961年)，教育大革命时期；第三阶段（1961－1966年），“调整、巩固、充实、提高”时期；第四阶段（1966－1976年），“文化大革命”时期；第五阶段（1976－2001年），稳固发展时期；第六阶段（2001年至今），全面改革时期。

第一阶段：学习苏联时期（1950－1958年）。1950年教育部颁发了《数学教材精简纲要（草案）》，要求各地按此纲要选用中学数学教材。纲要的精简原则是：第一，数学教材尽可能与实际相结合，首先要与理化两科相结合；第二，在流行的教科书上有许多太过抽象而不切实际，且为学生所不易接受的材料应精简或删除；第三，数学课程规定为：初中算术、代数、平面几何，高中三角、平面及立体几何、高中代数、解析几何。

1952年由教育部颁布的《中学数学教学大纲（草案）》中制定了中学数学教学目的。1955年，教育部对此进行修订，制定了《中学数学教学大纲（修订草案）》，更进一步明确了中学数学教学目的。同时，编写出版了中学数学新教科书。由于取消了解析几何，原

① 钟鲁斋. 中学各科教学法[M]. 上海：商务印书馆，1938：201-215.

有的数学课程水平有所降低。

第二阶段：教育大革命时期（1958－1961 年）。1958 年，中国曾经提出过“以函数为纲”的数学教育现代化改革方案。其主张是：①数学教学要为现代化生产和尖端科学技术服务；②数学教材必须有严谨的理论体系；③数学教材的分量和难易程度应符合学生的学习水平。在内容方面，取消了平面几何，大量增加了高等数学内容。

由于对传统教材作了不恰当的评价和否定，新方案又缺少理论和实践经验的根据，所以新方案是难以实现的。

第三阶段：“调整、巩固、充实、提高”时期（1961－1966 年）。1961 年以后，中国在“调整、巩固、充实、提高”的方针指导下，于1961年和1963年相继修订了中学数学教学大纲。在大纲中恢复了中学平面解析几何课程，重视了基础知识教学和数学基本能力的培养，还指出了中学数学教学的一些原则性要求。在此期间，中国数学教学质量开始稳步提高。

第四阶段：“文化大革命”时期(1966－1976 年)。在 1966 年到 1976 年“文化大革命”期间，数学教育也遭到了破坏。在中学数学里削减了大量的数学基础课程，这大大降低了中学数学知识水平，造成了数学教育的大倒退。1966 年，“文化大革命”开始后，所有学校都停止了教学，教育管理职能部门工作停顿，修改的教材也就没有使用。1968 年开始复课，学制又缩短了，课程也减少了，教学内容要求具有突出政治、联系实际、少而精三个方面的特点，教材由各地自编供应，直至 1977 年秋。这期间，各地所编教材大致有三大类型：一是精简型，即将 1963 年教材加以精简并增加一些实际的应用；二是实用型，城市以联系工业生产的计算、绘图、测量等为主，农村以珠算、会计、测量等为主；三是介乎以上二者之间的中间型。

第五阶段：稳固发展时期（1976－2001 年）。1976 年以后，中国进入社会主义四个现代化建设的新时期。1978 年制定了《全日制十年制学校中学数学教学大纲（试行草案)》，制定了改革的具体方案，也吸取了国外数学教育现代化运动的经验教训。同时，也明确提出了使学生学好基础知识、培养能力和思想品德教育三方面的具体要求。

1981 年 4 月，教育部颁发了《全日制六年制重点中学教学计划（试行草案)》和《全日制五年制中学教学计划（试行草案）的修订意见》，并决定把五年制中学逐步改为六年制中学。两种学制下的初中数学教学内容无多大差别，但高中有较大的变化。1982 年制定了《全日制六年制重点中学数学教学大纲（草案)》，其教学目的和内容与 1978 年的教学大纲相比没有变化，而在教学内容的安排上有了较大的变化，即采用了初中的代数、平面几何，高中的代数、立体几何、平面解析几何和微积分的分科安排方法。至今也沿用着这种内容安排方法。

1983 年，教育部《关于颁发高中数学、物理、化学三科两种要求的教学纲要的通知》。数学方面把新增的微积分初步列入较高要求，概率初步列入基本要求中的选学内容。同时规定基本要求中的必学内容作为高考命题的范围。

1985 年，中共中央颁布了《中共中央关于教育体制改革的决定》从我国社会主义现代化建设和世界范围的新技术革命正在兴起的形势出发，对中小学提出了实行九年制义务教育和调整中等教育结构，以及“改革同社会主义现代化不相适应的教育思想、教育内容、教学方法”的要求。1986 年，全国人大通过了《中华人民共和国义务教育法》，规定“国家实行九年制义务教育”。国家教育委员会制定了义务教育“五四制”和“六三制”两种学制的教学计划和教学大纲；对教材实行“一纲多本、编审分开”的制度。

1986 年 12 月，国家教育委员会按“适当降低难度、减轻学生负担、教学要求尽量明确具体”的原则，制定了新的《全日制中学数学教学大纲》，适当地调整了有些教学内容，教学目的和教学原则没有多大变化。于 1988 年教育部组织编写了人教版、沿海版、内地版等多套教材，从 1990 年秋开始实验。1992 年根据实验结果对大纲和教材进行了修改，通过审定后，于 1993 年秋在全国试行。此外，还由上海、浙江两地分别代表先进城市与农村另拟大纲与另编教材。

根据义务教育的性质，教学大纲在教学目的、教学内容和教学方法各方面都有了改变。比如初中数学教学目的改为：使学生学好当代社会中每一个公民适应日常生活、参加生产和进一步学习所必需的代数、几何的基本知识和基本技能，进一步培养运算能力，发展逻辑思维能力和空间观念，并能够运用所学知识解决简单的实际问题。培养学生良好的个性品质和初步的辩证唯物主义的观点。在教学内容方面，强调精选代数、几何中“最基本最有用的”部分，还规定在毕业班级可以“选学一些应用方面的知识或适当加宽加深的内容”。在教学方面，把“面向全体学生”作为教学中应该注意的第一个问题，“要对每一个学生负责，使所有学生都达到基本要求”，并强调要“切实培养学生解决实际问题的能力”。同时也要求“重视基础知识的教学、基本技能的训练和能力的培养”，在基础知识中首次提出了数学思想和方法，在能力中则指出发展思维能力是培养能力的核心。

1996 年，国家教育委员会印发了供试验用的高中课程计划和各科教学大纲，数学大纲根据课程计划，在一二年级设必修科，三年级设理科、文科和实科三种限定选修科。此外，数学还有任意选修科。必修科内容有集合、简易逻辑、函数、不等式、平面向量、三角函数、数列、数学归纳法、直线和圆的方程、圆锥曲线方程、直线、平面、简单几何体、排列组合、二项式定理、概率；限定选修科的内容，理科有统计与概率、极限、导数与微分、积分、复数；文科和实科有统计、极限与导数、复数；任意选修科则提出一些建议学习的内容。教材只有人民教育出版社出版的一套。1997 年在天津、山西和江西进行试验。试验工作于 2000 年完成，这时已是新的世纪了。

第六阶段：全面改革时期（2001 年至今）。2001 年 7 月，中华人民共和国教育部颁布了《全日制义务教育数学课程标准（实验稿）》，该标准明确提出了义务教育阶段数学课程设置的基本理念：①数学课程应突出体现基础性、普及性和发展性，使数学教育面向全体学生。②数学是人们生活、劳动和学习必不可少的工具，能够帮助人们处理数据、进行计算、推理和证明，数学模型可以有效地描述自然现象和社会现象。③学生的数学学习内容应当是现实的、有意义的、富有挑战性的，这些内容要有利于学生主动地进行观察、实验、猜测、验证、推理与交流等数学活动。④数学教学活动必须建立在学生的认知发展水平和已有的知识经验基础之上。⑤评价的主要目的是全面了解学生的数学学习历程，激励学生的学习和改进教师的教学。⑥现代信息技术的发展对数学教育的价值、目标、内容以及学与教的方式产生了重大的影响。

其课程的总体目标是：①获得适应未来社会生活和进一步发展所必需的重要数学知识以及基本的数学思想方法和必要的应用技能。②初步学会运用数学思维方式去观察、分析现实社会，去解决日常生活中和其他学科学习中的问题，增强应用数学的意识。③体会数学与自然及人类社会的密切联系，了解数学的价值，增进对数学的理解和学好数学的信心。④具有初步的创新精神和实践能力，在情感态度和一般能力方面都能得到充分的发展。

数学课程的内容被划分成四个领域：“数与代数”“空间与图形”“统计与概率”“实践与综合应用”。

该标准的目标与 2000 年的教学大纲相比，关于知识传授、能力的培养、个性品质等方面都有较大变化，而且内容和呈现方式也有所不同。内容有增有减，增加的内容主要集中在统计与概率领域，减少的内容主要集中在平面几何中的演绎证明。新课程与学生的现实生活、已经学习过的其他学科知识联系更加紧密，自然、社会与其他学科中的素材增多。学生探索和交流的空间增大。呈现方式更加多样，并且具有一定的梯度，开放性加强了。同时还增加了大量的辅助材料，如数学史背景知识、数学家的介绍、数学的应用等。

依据《全日制义务教育数学课程标准（实验稿)》编写的数学实验教科书由北京师范大学出版社出版，并于 2001 年秋率先在全国 7 个国家级实验区实验。2003 年初人民教育出版社出版发行的初中数学实验教科书也通过了全国中小学教材审定委员会的审定。同时，由 14 家出版社参与编写的数学实验教材，在全国 42 个实验区实验。在此背景下，相继出版发行了多种版本的以该标准为基本理念的数学实验教科书，这些教科书都采取混编的办法，不再分科。

2003 年 4 月，中华人民共和国教育部颁布了《普通高中数学课程标准（实验)》。该标准明确给出了我国普通高中数学课程设置的基本理念：①构建共同基础，提供发展平台。②提供多样课程，适应个性选择。③倡导积极主动、勇于探索的学习方式。④注重提高学生的数学思维能力。⑤发展学生的数学应用意识。⑥与时俱进地认识“双基”。⑦强调本质，注意适度形式化。⑧体现数学的人文价值。⑨注重信息技术与数学课程内容的整合。⑩建立合理科学的评价体系。

普通高中数学新课程的目标是：①获得必要的数学基础知识和基本技能，理解基本的数学概念、数学结论的本质。②提高空间想象、抽象概括、推理论证、运算求解、数据处理等基本能力。③发展学习数学应用意识和创新意识。④提高学习数学的兴趣，树立学好数学的信心。⑤具有一定的数学视野，逐步认识数学的价值。

普通高中数学新课程与以往课程在设置上最大的不同就是将学生的学习内容用模块和专题的形式呈现。课程有必修课程、选修课程。选修课程又进一步分为限选课程和任选课程。

普通高中数学新课程在广东、山东、海南、宁夏四省区使用新课标编写的教科书已经实验一轮。现在出版的新教科书已经很多, 人民教育出版社就有 A 版、B 版教科书。

2011 年，中华人民共和国教育部颁布了《义务教育数学课程标准（2011 年版)》，提出了 5 项数学课程的基本理念：①数学课程应致力于实现义务教育阶段的培养目标，要面向全体学生，适应学生个性发展的需要，使得：人人都能获得良好的数学教育，不同的人在数学上得到不同的发展。②课程内容要反映社会的需要、数学的特点，要符合学生的认知规律。它不仅包括数学的结果，也包括数学结果的形成过程和蕴涵的数学思想方法。课程内容的选择要贴近学生的实际，有利于学生体验与理解、思考与探索。课程内容的组织要重视过程，处理好过程与结果的关系；要重视直观，处理好直观与抽象的关系；要重视直接经验，处理好直接经验与间接经验的关系。课程内容的呈现应注意层次性和多样性。③教学活动是师生积极参与、交往互动、共同发展的过程。有效的教学活动是学生学与教师教的统一，学生是学习的主体，教师是学习的组织者、引导者与合作者。数学教学活动，特别是课堂教学应激发学生兴趣，调动学生积极性，引发学生的数学思考，鼓励学生的创造性思维；要注重培养学生良好的数学学习习惯，使学生掌握恰当的数学学习方法。学生学习应当是一个生动活泼的、主动的和富有个性的过程。认真听讲、积极思考、动手实践、自主探索、合作交流等，都是学习数学的重要方式。学生应当有足够的时间和空间经历观察、实验、猜测、计算、推理、验证等活动过程。教师教学应该以学生的认知发展水平和已有的经验为基础，面向全体学生，注重启发式和因材施教。教师要发挥主导作用，处理好讲授与学生自主学习的关系，引导学生独立思考、主动探索、合作交流，使学生理解和掌握基本的数学知识与技能，体会和运用数学思想与方法，获得基本的数学活动经验。④学习评价的主要目的是全面了解学生数学学习的过程和结果，激励学生学习和改进教师教学。应建立目标多元、方法多样的评价体系。评价既要关注学生学习的结果，也要重视学习的过程；既要关注学生数学学习的水平，也要重视学生在数学活动中所表现出来的情感与态度，帮助学生认识自我、建立信心。⑤信息技术的发展对数学教育的价值、目标、内容以及教学方式产生了很大的影响。数学课程的设计与实施应根据实际情况合理地运用现代信息技术，要注意信息技术与课程内容的整合，注重实效。要充分考虑信息技术对数学学习内容和方式的影响，开发并向学生提供丰富的学习资源，把现代信息技术作为学生学习数学和解决问题的有力工具，有效地改进教与学的方式，使学生乐意并有可能投入到现实的、探索性的数学活动中去。

《义务教育数学课程标准（2011年版）》总体目标为，通过义务教育阶段的学习，学生能有以下几方面提升：①获得适应生活和进一步发展所必需的数学的基础知识、基本技能、基本思想、基本活动经验。②体会数学知识之间、数学与其他学科之间、数学与生活之间的联系，运用数学的思维方式进行思考，增强发现和提出问题的能力、分析和解决问题的能力。③了解数学的价值，提高学习数学的兴趣，增强学好数学的信心，养成良好的学习习惯，具有初步的创新意识和科学态度。

以上总目标可以被概括为知识技能、数学思考、问题解决和情感态度四个方面。

《义务教育数学课程标准（2011年版）》中课程内容在各学段中，安排了四个部分的课程内容："数与代数""图形与几何""统计与概率""综合与实践"。

总之，随着新一轮数学课程改革的发展，一个多元化、有弹性、照顾个别差异的数学课程体系正在逐步形成。数学课程设计不仅关注数学的进展和应用价值，体现数学本身的逻辑顺序，而且与学生学习数学的心理相吻合，关注学生的成长。数学课程不仅继续重视学生数学基础知识和基本技能的学习，而且更关注每一个学生在情感态度、思维能力等多方面的进步，为学生终身学习的愿望和能力奠定坚实的基础。

第二节　外国数学教育史简介

一、20世纪前的数学教育

（一）古埃及、古巴比伦、古希腊数学教育

在古埃及的各种学校（无论是宫廷学校、职官学校、寺庙学校，还是文士学校）中，从维护统治阶级的角度出发，对皇室成员、专业官员、僧侣、奴隶主及其子弟除进行管理、税收等教育外，也讲授计算、测量土地、天文、建筑等知识，使埃及人已掌握的天文

与数学知识，如分数计算、十进制记数、圆面积、正四棱台体积计算等得以继承，而教学方法是纯粹灌输式的。

古巴比伦人在天文与数学知识方面比古埃及人有较大进步。除了乘法表、倒数表、平方表和立方表外，还采取60进位制，解决一些二、三、四次方程，知道$\sqrt{2}$的近似值，讨论过一些勾股数组，会测量日食、月食、黄道角。商业实用数学随贸易发展也得以发展。学校数学教育中仍以计算为主，强调记忆背诵与机械练习。

古希腊生产力发展程度远高于古埃及、古巴比伦，并继承和发展了古埃及、古巴比伦的科学成果。哲学、科学、艺术都取得了质的飞跃。

古希腊著名数学家和哲学家泰勒斯（Thales，约公元前625—前547）在数学中引进了证明的思想，这是一项划时代的贡献。其影响不局限于数学领域，甚至在后来的整个思想领域都产生了重要影响。泰勒斯发现了以下命题，在不同数学史论著中的说法有所不同①②：

（1）圆被它的一条直径所平分；

（2）等腰三角形的底角相等；

（3）两条相交直线形成的对角是相等的；

（4）若两个三角形有两个角和一条边对应相等，则这两个三角形全等；

（5）内接于半圆的角必为直角。

这些命题都相当直观，证明过程带有经验性。

古希腊著名哲学家、数学家毕达哥拉斯（Pythagoras，约公元前580—前500）将数看作世界的本质，认为正整数及其比是解释自然的第一原则，数是空间的点也是物质的元素，由数产生一切物体。数学是研究世界本质的学问，并被作为世界本原来研究。毕达哥拉斯学派提出了“数学”这个概念，并把数学分为四大科：算术、几何、天文、音乐，简称为“四艺”。这是首次将数学研究内容进行了分科。

古希腊已开始了数学的证明，用数学方法测出了金字塔的高，发现并证明了勾股定理，发现了无理数和五种正多面体，提出了几何三大作图问题。芝诺（Zeno，约公元前 490—前425）悖论已提出。

著名哲学家柏拉图（Plato，公元前 427—前 347）认为数学是先于世界存在的理念，研究数学就是探索世界的本质。他高度重视数学教育，在他学园门前写着“不懂几何禁入”，说明他尤其重视几何知识的学习。柏拉图认为学习数学不是为了实际应用，而是为了锻炼思维，激发学生对理念世界中抽象而绝对的真理感兴趣。学算术不是“为了买卖”，而是为了观察“数的性质”。柏拉图重视数学知识的理论化、逻辑化，要求学生具有较高的抽象能力，熟悉几何学基本原理。柏拉图也主张数学课程分为算术、几何、天文、音乐四科，认为学习音乐是为了体现数的和谐。他主张用多种形式进行教育，各种年龄段受不同的教育，20岁的优秀青年应学习更多的数学知识。

柏拉图进行教学时，常采用师生对话的形式，要求学生有较高的抽象思维能力。柏拉图的数学教育思想深受其老师苏格拉底的影响，他通过苏格拉底与他人讨论数学问题完美地展现了苏格拉底的“产婆术”——启发式教学法。

---

① 卡尔·B. 博耶. 数学史[M]. 秦传安，译. 北京：中央编译出版社，2012：55-56. 该书中只给出前四条。

② Howard Eves. 数学史概论[M]. 欧阳绛，译. 台北：晚圜出版社，1993：74.

图 2-14 苏格拉底发现人类文明进步的迹象

苏格拉底不是科学家和数学家，但是非常重视数学，“掌握了他那个时代的数学理论”①。17 世纪的一本书中曾记载这样一个故事②（图 2-14）：一次，苏格拉底在罗兹岛的海滩上注意到一些类似几何学的图案时对他的同伴说，“我们可以抱着最好的希望，因为我看到了人类文明的迹象”。在故事中，苏格拉底把数学和人类文明的发展联系起来，认为数学预示着人类文明的进步。

苏格拉底，虽然不是数学家，但是他用数学来阐明自己的“产婆术”，开启人们的智慧。在赏析柏拉图对话集中苏格拉底关于数学的一些阐述时，笔者为苏格拉底的数学智慧所折服。

“产婆术”是古希腊哲学家苏格拉底用于引导学生自己思索，自己得出结论的方法。苏格拉底的母亲是助产士，他以助产术来形象比喻自己的教学方法，同时以纪念他母亲。这种方法分四部分：讥讽（诘问）、助产术、归纳和下定义。所谓“讥讽”，即在谈话中让对方谈出自己对某一问题的看法，然后揭露对方谈话中的自相矛盾之处，使对方承认自己对这一问题实际一无所知。所谓“助产术”，即用谈话法帮助对方回忆知识，就像助产士帮助产妇产出婴儿一样。“归纳”是通过问答使对方的认识能逐步排除事物个别的特殊的东西，揭示事物本质的普遍的东西，从而得出事物的“定义”。这是一个从现象、个别到本质、一般的过程。苏格拉底在《美诺篇》中几何学的问题解决过程充分展示了“产婆术”的作用。

图 2-15 苏格拉底教授几何

在柏拉图的《美诺篇》中有“把一个正方形面积加倍”的著名段落（图 2-15③）。几何证明教学的大致过程如下④。

这个证明本身是极为简单的，但却并非一目了然。所要证明的问题是确定一个面积为已知正方形面积两倍的正方形的边长。苏格拉底画了一个正方形，这个正方形边长为 2 尺（1 尺≈33.3 厘米），其面积等于 4 平方尺（1 平方尺=0.11 米^2）。随后苏格拉底又在孩子面前画出这个正方形的对角线。于是他询问这个孩子，其面积两倍于这个正方形的边长是多少，从图上可以看出这个正方形的面积应是 8 平方尺。一开始孩子说所求正方形的边长应是 4 尺，但经过提问和演示图形，他认识到

① 君特·费格尔. 苏格拉底[M]. 杨光，译. 上海：华东师范大学出版社，2016：12.

② Eleanor Robson，Jacqueline Stedall. The Oxford Handbook of the History of Mathematics[M]. Oxford：Oxford University Press Inc.，2008：541.

③ 阿贝尔·雅卡尔. 睡莲的方程式——科学的乐趣[M]. 姜海佳，译. 桂林：广西师范大学出版社，2001：57.

④ 柏拉图. 柏拉图全集第一卷[M]. 王晓朝，译. 北京：人民出版社，2002：508-516.

这个回答所导致正方形的面积是16平方尺而不是8平方尺。以后他又推测所求正方形的边长应为3尺，但他随即意识到这样画出的正方形面积是9平方尺，所以这个答案也不能成立。最后孩子以已知正方形的对角线为边长画出正方形，从而解决了这个问题，得到了一个其面积两倍于已知正方形的正方形。苏格拉底没有给予孩子以答案，仅仅凭着提出一系列问题便把答案诱导出来。

这是目前我们所知道的最早数学教学的完整案例，现在也可以当做一堂典型教学案例课来学习。

苏格拉底的这种用“产婆术”指导方法求出新正方形的方法，除了对一般教学法有重要启示以外，对数学教学也有重要的借鉴作用。例如，我们把问题倒过来说就是：用两个相同的正方形构造一个新正方形。我们将问题变化为：能否用两个不同正方形构造一个正方形？答案是肯定的，由勾股定理直接可以引证：$a^2+b^2=c^2$，即两个正方形面积之和等于第三个正方形的面积。可以用古希腊数学家欧几里得的证明方法或中国古代数学家刘徽的证明方法直观地表达出来，也可以用折纸几何方法（或实验几何方法）进行制作。如果把两个不同正方形当作一般情形的话，那么前面的问题就是其特殊情形。我们进而可以提出：能否用 n 个相同（不相同亦可）的正方形构造一个正方形？答案也是肯定的，可以用数学归纳方法来说明。

下面我们再欣赏他是如何教授数学的。

有一天苏格拉底与一位几何学家谈论“全体大于部分”这个几何学公理，他设计了这样一个题目，使几何学家大吃一惊①。

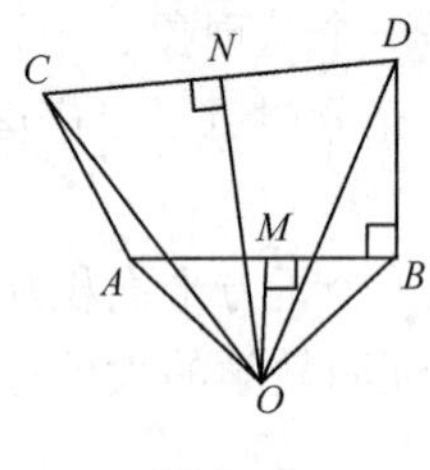

图 2-16

如图2-16所示，自线段 AB 的两端作等长的线段 AC 和 BD，使 $\angle ABD$ 为直角，$\angle BAC$ 为钝角。连接 CD 并作线段 AB，CD 的中垂线 OM，ON，相交于 O 点，则 $AO=BO$，$CO=DO$（中垂线上任一点和两端点等距离）。又 $AC=BD$。

所以 $\triangle AOC \cong \triangle BOD$（$SSS$），所以 $\angle OAC=\angle OBD$（对应角），又 $\angle OAB=\angle OBA$（等腰三角形底角），所以 $\angle BAC=\angle ABD$，即钝角等于直角。

如果说交点是在线段 AB 之下，如图2-16所示，同样可证得 $\angle OAC=\angle OBD$，两边分别减去 $\angle OAB$ 及 $\angle OBA$，结果还是 $\angle BAC=\angle ABD$。

如果说交点落在线段 AB 上，则情形更为简单，无须另证。

总之，钝角等于直角。我们把这个问题叫作苏格拉底的谬误问题。

苏格拉底的谬误问题告诉人们，在数学学习和哲学思考中不能以直观的表面现象为依据，应该以严格的逻辑为根据。直观具有欺骗性，不可靠。诚然，直观的不可靠性并不是苏格拉底第一个发现的，而是毕达哥拉斯用其定理计算正方形对角线长度时，与他哲学的根本思想——“万物皆数”发生不可调和的矛盾之后才发现了在数学中直观的不可靠。直观在说明问题时非常有用，但是也有欺骗性。从此，几何学的演绎推理成为西方的理性精神和数学教育思想的传统。

关于苏格拉底产婆术教学法，又称苏格拉底启发法或苏格拉底的方法。想更进一步了

① 吴国盛. 科学的历程（上册）[M]. 长沙：湖南科学技术出版社，1995：105.

解苏格拉底的方法在数学教学中应用指导的读者，建议阅读荷兰著名数学教育家弗赖登塔尔（H. Freudenthal，1905－1990）的《作为教育任务的数学》[①]的第五章。

由于希腊时期对数学教育的高度重视，数学本身也得到很大发展。马其顿人征服希腊后，战乱并未阻止数学发展，从另一侧面看，希腊的数学向外部传播影响了希腊周围的地区，尤其是地中海沿岸。

希腊时期的另一项重大事件是欧几里得（Euclid，约公元前 330－前 275）的《几何原本》的问世，它标志着数学与哲学和天文的分离，成为独立的学科，数学自身的理论体系得以建立。《几何原本》使几何从过去以实验和观察为依据的经验科学过渡到演绎的科学，从为数很少的几个不定义概念和不证明的命题（公理）出发按一定规则经过逻辑推理得到一系列的定理成为一套公理体系。这是一个封闭的演绎体系，除以上的不定义概念及公理外不再依赖于其他。《几何原本》只研究抽象的概念、一般性命题和图形的性质，不管它们与现实生产、生活的关系，采用的研究方法是公理化方法。《几何原本》影响了两千多年的数学教育。

公元前 6 世纪至公元 476 年，罗马帝国统治希腊时期虽以希腊学校为模式（分初等、中等、高等教育三种系统），但由于罗马实行宗教统治，宗教教育高于一切，着重培养符合宗教需要的政治家和官吏，注重实用，因而学校仅讲授必要的实用的数学知识，如测量、计算等，理论数学知识全部排除在外。由于宗教统治突出神学思想和数学的神秘性，又不重视数学教育，教学中背诵、听写成为主要方法。希腊时代数学教育发展形势全部改变，数学教育水平下降，数学发展相对停滞。即使贵族子弟高等学校虽仍可学数学的四科，但与法律、修辞、伦理、辩证法等科目相比也仅居次要地位。

（二）欧洲中世纪的数学教育

在科学史与哲学史中，欧洲中世纪是指公元400年到1400年这段时期。这一时期又可分为两个阶段，5－11 世纪为第一个阶段，称为中世纪前期；12－15 世纪为第二个阶段，称为中世纪后期。西欧从奴隶社会进入封建社会本应使教育随社会进步而发展迅速，然而由于宗教垄断一切，教会掌权，教育仅为了培养虔诚的教徒，教学内容宣扬无条件盲目服从、忍耐、节制、禁欲等，不许探索和创造，只能背诵教义。教会提出“科学是宗教的奴仆”“真理都在圣书中”。

在中世纪前期，只允许僧侣和教民受教育的僧侣学校、大主教学校和教区学校存在，异教学校被取缔，世俗文化教育几乎无法进行，教徒仇视古希腊数学，将其列入查禁之列，使数学教育受到极大冲击。即使在教民学校里也只有少数学校讲一点计算，后来僧侣学校增加的计算也是为了计算宗教节日而设。封建地主进行的骑士教育主要是军事体育教育，极端轻视文化，当然谈不上数学教育。倒是在商人和手工业者创办的行会职业技术教育中，由于许多行业会用到数学，所以会教一些计算等数学知识。

中世纪后期随着生产力的发展，僧侣教育才加入神学之外的七艺（文法、修辞、逻辑、算术、几何、天文、音乐等七种自由艺术），恢复了一些希腊数学。计算吸收了阿拉伯人的符号记数法，增加运算的内容。几何也包括了欧几里得几何和一些测量知识。天文

① 弗赖登塔尔. 作为教育任务的数学[M]. 陈昌平，唐瑞芬，等，译. 上海：上海教育出版社，1995：92-101.

学中托勒密的“地心说”，亚里士多德的“天体论”的加入，研究天文的数学方法也开始引入，但是神学仍是“一切科学的王冠”，“七艺”是为学习神学而准备的知识。扭曲的精神封锁，导致数学教育的倒退并被大大削弱。

直至中世纪后期，在东方文化和希腊文化传入、“十字军”东征等影响下，才有L.斐波那契的独创性工作和由他引入阿拉伯数字和位值制记数法及由一些主教引入的分数指数和坐标制以及第一部《三角学》著作的问世。

由于数学本身长期停滞和被禁止，因而处于落后状态。天文中的数学方法被占星术取代，数学教育中神秘主义因素充斥，恰好为宗教所利用。阿拉伯数字引入后长期未能使用，整数四则运算十分落后，方法非常复杂、困难，从而阻碍了数学教育的顺利发展。

（三）文艺复兴与数学教育的发展

从14世纪中叶到16世纪末，随着生产的发展，城市经济兴起，欧洲社会进入一个特殊发展时期。资产阶级反对封建统治在文化等领域展开攻势。纺织机械的出现、冶炼技术的改进、枪炮制造的成功、机械加工业的发展、航海业的发达，使欧洲迎来了一个宗教改革、思想解放、全面发展的文艺复兴时期。恩格斯对文艺复兴给予很高的评价，他认为：“这是一次人类从来没有经历过的最伟大的进步的革命，是一个需要而且产生了巨人——在思想能力上、热情上和性格上，在多才多艺上和学识广博上的巨人的时代。”[①]文艺复兴时期的科学技术和数学的飞速发展促进了数学教育的发展。

列奥纳多·达·芬奇（Leonardo da Vinci，1452－1519）作为画家，在几何光学、透视画法和力学研究方面做出了重要贡献。波兰天文学家尼古拉·哥白尼（Nicolaus Copernicus，1473－1543）提出宇宙以太阳为中心的《天体运行论》的出版，严重打击了神学。伽利略（Galileo，1564－1642）发现自由落体运动并用望远镜观测宇宙。伽利略不仅用数学描述自由落体运动，而且相信自然界是用数学语言描述的，他采用实验、分析和数学方法进行研究，对后人影响深远。

航海业、商业、天文、力学等方面的迅速发展，以及在东方和希腊、阿拉伯数学的影响下，西欧的数学以前所未有的速度向前突进。变量数学的出现，一般三、四次方程的解法由于塔塔利亚（Tartaglia，1499－1557）、卡尔丹（G. Cardano，1501－1576）、费拉里（Ferrari，1522－1565）的工作宣告完成。约翰·纳皮尔（John Napier，1550－1617）发明对数，法国数学家韦达（Vieta，1540－1603）引进字母符号代表未知量。十进制系统广泛使用，以及第一部著作《算术、几何、比与比例概要》在1494年由意大利数学家L. 巴切利（Luca Pacioli，1445－1514）完成，标志着数学的复兴和巨大发展。

在教育观念方面，主张每个人都享有受教育的权利，相信人的能力，以身心全面发展为培养目标。虽然反宗教统治尚不彻底，但扩大教育对象的范围，开办新型学校，实行教育改革，增加智育教育内容，注意德、智、体、美多方面的教育。除读、写之外，算术、几何、天文、辩证法、自然、音乐均在课程之列。以德国为例，其“算术初步”的内容包括记数法、整数四则、分数四则、三数法。其他如：级数、比例、开平方、开立方、调和比例、算术比例、几何比例及商业算术。

① 恩格斯. 自然辩证法[M]. 曹葆华，于光远，等，译. 北京：人民出版社，1957：5.

作为文艺复兴发源地的意大利，在数学教科书里还有代数中的正负数的计算、根数、一元一次方程、一元二次方程、特殊代数方程。几何中有三角形、四边形、直线图形和圆的测量、体积、美术绘画中的几何问题、商业算术中的勾股算法、利息算法、兑换折扣等。

教学方法方面注意实物直观教学，启发兴趣，发展逻辑思维能力，对学生严格要求又爱护关怀，废除体罚，改善师生关系，进行通才教育。

（四）17、18 世纪的数学教育

资产阶级革命使西欧、美国步入资本主义，资本主义的教育制度逐渐建立，其教育思想和理论从 17、18 世纪至 19 世纪逐渐占据统治地位。

以 17 世纪捷克的资产阶级民主教育家扬·阿姆斯·夸美纽斯、英国约翰·洛克和法国让·雅克·卢梭（Jean Jacques Rousseau，1712－1778）等为代表的教育思想对数学教育影响甚大。

夸美纽斯主张“教育适应自然”，提倡“泛智”教育，要求普及初等教育，主张按照直观、循序渐进、启发、自觉和巩固等教学原则进行教学，改进教学方法。提出学校改革方案，他主持制定的数学教学大纲首次将算术和几何统编内容分为若干级。具体如下：从数的写法读法、点和直线的简单定理到加减法、平面图形，到乘除法、立体物的观察，到三数法、三角法、勾股算法、混合算法、假定法、长度、面积、体积、将几何用于土木建筑、教堂建筑以及宗教历法，再到圣经中出现的神秘数学的研究。夸美纽斯所写的《大教学论》《泛智学校》等书，其影响十分深远，直到今日。

洛克非常重视数学教育，对此提出了不少精辟的观点。

首先，他认为数学教育有利于人的心智锻炼，所谓心智就是人的思维能力。“你若要一个人善于推理，你必须及早使他习惯于推理，运用他的心智观察诸多观念之间的联系并且按照这些观念一步一步地思考。没有比数学更能培养推理能力的了，所以，我认为凡是有时间和机会的人都应该学习数学，并不是要把他们培养成为数学家，而是要他们成为能够运用理性的人。”①“……把数学当作在心智之中养成一种连贯推理的习惯。并不是由于我认为有必要使得所有的人都成为深刻的数学家，而是因为学到了推理的方法——数学的学习必然使得心智能够推理。学了数学的人遇到机会，就能把这种推理方法迁移到知识的其他部分中去。因为在各种推理当中，每个论证都应当作为数学解证来处理。”②

其次，心智的培养离不开数学练习。他指出：“当年轻学生教师的人，特别是数学教师，可以见到学生的心智怎样逐步展开，而练习又怎样单独展开他们的心智。有些时候他们停滞在一个解证的某一个部分上，不是由于缺乏意志或者专心，而实际上是看不到两个观念之间的联系。这个联系对于理解能力得到更多练习的人是再也明白不过的了。”②

最后，数学教育对于成人来说也有无穷的用处。“在数学里，代数学给予理解能力以新的帮助和见解。……可是我认为学习数学和代数学，即使是对于成人，也有无穷的用处。第一，从实际的学习中使他们相信，要使得任何人善于推理，满足于他现有的能力，并在他的日常生活中够用。学习数学和代数学的人会看到，不管他以为他的理解能力有多

---

① 约翰·洛克. 理解能力指导散论[M]. 吴棠，译. 北京：人民教育出版社，2005：20.

② 约翰·洛克. 理解能力指导散论[M]. 吴棠，译. 北京：人民教育出版社，2005：22.

么好，可是在许多事情上，而且在那些显而易见的事情上，他的理解能力会失败。这就会破除这种假定：大多数人本身在这方面具有这种能力；他们认为他们的心智不需要什么帮助加以扩大，因而不可能有什么东西增加他们理解能力的敏锐和透彻的程度。第二，数学的学习会为他们指明在推理方面有必要把一切清晰的观念分开来，看到在当前的探究中所有有关观念之间的相互关系，并且把那些与手上的命题无关的观念放在一旁，完全不加以考虑。这就是数学以外的其他学科里准确推理所绝对必要的，虽然这在其他学科里不容易做到，也得不到仔细的练习。在人们常常认为与解证无关的那部分知识里，人们的推理好像是笼统的。如果他们根据一种综合而混乱的见解，或者根据不全面的考虑，能够提出一种概然性的假象，他们一般就心满意足了。特别是在一场争论当中，他们抓住每一根可以抓得住的稻草和凡是能够用来增加论证的实在性的东西，无不铺张扬厉，大肆应用。但是那种心智不能把所有的部分清晰地分离出来，去除与本题无关的部分，然后从所有影响本题的具体事项之结果里得出结论。那种心智是不能发现真理的。应用数学解证，也就是使得心智习惯于一长串的推论，这也就是要养成的另一个有用的习惯。”①

卢梭抨击封建等级制度的不平等，主张“天赋人权”，主张教育必须适应儿童自然规律，反对压抑儿童，强调直接经验，手脑并用，身心自由发展，尤其是发展独立精神、观察能力和灵敏性。他认为学习几何应“先画出正确的图形，把图形结合在一起，用重合的方法去研究图形关系。不需要定义和任何证明形式，通过观察发现初等几何的全部内容”。应该说他是实验几何的代表人物和先驱。卢梭把数学学习生活化、游戏化、实践化并形成主动学习的思想，不仅在当时产生巨大的影响，对今日的数学教育改革仍有积极的作用。

各国数学教材以各种形式出现，从而大大促进了数学教育发展，对从法国开始实行的班级教学制更有促进作用。

这期间的教材有的由一般数学、纯理几何、实用几何组成。一般数学不仅包括数学中的数、量及算术和代数中的概念、法则，还有光学、透视、天文、航海、力学、建筑中的应用数学内容。欧氏几何的纯粹定义、公理、定理、作图的罗列，更多的实用几何用图形直观给出定义，用三角法解决长度测量、面积、体积计算方法。

这些教材中，有的算术部分重视应用，有的则重视逻辑。欧拉（Euler，1707－1783）的代数教材问世，达朗贝尔（D’ Alembert，1717－1783）的数学教材改革意见均有广泛影响。牛顿（Newton，1642－1727）的代数讲义，麦克劳林（Maclaurin，1698－1746）的代数教科书成为当时的标准教科书。其中包括：基本运算规则和计算、分数、幂、开方、比例、一元一次方程及简单应用题、二次方程、方程组、方程论、代数与几何的相互应用（曲线方程与图形关系，坐标，一、二次曲线，二次、三次、四次方程的几何解法）。

（五）19世纪的数学教育

19 世纪由于资本主义高度发展的需要，对教育进行了大幅度改革，数学教育也有了较好的发展机会，为20世纪的数学教育改革奠定了基础。

以瑞士著名教育家 J. H. 裴斯泰洛齐、德国著名教育家赫尔巴特等为代表的教育思想

① 约翰·洛克. 理解能力指导散论[M]. 吴棠，译. 北京：人民教育出版社，2005：25.

对数学教育影响很大。

裴斯泰洛齐认为教育的目的在于发展人的一切天赋力量和能力，而这种发展必须是全面的、和谐的，包括体育、劳动教育、德育、美育和智育，在它们的相互作用中才能保证人的和谐发展。他的看法对现在仍有重要意义。

裴斯泰洛齐非常重视数学教育并亲自研究算术教学法，他主张，“把算术当作一切教学手段中最重要的手段，目的在于最直接地达到教育目的，即清楚的概念”。[①]他尤为重视按直观性原则以及循序渐进原则进行教学。

赫尔巴特力求建立教育科学的体系，认为教学是教育的最主要和基本的手段，教学应以多方面兴趣为基础，并提出了教学的四个阶段：

（1）明了（静态中钻研）；

（2）联想（动态中钻研）；

（3）系统（静态中理解）；

（4）方法（动态中理解）。

赫尔巴特对数学课程和教学提出了自己的观点，尤其是他主张数学的直观教学法。他认为数学直观教学的目的，“不仅是增强对感性事物的观察力，而主要是激发几何想象力，并使这种想象力同算术思维结合起来。事实上通常被耽误的而对于为学习数学所必要的准备就取决于这一点”[①]。对数学证明教学也提出了自己的看法：“通过外来的辅助概念走不必要的弯路的证明，对教学是很有害的，可是这种做法还是那么时髦。与此相反，我们应当选择通过简单的基本概念做出证明。因为做这样的证明时，信念并不取决于我们是否全面掌握一系列基本定理这种困难条件。”[②]他又指出：“整个数学教学的教育价值主要取决于教学对学生的整个思维与知识范围影响有多深。这首先使我们看到，我们应当要求学生发挥主动性，而不是单纯地讲授……数学练习不能将学生太长久地限制在一个狭小的范围中，讲授必须向前推进。”[③]赫尔巴特的这些观点是借助于他广泛而具体的数学教学案例提出来的。

在英国以数学家德·摩根为代表的数学家致力于数学教育改革，亲自翻译和编写《算术》《代数》《三角法》等教科书，代数中涉及函数、函数的分类、二元一次方程组的图解法等。他主张算术、代数、几何的结合。

德国在著名数学家魏尔斯特拉斯、康托尔、戴德金等研究数论、实数理论的基础上，克罗内克不仅对整数理论进行深入研究，而且还研究了数学的整数化，他认为整数是数学的唯一根基。

德国的数学教材中也明确引入函数概念，采用初等函数的图像及物理学中的曲线和经验曲线，认为掌握函数概念没有比图像法更好的了，主张精通初等函数与三角函数。以上观点正是现代的观点，也有将算术、代数、几何、三角综合编写的教材问世。

法国一贯重视数学教育，著名数学家编写的数学教科书很多，但理论性强，如 A. M. 勒让德（Adrien Marie Legendre，1752—1833）所编几何课本中包括直线、圆、角的测定与作图、相似形、面积与作图、正多边形与圆的测定。平面、立体角、多面体、球面图形、

---

① 赫尔巴特. 普通教育学·教育学讲授纲要[M]. 李其龙，译. 北京：人民教育出版社，1989：326.

② 赫尔巴特. 普通教育学·教育学讲授纲要[M]. 李其龙，译. 北京：人民教育出版社，1989：329.

③ 赫尔巴特. 普通教育学·教育学讲授纲要[M]. 李其龙，译. 北京：人民教育出版社，1989：328，329.

圆柱、圆锥、球等，与现代几何内容已十分接近。勒让德尊重逻辑的严谨但不把它看作推理的唯一方法，经常借助于直观方法，将作图题放在图形性质之后并引入对称图形概念，但法国教材普遍重视理论，对学生来说压力很大。

美国数学家皮尔斯（Pierce，1809－1880）所编教材较深奥，而鲁宾孙（Robinson）所编的《新代数教程》《新几何与三角》既注重理论又很实用，吸收了各国的长处，又有自身的特色。

苏联基谢辽夫（Киселёв，1852－1940）写的数学教科书（包括算术、代数、几何等）很有特色，他的教材精简适当，概念精确，易于接受，强调函数概念，注意贯穿辩证思想，理论联系实际，由实际问题提出数学问题且全书整体性很强，曾译为中文作为我国中学教材使用，影响相当大。

叶夫图舍夫斯基所写的《算术教学法》、达维多夫写的《中学课程的几何》《初等代数》成为我国主要参考书或课本。

关于几何学习的价值问题不断产生争论。主张形式陶冶的 Potts（英国）就明确说：“几何学学习的价值就在于作为形式陶冶的手段。”认为数学教育是研究较难的学问——生理、社会、政治学——的准备条件，它的价值不在于理论的应用，而在于方法的适用。赫胥黎和斯宾塞则重视实验科学，反对脱离实际的数学教育。

对几何的争论一直延续到 20 世纪，成为数学教育改革的热点。19 世纪严密的数学研究取得飞跃发展，导致盲目追求数学教育的严密化倾向，对中学数学教育目的偏离实际产生过不良的影响。

阅读材料 >>>

克　莱　因

克莱因（Felix Klein，1849－1925）（图 2-17），德国著名数学家、数学史家和数学教育家。

图 2-17

克莱因在杜塞尔多夫读的中学，毕业后他考入了波恩大学学习数学和物理。

1871 年，克莱因接受哥廷根大学的邀请担任数学讲师。1872 年他又被埃尔朗根大学聘任为数学教授，这时只有 23 岁的他发表了著名的埃尔朗根纲领——《新近几何学研究的比较考察》。1880 年，克莱因任莱比锡大学教授时创办了该校的第一个数学讨论班。

1886 年，克莱因接受了哥廷根大学的邀请来到哥廷根，开始了他的数学家生涯。他讲授的课程非常广泛，主要是数学和物理之间的交叉课题，如力学和势论。他在这里任教直到 1913 年退休。他实现了要重建哥廷根大学作为世界数学研究的重要中心的愿望。

著名的数学杂志《数学年刊》就是在克莱因的主持管理下，在重要性上达到和超过《克莱尔杂志》的。这本杂志在复分析、代数几何和不变量理论方面很有特色，在实分析和群论新领域也很出色。

克莱因用直观的几何观点整理了黎曼曲面理论，发展了一些拓扑概念。他明确地概括了前人的结果，并首次引进“克莱因瓶”；他的数学史至今仍是19世纪数学史上重要的标准著作，作为当时权威的数学家，他的许多观点至今仍对数学家、数学史家有所启迪。

克莱因在19世纪末就积极参与了国际和国内的数学教育研究工作，他认为教师的职责是：“应使学生了解数学并不是孤立的各门学问，而是一个有机的整体。”他对中学数学教学有着极浓厚的兴趣，他不仅关心应该教什么，而且关心怎样教才最有效。因为他对数学教育工作做出的卓越贡献，1908年克莱因在国际数学教育委员会上被选为在罗马召开的数学家大会主席。

克莱因撰写的《高观点下的初等数学》，是一部世界名著。原书用德文写成，第一、二卷被译成英文，并在1988年出版了中译本。第一卷《算术、代数、分析》（第三版）在1924年出版，第二卷《几何》于第二年问世，英译本1939年出版，而中译本则是1988年出版的。尽管如今数学面貌已有很大变化，但现在读来仍感亲切，其原因是内容主要为基础数学，且其观点中富有真谛，当时德国数学教育中存在着诸多问题，后来多少还依然存在着。他所倡导的教学法仍不失为我国同仁的宝贵参考，因之，从事数学教育者应予研读。

——张奠宙主编：《数学教育研究导引》，南京：江苏教育出版社，1994年。

二、20世纪的两次数学教育改革运动

20世纪的数学教育在世纪之初与世纪之中叶各有一次较大的改革运动。

由于19世纪末期科学技术与生产力的迅速发展，不少资本主义国家进入垄断资本主义阶段，对人才素质的要求不断提高，19世纪酝酿的教育改革显得较为成熟，不仅是要求教育体制改革，并且对于各个具体科目的课程、教育、教学观念均提出了改革的强烈要求。数学教育更是首先进行改革。19世纪末到20世纪初的代表人物主要是英国的约翰·培利和德国的著名数学家F. 克莱因。

（一）20世纪初的数学教育改革运动

1901年英国皇家学院的力学与数学教授约翰·培利作了题为《数学的教学》①的报告，当时学者们进行热烈讨论，随后形成培利的《数学教育的讨论》。培利主张中小学数学教育要摆脱欧氏几何学的束缚，提倡实验几何教学。②

培利认为数学教育对自然科学具有十分重要的作用。他说：“研究自然科学的本质，没有不用量来计算的，所以它们都是依赖数学的。”“从事应用科学的人应该懂得：应用科学是以数学为基础的，数学能发展应用科学。”“数学能给哲学研究者提供迅速、准确、满意的逻辑思维方法，从而防止抽象空洞的发展哲学的倾向。”

培利将数学教学内容分为初等数学与高等数学。初等数学中包括算术、代数、几何、量的测定和坐标纸的使用。培利认为几何教学应重视实验几何，注重实际测量和近似计

① 注：有些论著中称为《数学的教育》。

② 卡约黎. 初等算学史[M]. 曹丹文，译. 上海：商务印书馆，1925：242-243.

算，要从欧几里得的《几何原本》的束缚中解脱出来，不能将几何教学全集中于逻辑演绎，不但要加强几何知识的应用，而且应该教一些立体几何和画法几何。

培利认为微积分的概念应尽早讲授，变量数学应进入数学教学。

培利反对那种毫无意味、脱离实际的数学公式教学和单纯进行抽象的逻辑推理，提倡引起学生学习兴趣和结合实际进行“实用数学”的教学，而且主张让学生自己去思考、发现和解决数学问题。他曾说：“按照我的经验，一般的人都可以成为发现者和知识的开拓者，而且越早给他训练自己的机会越好，即使简单的事物，与其教师指出不如叫学生自己去发现。这样，对学生自己来说，就感到是有价值的，精神上是永久的。”

在培利的影响下，英国教育委员会提出初等学校数学教育目标是：

（1）理解、掌握数的基本概念和运算，并理智地应用；

（2）具备对日常生活有实际效用的计算的速度与准确性及商业、工业必需的数值计算方法；

（3）能将数学原理应用于日常生活中，理解具体物体的各个侧面，养成应用的能力；

（4）重视智力训练，发展思维、分析、综合、比较、推理、演绎、归纳的能力。

既重视数学的应用又重视智力训练，教学方法也从机械死板的方法转向重视经验，利用生活场景，使学生感到数学无所不在。在一些学校开始实行代数、几何与算术分科教学的趋势，尤其重视教学中大量利用图形的直观性，注重几何作图、测量的实验几何方法，但也不放松论证几何的要求，而且重视测量、绘图、利用图像引入对数，与力学知识联系。在英国形成了 20 世纪数学教育改革的第一个高潮。

几乎与此同时，德国数学家 F. 克莱因连续发表了《中等学校的数学教育讲义》和《高观点下的初等数学》等著作，制定了以《米兰纲目》为名的教授纲目，还指导出版了教科书，不仅切实推动了德国的数学教育，同时对西欧影响也极大。

F. 克莱因竭力主张以函数概念统一数学教育内容，认为“几何形式的函数概念应成为学校数学教育的灵魂，以函数概念为中心，将全部数学教材集中在它的周围进行充分的综合”。主张不仅加强函数和微积分的教学，还应将解析几何纳入中学数学内容，要改革、充实代数内容，用几何变换的观点改革传统几何内容。

1872 年，F. 克莱因在埃尔朗根大学的著名演讲（被后人称为《埃尔朗根纲领》）中明确指出：“实质上统一的几何学被分解成彼此几乎毫不相关的一系列分科，必须进行总括起来考察。”他认为，每种几何都是由变换来刻画的，图形在运动变换群、仿射变换群、射影变换群下所有的不变性（度量性质、仿射性质、射影性质）就分别构成了度量几何、仿射几何和射影几何。几何学的统一性自然表现为研究图形在变换群下的不变性的理论。《埃尔朗根纲领》对数学界影响巨大。F. 克莱因关于改造传统几何的观点影响直至今日。

以美国数学会主席 E. H. 莫尔为代表的美国数学教育界提出了各科融合的统一数学。莫尔在题为《关于数学的基础》的讲演中强调，“代数可作为理论算术讲授，几何图形可与算术一起讲，应引入直观几何即从具体到抽象”，引导开设“相关数学”课程，莫尔主张，学生应是积极的活动者，不应是被动的听讲者。

F. 克莱因在 1908 年被选为国际数学教育委员会的主席，在 1911 年召开的国际数学教育委员会的会议上作了《对于中等学校几何学严密性的报告》，认为几何教学法有多种，即有：

（1）严密的逻辑的方法，即纯公理的方法；

（2）基础是经验的，证明是逻辑的方法；

（3）所有必要的公理，都加以列举；

（4）只列举一部分公理，不列举全部公理；

（5）只列举不能明显看出的公理，如平行线公理；

（6）直观的观察与演绎的证明，互相作用；

（7）直观的经验、实验的方法。

实际上各国在几何教学中采取的方法各不相同，这说明几何教学已从《几何原本》的框架中跨出了半步。

法国提出的“数学各科融合的程度”，主张几何与代数的融合；平面几何与立体几何的融合；平面几何与三角学的融合；立体几何与画法几何的融合；圆锥曲线的综合几何与解析几何的融合。法国著名数学家 J. H. 庞加莱(Jules Henri Poincaré，1854－1912)、E. 博雷尔（Émile Borel，1871－1956）亲自主持编写教材，并作演讲进行宣传，对数学教育起到很大的推动和促进作用。

各国提供的数学教育现状的报告，使数学教育改革的观念、方法互相交流、互相促进，形成数十个国家一起动员争相改革的热烈局面，被世人称为培利-克莱因运动。然而由于各国传统观念阻力，以及当时各国数学教学水平总体较低，代数与几何融合重组教材有一定难度，加上实用主义哲学思潮的冲击和第一次世界大战的爆发，这场非常有意义的数学教育改革运动被中断、被冲淡。

第一次世界大战结束后，各国普遍延长义务教育的年限和统一学制。以约翰·杜威(John Dewey，1859－1952）和 A. N. 怀特黑德（Alfred North Whitehead，1861－1947）为代表的教育思潮主张教育要适应社会环境和学生的文化背景，冲击着传统教育观念。

英国国会通过法案，体现在初等、中等数学教育上的特色主要为以下五点：

（1）改进过去小学单纯重视算术计算的速度和准确的思想观点，加强有关社会生产和生活方面的近代数学内容的指导；

（2）数学教育的目标应双管齐下，既强调将来职业实用性的一面，又重视理解数学体系、逻辑论证等具有教育性的一面；

（3）要求从低到高循序渐进地学习代数和几何，并注意数学各分科的有机结合；

（4）要求中学教育的数学课程要连续开课，并且照顾不同类型的中学相互间的联系和便于升学；

（5）重视测量、立体模型的制作等联系实际的数学作业。

美国全国教育协会（National Education of Association，NEA）提出七大教育原则，即

（1）保持身心健康；

（2）掌握基础训练；

（3）成为家庭有效成员；

（4）养成就业职能；

（5）胜任公民职责；

（6）善于利用闲暇时间；

（7）具有道德品质。

法国提出教育改革计划，德国则要求八年义务教育，苏联制定综合的教学计划，日本

颁布各科教学大纲，并引进西方的教科书和观念，使得因第一次世界大战被迫停止的改革重新开始酝酿。

美国注重儿童个人经验的活动课程，强调数学知识与技能的实际应用，提出了设计教学、单元教学、实验室教学、分组教学等新的教学模式与方法，教学从单纯讲授转向解决问题。美国实用主义教育思想占有指导性地位，其要求数学的事实、方法和操作都应立即对现实生活有用。如在日常生活中自由运用算术的基本运算，理解代数语言并用到日常生活和书籍中出现的简单数量关系上，熟悉自然界、生产、生活中的几何图形，理解各种图表。经过训练掌握长度、面积、相似、全等、函数等概念，发展明确的思维能力，培养研究精神和探索愿望，使学生具备对几何图形美的观赏、逻辑的构造、推理、真伪判断、数学作用的认识。总之，使学生具有全面的数学素养。

美国认为数学教育的重要地位在于不能满足于只作为工具来使用，它与学校教育目标中的思维能力、运用知识的能力、基本技能都有关系；是学校教育的基础学科，是“知识大树的树根”。

数学教育的内容强调统一的有价值的概念，这些概念必须在广泛的问题中反复出现，无论从解决问题有用方面还是从纯数学方面来看，必须给数学教育以统一的概念，其内容包括：①问题的构成与解决；②资料的搜集与研究；③近似值的处理；④函数关系；⑤演算；⑥验证；⑦符号化。

法国强调统一数学内容，认为“把科学的教养与人文的教养、几何学的精神与美的精神正确地统一与协调，才是现代的教育”。德国强调数学“重点应放在数学发展的历史上，应重视数学同其他文化、哲学间的关系，数学教师应学习一般文化的历史”。由于受F. 克莱因的影响，德国把现代数学内容，如解析几何、微积分和复变函数等初步内容纳入课程，但重视数学的实际应用。《数学教育方法论》等理论著作对数学课程的构成、学习方针、教授法等加以论述，提出数学教育的心理原则、实用原则、教育原则，这对以后的数学教育发展产生了很大影响。德国重视实际具体的问题，重视应用数学，鼓励创造，反映了德国文化的特点。德国的数学在第二次世界大战前受军国主义的控制未能有长足发展反而有所停滞，但各国在这几十年中仍有较大的恢复与发展，为 20 世纪中叶的数学教育改革作了准备。

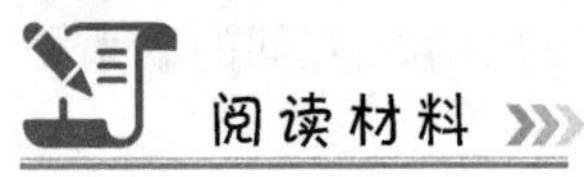

国际数学教育委员会（ICMI）

1908 年 4 月在罗马举行的第四届国际数学家大会（International Congress of Mathematics，ICM）上，建立了国际数学教育委员会（International Commission of Mathematical Instruction，ICMI）。F. 克莱因（F. Klein）就任首届主席，直至 1925 年去世时为止。1908 年 9 月，ICMI 在德国科隆首次集会，19 个国家为参加国。另有 14 个国家被列为联系国，中国是其中之一。

ICMI 早期的活动是在会员国中进行大规模调查，1912 年大会特别讨论两个问题：物理学家的数学修养和中学数学教学中的直觉与实验。1914 年选择“微积分在中学中的地位”及“数学在高等技术教育中的地位”作为研究题目。第一次世界大战时 ICMI 中断了活动，直到1928年才恢复，但在20世纪30年代世界经济大萧条时期的活动很少。不久又爆发了第二次世界大战，直到1952年，ICMI成为国际数学联合会（International Mathematical Union，IMU）的一个分支机构，才重新开始活动。

1955年7月，在瑞士日内瓦举行了ICMI会议，议题是：①数学和数学家的当代作用；②15岁以前儿童的数学教学；③数学在中学教学中的基础作用及中学数学教师的培训。在这次会议上，荷兰数学家弗赖登塔尔担心议题过于一般，各国可能不作科学性研究，只依靠组织管理资料来回答问题。他建议题目要小一些，应作出科学性回答。会议接受这一“改革”性倡议，使ICMI的活动建立于“研究”的基础之上。

1962年在瑞典斯德哥尔摩举行国际数学家大会时，ICMI讨论了当代数学如何进入中小学的问题，这是“新数学”运动的目标。1966年，弗赖登塔尔当选为ICMI的主席，他建议单独为数学教育召开国际性大会，会上有大会的特邀报告，也有个人发表意见的机会，这便是国际数学教育大会（International Congress of Mathematical Education，ICME）的开始。弗赖登塔尔的第二个建议是办一份国际性的数学教育杂志，这就是1968年创刊的《数学教育研究》（*Educational Studies in Mathematics*），此杂志后来与ICMI的关系十分密切。

第一届国际数学教育大会（ICME-1）于1969年在法国里昂举行。来自42个国家的600多名数学教育家与会。会上有大会报告，而首次安排的讨论很受欢迎。

第二届国际数学教育大会（ICME-2）于1972年在英国的埃克塞特（Exeter）市举行，有1400多名代表出席。在这次会议上，除了介绍各国的数学教育情况之外，又设立了40多个工作小组（Working Group）进行活动。会后出版了ICMI的第1期*Bulletin*（《公报》）。

1976年在德国卡尔斯鲁厄（Karlsruhe）召开第三届国际数学教育大会（ICME-3）。会议的重点围绕着13个课题组进行，每个组的主题都提供了一个有启发性的框架，以后的各届会议都采取这类模式。

1980年，在美国的伯克利（Berkeley）举行了ICME-4。中国派了华罗庚、丁石孙、丁尔陞、曹锡华、曾如阜等5人与会。华罗庚应邀作大会报告，题目是《普及数学方法的若干经验》，受到了与会代表的热烈欢迎。

1984年在澳大利亚的阿德莱德（Adelaide）举行了ICME-5。我国（除港澳台外）未派人参加。

1986年，我国在国际数学教育联合会（IMU）的代表权问题获得圆满解决，作为IMU下属组织的ICMI，中国代表权也随之解决。我国有两名代表：中国大陆数学会的代表是伍卓群（1992年之后是潘承洞），位于中国台北的数学会的代表是吕溪木（台湾师范大学教务长）。

1988年在匈牙利的布达佩斯召开了ICME-6，我国（除港澳台外）共派8人参加了会议。会上，我国开始了与ICMI的两项合作任务。第一，在北京召开“ICMI-中国的地区性数学教育会议”。此会已于1991年8月在北京举行。第二，翻译出版ICMI的研究系列丛书。到1989年为止，《计算机和信息科学对数学和数学教育的影响》（1985年）、《90年代的中、小学数学》（1986年）、《作为服务性学科的数学》（1987年）等三种图书已由剑桥大学出版社出版。张奠宙、丁尔陞、李秉彝等将三本书中的一部分译出，以《国际展望：90年代的数学教育》为题，已由上海教育出版社出版。

1992年8月，ICME-7在加拿大的魁北克市举行。到会者2671人，中国有23人参加（其中，台湾8人，香港6人）。在会议之后，又有两项活动和ICMI有关。一是继续翻译出版 ICMI 系列研究丛书。二是，在 1994 年 8 月，再次举办“ICMI-中国地区性数学教育会议”，主题为师资培训。

第八届国际数学教育大会（ICME-8）于 1996 年在西班牙塞维利亚市召开。ICMI 聘请张奠宙为 ICME-8 的国际程序委员会成员，这是中国人首次参与大会的筹备工作。

2000 年，ICME-9 在日本东京召开，中国有 153 人参加（其中，香港 22 人，台湾 17 人）。

2004 年，ICME-10 在丹麦哥本哈根召开，中国有 93 人参加（其中，香港 8 人，台湾 16 人）。

2008 年，ICME-11 在墨西哥蒙特雷召开，中国（除港澳台外）60 多人。

2012 年，ICME-12 在韩国首尔召开。

ICMI 下属的三个国际性组织为：

妇女与数学教育的国际组织（International Organization of Women and Mathematics Education，IOWME）；

数学史与数学教育关系的国际研究组织（International Study Group on the Relations Between the History and Pedagogy of Mathematics，HPM）；

数学教育心理学国际研究组织（International Group for the Psychology of Mathematics Education，PME）。

——张奠宙主编：《数学教育研究导引》，南京：江苏教育出版社，1994 年。

（二）“新数运动”

20 世纪中叶，数学教育发展进程中最令人瞩目的莫过于“新数运动”。

人们论及这场变革时，往往都以其发动迅捷、波及全球、急剧衰落为主要特点。有的人将“新数运动”视为过眼烟云，说成是“少数人头脑发热导致数学教育的一场滑稽剧”“瞎折腾”“一场灾难”。

究竟“新数运动”是怎么回事？应该怎样看待？它带给数学教育的启示有哪些？下面我们从较大的范围和更广阔的视野中去观察。

1. 科学技术迅猛发展要求数学教育进行改革

20 世纪以来，科学技术发展速度明显加快，人们从极为广阔的空间和微观客体两种角度增进对世界的认识和了解，认识到物质世界有其自身的层次，研究也向层次的两极方向发展。

20 世纪中叶的四大发明使世界科学技术产生了惊天动地的变化。

1945 年 3 月由著名数学家冯 • 诺伊曼（John von Neumann，1903－1957）领导的设计小组在提出存储程序式通用电子计算机方案的基础上发展了电子离散变量自动计算机（Electronic Discrete Variable Automatic Computer，EDVAC）。1946 年 2 月费城宾夕法尼亚大学莫尔学院的电子工程师埃克特和物理学家莫其勒设计与制造了大型电子数字积分计算机（Electronic Numerical Integrator and Computer，ENIAC），即世界上第一台电子计算机。使得用机器代替人的体力劳动的时代跨入用机器部分地替代人的脑力劳动的新时代。

1945 年 7 月 16 日，美国在新墨西哥州的洛斯阿尔莫沙漠上成功地实验了人类第一颗原子弹的爆炸，在人类能源史上开辟了新的纪元。接着，在日本广岛、长崎投下原子弹，使第二次世界大战很快结束。

1953 年美国生物学家沃森和英国物理学家克里克从英国科学家威尔金斯拍摄的 X 射线衍射照片中发现了遗传物质脱氧核糖核酸（DNA）的分子结构，提出了 DNA 的双螺旋结构模型。从生命物质结构的分子层次上揭示了生物遗传性的传递、展现途径及变异出现的原因和机制，使人们知道 DNA 的遗传信息传递给 RNA，并由 RNA 作为决定蛋白质中氨基酸顺序的模板，标志着分子生物学时代的到来。沃森、克里克、威尔金斯也因此发现而获得 1962 年诺贝尔生理学或医学奖。

1957 年 10 月 4 日，苏联成功发射了第一颗人造地球卫星，打开了人类征服宇宙的大门。

以上述四大事件为代表的现代科学技术的发展向人类提出了大量新的课题，尤其是给基础数学、应用数学、计算数学提出了大量的问题和飞速发展的机会，也促使数学与各种学科相互渗透、相互促进。同时，各种交叉学科、边缘学科的出现如雨后春笋，对数学提出了越来越多的要求。数学逐渐成为科学技术、实际生产和日常生活中不可缺少的有力武器。

2.“新数运动”的导火线和美国的带头作用

随着第二次世界大战的结束，各国面临经济重建、设备更新、军工转民用及采用新技术等问题。数学教育则由于联合国教育、科学及文化组织（简称联合国教科文组织）等教育机构参与开展研究中小学教材内容改革等问题，除强调引进解析几何、向量、微积分、概率论与数理统计外，还召开过许多专题会议，如“学校中的现代数学”“数学的构造和精神的构造”“中等学校的数学教学大纲和青年智能发达的关系”等。正是在这种背景下，20 世纪 50 年代初美国一批大学开始考虑数学教育如何适应科学技术发展趋势，认为传统的数学教育（尤其是基础教育阶段）既不能反映数学自身的发展，又与数学学习理论有较大差距。伊利诺伊大学进行了数学教育改革的实验，数学教育改革之风已经吹动。

作为“新数运动”的诱因，人们常认为 1957 年苏联人造地球卫星上天使美国震惊，触发了这场世界性的数学教育现代化运动。

美国一向认为在各种武器方面均领先于苏联若干年，苏联人造地球卫星上天使美国军政各方极为惊诧，并开始反省检查与苏联的“差距”。经反复对比，美国认为主要是在基础科学的教育水平方面，尤其是中小学数学教育水平低于苏联。美国数学教育改革之风本已吹动，再加上美国领导人接受了基础科学教育水平低于苏联的观点，这就使改革之风逐渐加强。

1958 年，美国成立了“学校数学研究小组”（SMSG），并得到了国家资助和美国数学协会（MAA）、美国数学教师协会（NCTM）的大力支持。同年在苏格兰召开的国际数学教育大会上，由于美国在有十多个国家参加的测试中成绩排倒数第二，美国更加认为数学教育落后，必须进行改革。

美国认为，必须在与苏联的竞争中占有优势，迅速补充科技工作者的不足；为了科学技术的发展必须大力改进数学教育，必须有具体措施。

这样，数学教育改革的号角首先在最发达的美国吹响。美国成为数学教育改革的急先锋，也使“新数运动”来势迅猛。

3. 改革的热点

改革的热点是数学课程严重落后于科学技术、社会生产和教育自身的发展。各国普遍认为传统数学课程的缺点是：①观点落后，缺乏近现代数学思想；②教学内容陈旧，有些内容停留在 16、17 世纪，尤以几何为最，基本上是《几何原本》的翻版；③体系零散，数学各科互不联系，而且缺乏知识间的整体联系，缺乏共同的理论基础；④过分强调计算技巧，过于烦琐的计算脱离实际；⑤教学方法保守、单调，多年一种模式，不利于学生的发展。

1959 年，美国科学院在伍兹霍尔召开会议，专门讨论改进中小学数理学科的教育，各类专家组成的研究组经过认真研讨后由著名科学家布鲁纳作的大会报告直接提交美国国家领导人，这就是后来著名的《教育过程》一书。

同年欧洲共同体在法国召开的数学教育改革的国际会议上，美、英、法、联邦德国等国认为数学课程正面临根本的转变时期，对中学和大学低年级所学的内容有必要重新认识。正是在这次大会上，法国布尔巴基学派的主要成员数学家 J. 迪厄多内（J. Dieudonné，1906－1992）提出了"欧几里得滚蛋"的口号，引起了激烈的争论。会议认为中学数学教育大大落后于时代的需要，主张对数学教育内容和方法实行全面改革，会议决定重新制定新的中学数学教学大纲，并组织编写教材。

英国于 1960 年 4 月南安普敦会议上决定在中小学引进现代数学，决定编写数学教材，进行改革试验。

以美国为首，西方各国动员数学教育界人士和各种舆论进行数学教育的宣传的同时，相继编辑出版了一批新数学教科书。

美国推出的教材是《统一的现代数学》；英国成立"学校数学设计组"，并编写《SMP 英国中学数学教科书（a～z 册）》（以下简称《SMP》），同时组织实验；苏联公布新的数学教学大纲之后，编出新教材；日本分别制定小学、初中、高中的数学教学大纲，编写教科书并付诸行动；法国、比利时等西欧国家均有相应措施。美洲国家召开数学教育会议，非洲成立数学研究中心，推动改革，到 20 世纪 60 年代后期国际数学教育委员会在法国召开会议，除研究课程改革外，数学教学方法改革、师范院校的教学计划等方面也全面展开研讨和实施。

纵观各国编制的大纲与教材，虽各有特色，种类繁多，但其共同特点非常突出，现将其中一些概括如下：

（1）结构化—统一化；

（2）公理化—抽象化，将集合论的初步知识和几何公理法移进教材；

（3）现代化—通俗化，增加近代、现代数学内容，使用近代、现代数学符号，为利于学生理解，尽量通俗化；

（4）几何代数化；

（5）电脑化—离散化，计算机与计算器逐渐普及，不仅帮助计算，还与数值分析、统计及函数的学习结合；

（6）传统数学精简化，首先是几何；

（7）教学方法多样化，研究电化教学、程序教学，提倡发现法。

美国和西欧在上述几方面较为一致，美国的《统一的现代数学》、比利时的 Papy 课本最为典型。

苏联基本保留传统体系，但增加了集合、映射、变换、向量、矩阵等现代数学内容，代数与几何仍分科，欧氏几何精简并改造，这对我国影响较大。

日本则将内容混编并增加概率、统计。

4. 结构思想与教材现代化

“新数运动”受到数学自身发展的重大影响，尤其是数学结构化的影响。以法国布尔巴基学派为代表的结构理论认为：数学的全部内容可以用序结构、代数结构、拓扑结构这三种结构重新组织建构。布尔巴基学派陆续出版的数十部著作向世界展示了用他们的观点构造数学的具体方式，产生了极大的影响。这种影响反映在数学教育中则是：“教师的讲授与学生的学习最重要的是数学这个学科的基本结构。”并且认为“抽象的内容可以用恰当的方式讲给低年级的学生听”。强调结构化，以集合、关系、映射、运算、群、环、域、向量空间的代数结构作为主线统一中学数学，这使得在“新数运动”的教材编写中注重结构、原理的意识更为加强。

与此同时，传统教材中要求代数、几何、三角作为不同科目分别讲授，未能揭示其间的广泛联系及背景。

要想使教材现代化，必须增加较新的现代数学内容，而教学时间是常数，人们当然要根据“有增必有删”的原则设法淘汰旧的部分内容，首先是欧氏几何。由于克莱因用群的观点研究几何，认为变换群刻画了几何，自然提出了用代数取代欧氏几何的主张。在回顾欧氏几何在数学教育中的作用时，人们不能让两千年前已定型的欧氏几何再占据数学课本的重要地位。“几何教学是训练逻辑思维的有力武器”的传统观点受到“代数同样可以训练逻辑思维”的抵制和挑战。专家们决心对几何大动手术，以使几何代数化。难怪迪厄多内的提法尖锐到“欧几里得滚蛋”，他们设法用变换思想改造欧氏几何体系，用平移、对称、旋转、位移等变换及实验几何的办法讲授欧氏几何，用向量描述解析几何。

将代数式恒等变形的内容削弱，降低代数运算的难度与分量，甚至将三角方程、反三角函数、无理数理论、二次不等式及被认为烦琐或不必要的内容删去。代数、几何、三角不再分科讲授。集合论、数理逻辑、概率统计、代数结构、算法语言、程序设计、微积分等新内容进入教材，并在结构的观点下被组织起来，用集合、函数的语言描述。

5.“新数运动”的开展与回落

经过十余年的广泛推动，“新数运动”在美国和欧洲开展的情况逐渐得到反馈。由于过分强调结构化、抽象化、公理化，脱离学生的认识水平和生活实际；教材内容过多过难，有的内容也脱离教师的水平；更加上由于很多国家未经过小范围内的实施，广大教师没有接受新教材的准备，新教材突然涌现使教师措手不及，影响了教学的效果；另一方面，家长对新课本十分陌生，更无力辅导孩子学习。不少国家调查显示学生运算能力差，只注意运算法则、运算律，而忽视运算技能与结果，基础知识削弱，数学成绩下降。社会各部门对中学毕业生数学知识技能水平不满意，这种分数量化的信息容易被人们接受。

有的人认为过早、过分形式化非多数学生所能接受，传统数学不能过分删减，“没有理解的严格比没有严格的理解更坏”。法国数学家托姆认为布尔巴基学派对欧氏几何的看法片面，用代数代替几何是错误的，欧氏几何在学生的发展过程中的作用是不能忽视的。一时认为“新数”教材影响了教学质量，要求制止实行“新数”和“回到基础”的呼声十分强烈。美国本来就未实行“新数”的州依然故我，甚至庆幸未经历“新数运动”这场“灾难”。最终使得《统一的现代数学》与《SMP》等教材使用量大减。

6. 对“新数”的几点评价

（1）“新数”对以往认为天经地义的传统数学进行了剖析，使人们认识到传统的数学教材决非白璧无瑕，它与现代科学技术的发展相距过远，已不能适应时代发展的需要，应增加新内容或用现代观点进行改造。

（2）“新数”的教材打破了代数、几何、三角的分科编写的格局，强调各科间的联系，从不同角度看待同一数学内容，用运动、变化的观点观察不同的问题，找出其间联系，强调变换转化。

（3）用现代数学观点统率教材的思路并不错，但是数学形式化的特点被过于强调，高度抽象的内容进入教材，脱离学生实际情况，难免挫伤学生的学习积极性，使得他们理解困难。

（4）不经过实验，缺乏必要的准备，教师未经培训不能很好驾驭教材，使“新数”难以取得良好效果。学校与教育管理部门没有经验，家长不了解“新数”，面对与之前截然不同的新教材，家长无法给予孩子帮助。因此，“新数运动”是在几乎孤立无援的情况下进行的。由于没有各方面条件的保障，“新数运动”接连受挫。

（5）从传统教材到“新数”教材缺乏必要的过渡与延续，传统教材中曾是成功的教育材料遭到摒弃。突变易导致不良后果，渐变可能更稳妥，可避免一时考虑不周，减少负面影响。

（6）过分强调结构化、公理化，超越学生认识规律的范畴，过高的要求不是多数学生所能达到和理解的，但“新数”重视通性、通法，不崇尚技巧，希望问题解决不靠“俏招”，而是经过分析、研究的必然结果，是数学思想方法的自然运用，这是十分宝贵的认识，如能不走极端，而是恰当要求，定会发挥积极的作用。

（7）要求改进教和学的方法，提倡由学生“发现”定理，如能处理得当使学生既是学习者又是研究者，激发学生学习的热情与主动性，将为敢于创新做准备，使学生思想得以解放。

（8）欧氏几何的改革有待进一步的实验，几何的基本内容应该学习。

在“新数运动”这场改革浪潮中，美国、英国开展得快，退得也快，日本、苏联步伐稳，起伏小，法国却较为适应。按理说法国的新教材较美、英更为抽象，结构性更强，内容更多，要求更高，然而法国的教学大纲被大多数学校接受，推行改革显得较为顺利。究其原因，与法国数学教师水平较高、素质较好有关。教师能较好地适应，就减少了阻力。

7. 数学教育现代化运动的继续

“新数运动”由于缺乏必要的准备与实验，有明显的不足之处。“新数运动”后期“回到基础”的口号几乎全部取代“新数”。然而科学技术飞速发展与数学教育落后的根本矛盾未能解决，“回到基础”不可能回到旧时的原样，只能是辩证法所说的螺旋式上升。“回到基础”或者“恢复基础”都只能在新的起点上重新考虑。“回到基础”对“新数运动”是一剂清醒剂，使“新数运动”克服过激做法。

“新数运动”为引进现代数学采用“加宽课程”的办法，其中企图把现代数学的复杂思维形式与学生以日常生活为基础的朴素的思维方式结合起来，导致教材难度大、超过学生智力发展水平，削弱了学生学习动机，未能扎实提高学生学习数学的兴趣和信心，这是需要切实改进的。但是增加测量练习、图表演示、通过实际操作、改进中学生对数学学习的态度、提高理解能力、发展独立思考能力等都改变了传统的数学教学，冲击着单纯教师讲授学生静听的传统方式。

20世纪70年代英国对“恢复基础”的调研认为：“恢复基础”本身存在问题，数学教育质量未见提高。主要体现在以下四方面：

（1）实际教学内容较大纲规定的起点偏高、难度过大、内容庞杂，只适合能力较强的学生，影响了大多数学生的积极性和信心。

（2）死记硬背、机械照搬现象较普遍，教师比较重视学生计算技能的训练，而对培养学生口算、心算、估算等能力的训练则不重视。

（3）考试方法单一，过分依赖笔试，重视计算技能，忽视实际操作和知识应用的能力。

（4）数学师资不足，质量有待提高，约有40%的教师不合格。

苏联在20世纪60年代将中小学11年制改为10年制并由科尔莫戈罗夫(Копморoров)院士主持制定数学教学新大纲，主要是贯彻集合论的观点，把映射作为几何课程结构的基础，代数按照函数、方程、不等式、恒等变形这几条线展开，增加数学分析初步知识，并编写了相应教材。

但以维诺格拉多夫和吉洪诺夫院士分别领导的委员会却认为“不应该把集合的理论作为阐述中学数学的基础”“教学大纲不认为数学概念的集合论解释有重要的意义，要删减复杂的术语和符号，把数学课程从那些没有教育价值的问题中解放出来”“不应该把几何课程建立在映射理论的基础上”“必须抛弃引入数学概念和定义时不正确的过分统一化”“要使学生掌握基本技能与技巧（计算、几何作图、测量），也要掌握数学的方法（坐标法、向量、几何变换），使学生在学习和实践中真正会应用”。

20世纪70年代中期，“回到基础”的呼声逐渐被“标准测验”（用一套经过试验证明合理、公正的试题来对学生进行摸底，进而了解学生各部分知识的掌握情况）的研究活动所冲淡。在西方各国这类“标准测验”数量很多，对于学生数学知识掌握的真实情况有了较多了解，也使各部分知识教学的具体研究有所深入。

20世纪80年代初，英国考克罗夫特（W. H. Cockcroft）的调查报告总结了20多年来英国数学教育的经验与教训，提出了如下意见：

（1）开设适应学生个别差异的课程。现行教学大纲只适应少数最优秀的学生，大纲应适应各种学生的知识水平，要考虑成绩差的学生，课程只规定学生必须掌握的基础知识，有能力者可突破最低限度，学更多的知识，课程内容应当充分展开，使学生能真正理解所学的东西，增强学好数学的信心。

（2）既强调能力培养又重视技能训练，“恢复基础”造成重技能训练轻能力培养的倾向。应提高学生在不同情境中解决数学问题的能力。

（3）对数学考试进行改革：考试应使学生表现出他知道哪些知识，而不是专考学生不知道哪些知识。应注重对概念的理解和应用知识的能力、实际操作能力、调查研究能力、心算、讨论数学问题的能力和创造能力等的考查，不能过分依赖笔试。可改变计时考试的办法。

（4）数学教学中广泛应用电子计算器，主张专门讲授计算器使用办法，并做到人手一个，保证会用。

（5）加强数学师资培训。中学数学教师必须具备大学数学本科专业的知识，又需经过教育科目的培训，达到要求方可从业。还应重视在职教师进修。

20 世纪 80 年代，经过“回到基础”反对“新数运动”的反思，数学现代化产生的一批教材如《统一的现代数学》《SMP》等经过细致修改后不仅重新出版，而且使用面更广，新的教材也逐渐问世，给人们提供了更为成熟的多种可比较的教材。

20 世纪 80 年代初，全美数学教师协会提出“问题解决”的口号，被认为是 20 世纪 80 年代数学教育的重点。

“问题解决”的核心是基于“学生学习数学是为了运用数学知识解决实际问题，不能设想这些问题的解决有现成的模式和程序，它们往往需要以原有知识为基础，经过分析、研究找出适当的处理方法”。由于问题给出可能涉及某些具体的非数学知识，人们事先不知道其中是否有数学问题，即使归纳为某个数学问题也不一定能够解决。应培养学生解决非常规数学问题的能力，以及把日常生活中遇到的实际问题归结为数学问题加以解决的能力，培养敢于接触、处理新事物并持积极进取的态度。

全美数学教师协会提出“设计数学教学大纲，必须以能帮助解决各种实际问题的数学方法来武装学生”。

强调“问题解决”当然要重视基础知识与基本技能的掌握。在一般能力与数学能力的培养上下工夫，在有限的教学时间内如何很好地完成教学任务，教学和训练方式如何作相应改变，为使学生得到训练，需要精选各种问题，并研究如何将各种问题组织在教学活动之中。

“问题解决”对数学教材提出了较高的要求。目前尚未见到这类教材，但“问题解决”促进人们从“数学模型的建立”的角度加以思考。数学建模竞赛开始受到欢迎，数学建模的课程首先在高校开设。在中学数学教学活动中，数学建模的内容开始出现并受到教师重视。“问题解决”需要以提出问题为出发点，研究数学课程，改进师范教育，培训教师积累足够的问题以充实教材，从多方面着手才可能对数学教育改革起到真正的作用。

在数学教学方法的探索方面，著名数学教育家乔治·波利亚（G. Polya，1887－1985）的影响很大。波利亚认为，数学教学的目的首先是教会学生如何去想，去思考。教学不只是传授知识，还要尽量发展学生使用所学知识的能力，要着重教实际有用的知识及使用的本领。使学生会“思考”，是“有目的地思考”，是“由主观意志所控制的思考”，是“富有成果的思考”。波利亚提出教学三原则：主动学习、最佳时期、逐步上升。并认为教学是一门艺术。波利亚的几本名著《数学的发现》《怎样解题》《数学与猜想》不仅对美国，对世界数学教学改革都起了巨大推动作用。

20 世纪 90 年代以后，数学教育的研究更为深入。“大众数学”“每个人的数学”的口号既体现出数学素质是每个人应具备的素质，也要求数学课程应是每个人能学的，不应只为培养数学家或少数尖子，应该为广大学生从事生产劳动和进一步学习准备条件。

还有“作为服务性学科的数学”的提法。这里数学是各学科的工具，反映得十分清晰，与“数学是科学的皇后”的提法大相径庭。这也反映出数学的基础性质，数学素质的重要意义跃然纸上。

日本提出“终身教育”的口号，更促使继续教育的广泛推行，教育不能毕其功于一役，数学教师任教后仍然要不断提高自己以适应形势的发展。在数学教育改革的进程中，观念的正确，认识的准确，教师的素质，课程的建设，对学生和教学的研究，教育的评价体系，以及信息技术进入数学教学的研究将是最为重要的问题，今后仍将是研究的主题。

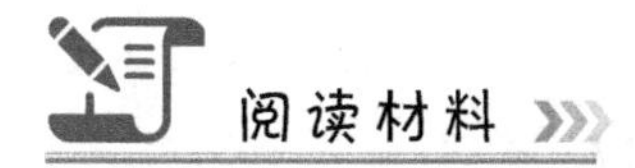

英国的《Cockcroft 报告》

《Cockcroft 报告》，原名 *Mathematics Counts*，是英国政府组织的“学校数学教学调查委员会”在经过三年多时间广泛调查研究了当代英国（英格兰和威尔士）中小学数学教育的问题后于 1981 年底向英国政府提供的关于这一问题的报告。1982 年由政府文书部正式出版。由于该委员会主席是新阿尔斯特大学的副校长考克罗夫特博士，故出版后更多地被称为《Cockcroft 报告》。

《Cockcroft 报告》的问世标志着英国乃至世界数学教育研究的重要进展，它不仅在英国被公认为 20 世纪 80 年代数学教育改革的纲领性文件，在国际上也有重大影响，享有盛誉。

《Cockcroft 报告》共 311 页，分 3 部分共 17 章和 5 份附录。全书的核心是：数学教育的根本目的是为了满足学生今后——成人生活、就业和进一步学习的需要。围绕着这个核心，书中展开论述的主线是：第一部分对学生今后“成人生活、就业和进一步学习”这三种的数学需要进行具体的讨论；第二部分阐述了为满足这三种需要学校数学应有什么样的课程内容和教学方法；第三部分论述了进行良好数学教学所需的多种条件和支持。

《Cockcroft 报告》的目录如下：

序言

说明

第一部分　1. 为什么教数学；2. 成人生活的数学需要；3. 就业的数学需要；4. 中学后和高等教育的数学需要

第二部分　5. 学校数学；6. 小学阶段的数学；7. 计算器和计算机；8. 评定及后续；9. 中学阶段的数学；10. 16 岁考试；11. 第六学级的数学

第三部分　12. 数学教学的装备；13. 数学教师的提供；14. 职前培训课程；15. 数学教师的在职支持；16. 一些未尽的问题；17. 未来之路

附录（略）

索引

《Cockcroft 报告》认为数学教师的任务是：

（1）在每个学生的能力范围之内，发展其数学技能和理解能力，以满足成人生活、就业和进一步学习、培训的需要，同时注意学生在这个学习过程中会遇到的困难。

（2）提供学生学习其他课程时所需的数学知识。

（3）尽可能发展学生对数学本身的欣赏和喜爱，以及对数学在科学技术和人类文明中已经起到的和将继续起到的重要作用的认识。

（4）最重要的是，使学生意识到数学为他提供了交流的有力工具。

《Cockcroft 报告》主要论述了学校进行良好的数学教学所必备的物质条件、仪器设备、数学教师参考书，以及良好的组织领导等问题，并特别关注了数学教师的现状、来源补充和培训（包括职前训练和在职训练）问题。此外，还论及了要有更多高水平的数学教育研究中心以促进数学教育及研究的发展等其他相关问题。

——张奠宙主编：《数学教育研究导引》，南京：江苏教育出版社，1994 年。

第三章 数学课程

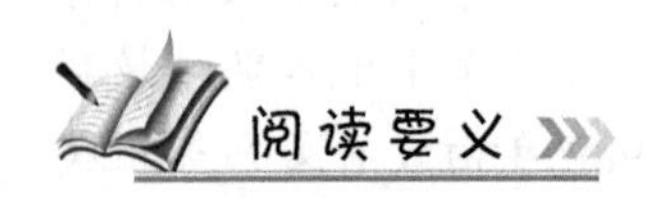

1. 数学课程是指学校遵照教育目的有计划有组织地编制的教学内容，它体现为教学计划、教学大纲、教科书所表述的内容和学生的学习活动。它规定了数学教育的目标、任务、方法，是按照总体教学目的和培养目标规定的数学教育目的、教学要求、教学内容、范围、分量、体系、进程的总和。

2. 现代数学课程内容的特征：

（1）数学课程内容应当是现实的、有趣的、富于挑战性的；

（2）数学课程内容要根据教育的特点，面向全体学生，使数学课程为学生的发展和造就未来合格公民服务；

（3）数学课程内容的选择应符合现代社会的需要，让学生学习社会所必需的、有用的数学；

（4）数学课程应考虑数学学科本身的发展，将现代数学中的新内容和新方法、技术引入数学课程中。

3. 编制数学课程要遵循基础性与教育性的兼顾原则、课程结构——逻辑性与认知性的整合原则、课程目标——思维性与实用性的平衡原则、数学课程的难度与广度的平衡原则、统一化与弹性化的平衡原则。

4. 学校课程可分为经验课程和学科课程，还有校本课程。学科课程以数学知识为基础组织起来，以千百年来数学家创造的数学成果来编制教学内容。以使学生掌握数学的知识体系和数学的整体结构为目的，是我国学校课程中最常见的形态。经验课程的价值在于使学生获得关于现实世界的直接经验与真实体验。它将生活现实与社会课题或者以社区活动、劳动、生活实践等作为内容。校本课程使教师有机会根据学校和学生的特点与需求编制并实施课程，教师将成为课程的开发者、编制者和实施者。

第一节 数学课程的概念

数学课程是数学教学的主要内容，是组织数学教学活动的主要依据。数学课程是集中反映和体现数学思想方法的载体，是数学教育活动的起点，处于数学教育的核心地位。为了更好地认识和处理数学教育的理论与实践，有必要对数学课程进行一番深入的研究，这对于改变教育观念，树立与新课程一致的教育理念，正确把握与处理新课程的教学与教学设计，是十分必要的。

任何教育都要涉及教什么的问题，从这个意义上讲，课程是教育研究的永恒主题。首先我们分析数学课程的内涵。对课程一词，尽管早已是教育理论中公认的重要名词，但对其内涵却是众说纷纭，莫衷一是，而且随着教育改革的深入，课程内涵也在发展变化。课程研究者的视角不同，对课程内涵的解读也不同，下面简单列出对课程的9种不同解释[①]。

（1）在学校建立一系列具有潜力的经验，目的是训练儿童和青年以群体方式思考和行动。这类经验被称为课程。

（2）学习者在学校的指导下所学得的全部经验。

（3）学校传授给学生的、意在使他们取得毕业、获得证书或进入职业领域的资格的教学内容和具体教材的总计划。

（4）我们坚持课程是一种对教师、学生、学科和环境等教材组成部分的范围的方法论的探究。

（5）课程是学校的生活和计划……一种指导生活的事业，是构成一代又一代人生活的生气勃勃的活动流。

（6）课程是一种学习计划。

（7）通过有组织地重建知识和经验而得到系统阐述的有计划、有指导的学习经验和预期的学习结果，在学校的帮助下，推动学习者个人的社会能力不断地、有目的地向前发展。

（8）课程必须基本上由5种大范围的学科学习组成：①掌握母语，系统地学习语法、文学和写作；②数学；③科学；④历史；⑤外国语（Bestor，1955年）。

（9）课程被看作是有关人类经验而不是结论的可能思维模式的不断扩大的范畴。但这种可以从中得出结论的模式，在那些结论和所谓真理的背景中是站得住脚和有依据的（Belth，1965年）。

传统上，人们认为数学课程是数学的教学内容及进程的总和。数学课程是指学校遵照教育目的有计划、有组织地编制的教学内容，它体现为教学计划、教学大纲、教科书所表述的内容和学生的学习活动。它规定了数学教育的目标、任务、方法，是按照总体教学目的和培养目标规定的数学教育目的、教学要求、教学内容、范围、分量、体系、进程的总和。进入21世纪后，我国的经济文化有了飞速的发展，教育理论不断更新，数学课程的内涵在传统的意义上又有新的发展，数学课程突出了以下的新意。

首先，从强调数学内容到强调学习者的经验与体验的转变。过去的观点将数学课程等同于数学，数学课程的内涵与数学教学内容等同起来。在数学教学中，只重视数学本身的知识教学，而没有关注学生生活经验，导致了数学课程成为一种无学生参与的外在于学生生活的东西，学生的生活经验受到忽视。学生的发展与课程不能形成有机联系。当代教育提倡回归学生的生活，课程应关注学生的现实生活与经验，课程不仅是几千年积累的数学知识的汇集，而且是在学生现实经验的基础上与数学知识的整合。使其成为学生认知世界发展自己的工具，关注学生的生活与现实经验是课程内涵的新发展。

其次，从强调计划目标到强调过程本身价值的转变。教育是在过程中形成的，过程是达到教学目标或获得所需结论必须经历的活动程序。在过程中学生会产生一系列的质疑、判断、比较、选择，以及相应的分析、综合、概括等认知活动，如果没有多样性的思维过程和认知方式，没有多种观点的碰撞、争论和比较，结论难以获得，也难以理解与巩固。

---

① 胡森，波斯特尔斯·威特. 简明国际教育百科全书：课程[C]. 江山野，译. 北京：教育科学出版社，1991：64.

苏联数学教育家斯托利亚尔说：“数学教学就是数学活动的教学”。学数学就是做数学的过程，做数学不仅是接受数学知识的过程，而且也是发现数学问题、分析数学问题、解决数学问题的过程，是暴露学生各种疑问、困难、障碍和矛盾的过程，也是学生发展聪明才智、形成独特个性与创新意识和思维能力的过程。过程中有无限的丰富性与教育机会，如果仅仅将课程看作是教学计划目标，就会将丰富的教育机会排斥在外，故现代课程特别强调过程的价值。

最后，从静态的文本形式向动态的生长系统转变。把课程看成是规范性的内容时，课程只是静态的文本形式。课程规定教学内容、教学手段、教学方向、目标计划，课程成为专家研究的领域，教师成为课程的旁观者，无权过问与思考。教师的任务是教学，只是课程的阐述者、传递者，学生只是既定课程的接受者、吸收者。课程与教学处于彼此分离的领域。而当代教育强调民主、走向开放，课程也从静态的文本形式向动态的生长系统逐渐转变，即教师和学生不是外在于课程之外的，他们是课程的有机组成部分，是课程的创造者与主体，他们共同参与课程的开发。课程是教师、学生、教材、环境等因素互相交流、促进发展、有机融合的动态系统的主体，课程从静态文本走向动态系统，为教师与学生的成长和教师富有个性的创造性教学开辟了空间。

阅读材料

豪森（G. Howson）

豪森为英国南安普顿大学（University of Southampton）数学教育中心教授，长期从事数学教育特别是数学课程发展的研究工作，在国际上有一定的影响。他曾于1987—1990年任国际数学教育委员会（ICMI）秘书长，组织并亲自参与了ICMI研究系列丛书的出版工作，并与他人一起撰写了《90年代的中、小学数学》《作为服务性学科的数学》等书。

豪森与凯特尔（Christine Keitel）、基尔帕特里克（Jeremy Kilpatrick）合作完成的专著《数学课程发展》（*Curriculum Development in Mathematics*），在国际上有很大影响，对我国新课程改革有很好的借鉴作用。

——张奠宙主编：《数学教育研究导引》，南京：江苏教育出版社，1994年。

第二节　数学课程内容

数学课程内容是达到数学课程目标的基石。只有合理的、科学的内容经过符合学生心理与教学原理的安排才有利于数学课程目标的达成。从义务教育阶段的课程标准和高中数学课程标准的理念，我们可以看出数学课程内容的选择有如下一些特征。

第一，数学课程内容应当是现实的、有趣的、富于挑战性的。

义务教育阶段的数学课程内容的选择应当与课程的基础性、普及性、发展性相一致；另外，数学课程内容应当从学生生活出发，挑选现实的、有趣的、富有挑战性的内容。

学生学习数学的基础知识首要考虑的是学生的生活经验。数学教学要加强数学学习与现实之间的联系。数学教学要贯彻理论联系生活、与数学应用的思想，让学生有参与实践活动的机会，让学生用数学的眼光看待现实，结合生活学习数学。教育心理学的研究表明：当学习的材料与学生已有的知识和生活经验相联系时，学生对学习才会有兴趣，学生才能够积极地参与其中，体会到数学与现实的联系，学到解决问题的策略。当数学与学生的生活密切结合时，数学才是活的、富有生命力的。

数学发展到今天与社会的联系越来越密切，应用性越来越强。一些数学家称之为数学发展的第四个高峰。如果我们的毕业生只会解纯数学题目，与社会生活联系的题目都不会解，例如，不会填写银行票据，不懂复利，不理解利润，看不懂股票走势图，弄不懂有奖销售的概率，更不会计算分期付款，我们的数学教育是不成功的。我们的数学教育远离学生的生活，学生也会远离数学教育，故回归生活是数学课程内容选择的第一原则。当然在选择数学课程内容时要注意处理好数学形式化的问题。形式化是数学教学的一个特征，没有形式化就不可能有数学。但在义务教育阶段，过分追求形式化数学教学就会走向另一个方面或反面，就像有的专家分析的那样：注意了概念的表述精确却忽视了其实质和实际背景；强调了对定义、定理字斟句酌的推敲却忽视了其发生发展的过程和反映的基本事实和现状；强调了演绎推理的严密性却忽视了合情推理，以及其他可能的非形式化推理（如直觉、联想、顿悟等）具有的数学创造性。

第二，数学课程内容要根据教育的特点，面向全体学生，使数学课程为学生的发展和造就未来合格公民服务。

国际信息化、工业化、民主化的发展，使得数学教育从精英教育向大众教育转变，这是数学教育国际化的一大趋势。大众化的数学教育就不能只面向数学成绩好的同学，而要使每一个同学都有收获，都有成功的感受和学习的信心。美国心理学家加德纳的多元智力理论指出：不同的学生有不同的天赋、不同的爱好和不同的需求，不可能人人一样，只要因人制宜，每个人都可成功。故数学课程的内容要面向全体学生，要照顾到不同学生的需求，使每个学生都能成功。数学课程不能为培养少数精英而让大多数学生成为数学教育的失败者，丧失发展的动力与机会，这与义务教育的宗旨不符。比如日本的数学课程提出“综合学习”，新加坡（2000 年）分成了普通课程（normal course）和特殊课程（special course），就是一种照顾每个人特点的课程。

从学生发展的角度说，数学是促进学生思维发展的重要途径。作为一个公民，掌握一定的数学知识和技能是必需的。数学已成为公民素养的一个重要组成部分，不具备一定的数学知识与技能就不能成为合格的公民，不能够很好地适应社会发展。特别是科学技术飞速发展的今天，更多的领域需要数学知识与技能，离开数学人们几乎寸步难行。正因为这样，各国在选择课程内容时，更加重视学生数学素养的培养，比如通过适当的运算把实际问题归结为数学问题，懂得多种解决问题的方法，能和他人合作解决问题，相信数学的价值与用途，掌握猜测与推理的手段与方法，能进行探索、创造。

第三，数学课程内容的选择应符合现代社会的需要，让学生学习社会所必需的、有用的数学。

荷兰数学教育家弗赖登塔尔在《作为教育任务的数学》中指出：如果我们希望学生学会应用数学，那就必须打破数学与外界隔离的状态，将其尽可能运用到其他科学中去，以便使学生学会使用并善于运用。数学的应用性决定了学习的内容必须是有用的，没有用的数学即使人人能够接受，也不应该进入课堂。数学的抽象特征，使其应用越来越广，不仅在自然科学中得到应用，而且在社会科学领域也是越来越多地用到数学的原理和方法。随着计算机的发展，数学的应用会更加广泛。因此，各国在选择课程内容时，都应该考虑现代社会各个领域所必需的、有用的数学，也就是大众数学追求的理念之一，即，人人学习有用的数学，数学课程内容应当是社会所必需的，又是个人发展所必需的，既对学生走向社会适应未来生活有帮助，又对学生的智力训练有价值。

第四，数学课程应考虑数学学科本身的发展，将现代数学中的新内容和新方法、技术引入数学课程中。

作为教育内容的数学，应当是教育性与科学性的统一。尽管数学的出发点是促进社会的发展和人的发展，但不能忽视其本身的发展。传统内容中优秀的应保留，不能因为其传统而遗弃，但随着信息社会的到来，课程不能故步自封，不能对新技术与科学的挑战视而不见。数学内容的选择应增加现代数学知识与新数学思想，注重适度的更新，与时俱进，跟上当代数学发展的步伐。过去认为重要的，现在在新的环境中可能已不重要了，如有了计数器，数表失去了以往的重要性；几何作图只需明白原理，由计算机作图更为方便。传统内容中的代数与代数式的计算，一次方程，一元二次方程（无理方程、分式方程）或不等式的解法，一、二次函数的概念，平面几何中的解三角形，高中的代数、立体几何等内容都是现代社会所需要的，都是应当保留的。但是现代数学技术的发展，有一些内容的价值得到凸显，比如算法、编程解决数学问题、线性规划、统计概率等知识都是需要加强的，尤其是计算机、计算器的出现，使人们将“计算”在中学数学中的地位和作用有了新的认识。计算机使人的计算能力大大提高，繁难的计算不应是数学学习的一个重点，把使用计算机作为数学学习中的一个重要组成部分，这些变化都使得数学课程内容体现时代性。

第三节　数学课程编制原则

编制数学课程要遵循基础性与教育性的兼顾原则、课程结构——逻辑性与认知性的整合原则、课程目标——思维性与实用性的平衡原则、数学课程的难度与广度的平衡原则、统一化与弹性化的平衡原则。

一、基础性与教育性的兼顾

中小学数学课程内容的选择首先要考虑基础性，即课程内容是进一步学习数学的基础，又是学习其他学科的基础。另外，数学课程内容的选择还要考虑其教育性，即课程内容应是对促进学生全面发展有价值的东西（素材），有一些内容在数学中非常重要，但对学生来说太难，就不适合让学生在这一阶段学习；相反，有一些内容在数学中并不太重要，但对学生全面发展至关重要，那也应作为数学课程的内容。例如，数学归纳法是数学里一种很重要的数学证明方法，但在中学阶段并不要求证明其原理。数学归纳法的理论基础是佩亚诺公理，是自然数公理定义的一部分，对高中生是不容易理解掌握的，便把它放在大学里学习。视图在几何知识体系中虽然不是很重要，但它是三维与二维之间的相互转化，是培养学生空间观念的重要材料，因而义务教育阶段数学新课标把它列入“内容标准”。

数学课程内容的选择必须使基础性与教育性相结合，二者不可偏废，强调一方面而忽视另一方面的课程改革都是要失败的。过分强调基础，除少数尖子学生外，大多数学生赶不上学习进程，沦为“精英数学”的牺牲品，尖子学生的“陪读生”。相反，过分强调教育性，过分照顾学生的情感态度，认为数学是有趣的、学习是轻松的、快乐的，虽然短期看是有些效果，但最终不能使学生掌握必要的数学知识，同样不利于学生。所以选择和设计使学生通过努力可以掌握的知识或可达到的要求是切实可行的措施，要通盘考虑最低要求、基本要求与较高要求，恰当地确定数学课程的内容及相应要求。

二、课程结构——逻辑性与认知性的整合

就数学学科而言，数学课程内容按照一定的逻辑顺序组成与排列，形成一定的知识体系与课程结构，这要求数学教材分内容来编排，并线性展开。但从学生学习方面讲，又要求课程符合学生的认知规律，按照学生便于理解和接受的方式来编排课程内容。因此数学课程结构既要体现数学的逻辑结构，又要符合学生的认知结构，在逻辑与认知之间达到平衡。

有的数学知识是按照严格的逻辑顺序来编排，学生接受起来是困难的。只有螺旋式安排，逐步渗透，不断提高，才能使学生易于接受，如函数的严格逻辑顺序大致是集合与映射、函数的形式定义、函数的一般性质，然后才是各种初等函数的研究，但学生一次性就把这些内容学完是很困难的。因此，只能层层铺垫，逐步提高。在小学和初中低年级就渗透对应的思想，研究一些简单的函数（一次函数、二次函数、反比例函数），到高中阶段再给出函数的形式定义，研究函数的一般性质和基本初等函数的性质，到大学引进函数的极限与导数，进一步研究函数的一些性质，渐近线与曲率等。有些数学知识在逻辑体系中是最基本的，可以作为逻辑起点。但又常常是最抽象的，学生无法接受。如实数理论是研究函数的基础理论，在中学研究函数时不必要求学生学习实数理论；高中研究指数函数时，无理数指数幂的含义不清楚，要用到抽象的实数理论，采取的是默认的做法。故在处理数学课程内容时要把知识的逻辑顺序与认知顺序较好地结合起来。参照历史上数学知识出现的顺序，如中学微积分不必从极限讲起，而直接引入导数，需要极限时，只要直观认识即可，完整的理论到大学再学，这样做可起到逻辑与认知的整合。

三、课程目标——思维性与实用性的平衡

众所周知，数学是思维的科学，数学是思维的体操，数学在训练学生的思维方面（尤其是逻辑思维能力方面）是其他学科无法取代的。古希腊的教育家们用数学的抽象概念和演绎推理来训练最聪明的人——哲学家，可看成是数学在培养人心智方面的典范。然而，数学不是空中楼阁，它源于对实际问题的思考与解决。数学的实用性是千百年来人们学习数学、研究数学的根本动力，实际问题的解决让人们体会到了数学的价值，理解了数学的来龙去脉，增强了学习研究的兴趣。只看见数学的逻辑的思维训练功能而将其实用功能丢在一旁将会使数学枯竭直至消亡。所以我们在选择课程目标时，既要看到数学的思维价值，又要看到实用价值，二者不可偏废。过分强调数学课程的逻辑思维训练价值，而忽视其实用价值，那就是“掐头去尾烧中段”，既不知数学从何而来，也不知有何应用，只看

见“冰冷的美丽”，而没有体验火热的思考。现实中就会出现学生理论证明十分熟练，而让其面对现实问题建模解决时却束手无策，出现学生会计算方差而不会分析新产品规格的稳定性的现象，所以两者的合理平衡是实现课程目标的关键。

四、数学课程的难度与广度的平衡

与国际上的数学课程相比，中国的数学课程最突出的特点是两个方面：内容窄、难度大。相反，美国的数学课程标准被人们笑称为1英里宽1英寸厚，只有内容的广度而没有一定的深度。深度与广度的平衡应是课程选择中把握的基点之一。

广度代表着数学的视野，数学作为中学主要的基础课程，有着自己独特的内容与目标，如计算、图形的认识和推理、数据的收集分析与处理，这些都是其他学科代替不了的。数学教育也要关注学生的情感、认知、思维和一般能力的发展，应包括：解决问题的数学；交流的数学；培养数学思维的数学；发展情感、态度的数学；有利于学生进入社会做事的数学。学生学习的数学，应该能够熟练地运用数学语言去解决问题，探讨并寻找证明，从具体情境中去认识或提出一个数学概念，从观察到的事例中进行概括、归纳、类比、形成猜想。为了这些必须将数学扩充到学生的生活空间，扩大数学的视野，拓宽数学课程的广度。

这次新课程改革有了大的突破，数学内容与学生的生活联系起来了，与现代社会对数学的需求联系起来了，与现代数学的发展联系起来了，增加了大量新的内容，如用算法与计算机解决问题、数学文化、密码等有密切联系。广度的增加也要对深度加以控制，否则时间有限，学生的学习内容就无法完成。高中数学课程标准采取了选修与必修相结合的方式，设计了模块化的课程，将一些新增内容列为模块化课程，单独供学生选择学习，将难度与广度两方面都加以控制达到均衡。当然只有广度，什么都要联系并介绍，什么都是蜻蜓点水、不深不透，对学生的思维构不成挑战，没有思考价值也是应当避免的，应当有一定的深度。

五、统一化与弹性化的平衡

任何国家的数学课程都有统一要求，只是采取的办法不一样。有的通过国家颁布教学大纲或课程标准，有的通过教师协会用标准测验来达到要求。无论是集权国家还是分权国家，在实施课程过程中都必须有灵活的弹性，需达到统一性与弹性的平衡。核心数学是教学的基本要求，是全体学员都应该达到的，核心数学为他们的升学就业打下了基础，使他们掌握工作生活必备的数学知识，这是数学课程统一性的基础。由于地区经济、教育水平存在着差异，学校的目标、师资力量、设备存在着差异，学生的数学知识、技能、能力、志趣存在差异，在就业、升学上存在着差异，所以为不同的学生提供不同的数学是以人为本教育思想的体现。增强数学课程的弹性，增大对地区、学校的适应性就要达到统一性与弹性的平衡。

过去我们太统一，全国一纲一本，造成了大量学不好数学的学生信心受到挫折，对个人身心的发展不利。但过于讲弹性，与我国的国情不符。我国的国民应有较为统一的共同文化基础，国家课程的大部分内容是其组成部分，应达到统一性和弹性的平衡。这次初高中的课程在这方面进行了大胆的改革，主要有：课程管理上出现了弹性，分为国家课程、地区课程和校本课程。国家课程体现国家的意志，地区课程和校本课程为学校、个人的发展提供了机会。高中课程以必修模块与选修模块的设计，提供了四大选修系列模块，初步体现了统一与弹性的平衡。高一开设核心课程，目标为公民的基本数学素养，为升学与就业打基础。高二开设不同的选修模块课程，为学生的个性发展打基础。

选修模块一重在数学的文化价值，为将来攻读文、史、哲、政、外语的学生选修；选修模块二重在数学的工具价值，为攻读一般工科、经济类学生选修；选修模块三、四所涉及的内容都是数学的基础性内容，反映了某些重要的数学思想，重在科学价值，为攻读理科的学生选修。

标准中的数学学习是正常智力水平的学生应达到的基本数学要求，但也绝不是一个不可超越的标准。相反数学课程提倡让每一个学生接触、了解、钻研自己感兴趣的数学问题，最大限度地满足每一个学生的数学需求，最大限度地开发每一个学生的智慧和潜能。在这种理念的指导下，数学课程的设计有了弹性空间，达到了统一性与弹性的平衡。

第四节 数学课程的类型

新课标给我国的数学教育带来了变革，在中学数学教育中出现了一些不同于传统的课程形态。它们的目标、编制理念、编制要点都有其新颖之处。我们只就新课程改革后出现的一些新课程形态做一些介绍。数学课程的价值体现在对学生发展的促进，不同的数学课程类型具有不同的价值，且又互相补充。就数学课程固有的逻辑来说，学校课程可分为学科课程和经验课程，另外还有校本课程。

一、学科课程

学科课程以数学知识为基础组织起来，以千百年来数学家创造的数学成果来编制教学内容，通过学科课程学生可以系统地掌握数学的知识体系，这种课程便于学生掌握数学的整体结构，也是我国千百年来学校课程中最常见的形态。学科课程有其普遍的文化价值，是学生掌握人类数学文明成果的最基本途径，学生在学校学习的数学课程绝大部分是学科课程。

二、经验课程

与学科课程相对立的是经验型课程，其价值在于使学生获得关于现实世界的直接经验与真实体验。经验课程将生活现实与社会课题或者以社区活动、劳动、生活实践等作为内容编制课程，目的在于培养丰富而有个性的主体。经验课程着重引起儿童学习的兴趣和动机，课程的特点富有乡土性，以儿童所在地区的内容为题，具有经验性。现在初中和高中的综合学习即为经验课程。

经验课程有助于改变长期以来教材脱离生活脱离实际的状况，使学生有机会综合运用数学知识和方法来解决问题，探索数学规律，体会数学与现实的联系，培养学生自主探索和合作交流的能力。经验课程通过综合性的实践学习，改变学生单一的接受性的学习方式或生活方式，有利于学生对自然的了解、对社会的了解，有利于使学生与社会生活密切联系。

数学经验课程的要点：

（1）经验课程的内容和形式。要让学生有足够的机会动脑、动手、动口，让学生通过亲身体验，亲自探索、亲手操作来进行数学知识的验证和应用。这不仅使学生理解数学知识，更能激发学生的数学兴趣。

（2）课程内容开放。鼓励学生在生活中、社会中通过实践发现数学问题，解决数学问题。另外形式开放，不拘泥于某种固定的形式，针对不同的课题采取不同的方式，如数学专题学习、数学调查、竞赛、阅读、写作等，可以是小组形式也可以是个人形式。

（3）学生是学习的主人。学生在活动内容相同的情况下根据自己的想法亲自设计活动的细节，包括确定活动内容的主题、活动开展的过程、实施方案等。

（4）选择数学活动与内容的形式要充分考虑学生的年龄和认知能力以及实施的主客观环境。如高中主要以研究性课题和实习作业的形式活动，解决问题的步骤大致为：实际问题—数学课题—问题解决—解释验证。

（5）经验课程的评价应促进学生积极地参与，激发学生的创造性思维，培养学生的团结合作态度，形成运用数学知识的技能与方法。评价可定性与定量相结合，关注数学知识的理解，又重视能力与素质的提高，学生根据自己的发现交流汇报、展示成果，教师记录学生的情况。

(6)实施过程中保证学生是活动过程的行为者，而不是教师的追随者。教师不要以"真理代言人"的身份主宰过程，要以信息引导对陷入困境的学生进行必要的帮助，允许学生走弯路，发现学生的闪光点，提倡合作与协作精神。

三、校本课程

由于国家课程管理的权力下放，学校教师有机会根据学校和学生的特点与需求编制并实施课程。这类课程区别于国家教育部依课标编制的基本课程，称作校本课程。我国制定的课程标准已为校本课程设置了学时的保证，为校本课程的开发提供了机会和制度安排。教师将成为课程的开发者、编制者和实施者。校本课程的开发可以从以下两个方面进行。

首先，本土化的课程开发。我国城乡之间、东西部之间的经济文化有较大差距，根据地域特点体现有地域特色的教学是必要的，即立足于本土化题材的开发，教师可根据学生熟悉的生活背景为学生提供他们用得上的数学知识。本土化的课程开发突出数学学习的生活化，有利于激发学生的学习兴趣。比如，在内蒙古地区，养牛的经济效益成本分析，当地土特产品的生产经营调查等，以此为主题开展学生喜闻乐见的数学课题的学习，如线性规划、数量优化技术等。

其次，根据本校师资的情况开设有特色的数学课程。如有的老师开设几何画板课程，让学生通过几何画板研究几何现象，发现几何关系。总之，这类课程要体现教师的主动性、创造性、个人特点与学生的兴趣，与学校的培养目标相一致。

第四章　数 学 教 学

阅读要义

1. 数学教学是数学教师的教和学生学习数学的共同活动，是学生在数学教师的指导下积极主动地掌握数学知识、技能、发展能力，同时获得身心的一定发展，形成一定的思想品质的活动。数学教学有其明确的目的和多种教学方法。

2. 备课是教师上课前的准备工作，备课也蕴涵着研究的成分，没有研究的教学是没有生命力的。备课有：备教材-备学生-备教师-备教学方法-备学习方法-备环境之“六元一体结构”。

3. 教学模式是反映特定教学理论逻辑轮廓，为实现某种教学任务的相对稳定而具体的教学活动结构。具有假设性、近似性、操作性和整合性。教学模式有多种，如：①讲解-传授模式；②自学-辅导模式；③引导-发现模式；④活动-参与模式。

4. 日本的中小学数学教学研究形态及其特征：“学习指导案”的设计是数学教学研究的开端，也是数学教学研究的关键环节；数学教学研究的成长是从职前教育一直延续到终身教育，它具有很强的团队精神、传承性、可持续性和系统性、广泛的民间基础等四个显著特征；日本中小学数学教师的教学研究策略实施分为八个步骤：问题的明确化、学习指导案的设计、确定讲授、教学评估及对其效果的反思、调整教学、根据修订的“学习指导案”来教授调整过的课、再次评价与反思教学和共享结果。

5. 数学教学原则主要有科学性与思想性统一的原则；理论联系实际的原则；教师的主导作用与学生的主动性相结合的原则；教学与发展相结合的原则；系统性原则；直观性原则；巩固性原则；统一要求与因材施教相结合的原则；反馈调节原则；严谨性与量力性相结合的原则；具体与抽象相结合的原则。

第一节　中学数学教学目标

一、数学教学目标及其作用

数学教学目标是指数学教学中师生预期达到的学习结果和标准。数学教学目标可分为数学课程目标、数学单元目标、数学课时目标等。数学课程目标是指数学课程在教学上总体所要求达到的结果，如中小学数学课程标准中的总体目标。数学单元目标是对数学课程结构中各个组成部分的具体要求。数学课时目标是指每课时所提出的具体要求。这样的设定有助于明确各自目标及其内容间的相互关系，排出学习层次，采用必要的措施来促进学习。一个表述得恰当的目标具有以下两个基本特征：①包含要求达成的具体内容的明细规格；②能用规范的术语描述所要达到的教学结果的明细规格。下面主要介绍课程目标。

教学目标有以下作用：

首先，具有指向作用。目标的指向作用是通过影响人的注意而实现的。有了明确的目标，人在活动中就会把注意力集中在与目标有关的事情上，尽量排除无关刺激的干扰。

其次，激励作用。实验者指出的目标激发了学生观察特定对象的积极性。也就是说，激励作用和指向作用是紧密相连的。

最后，标准作用。教学目标确定之后，是否达到了既定的目标，就成了衡量教学效果的尺度。在教学效果的检测和评价中，教学目标的标准作用是显而易见的。教学效果的检测就是以既定的教学目标为标准，用可靠的数据显示教学效果是否达到或在何种程度上达到了既定的教学目标。

二、确定教学目标的依据

中学数学教学目标确定了中学数学教学的方向和性质，包括了组织教学内容、确定教学要求、选择教学方法、进行教学质量评估、决定考试命题等一切数学教学活动的依据。因此，科学地确定中学数学教学目标具有重要的指导意义。

确定中学数学教学目标主要是以中学教育的性质和任务、数学学科的特征、学生的年龄特征和数学学科对培养学生良好个性品质的作用等四个方面为依据的。

（一）中学教育的性质和任务

我国教育方针要求培养的学生在德、智、体、美、劳诸方面全面发展，成为有社会主义觉悟、有文化的劳动者。中学为社会主义建设培养大批劳动后备力量，为高一级学校输送合格新生，造就有理想、有道德、守纪律的新人。就其基本素质而言应具备社会主义社会要求的良好的道德品质，具备系统的科学文化知识、具备必要的技能、技巧和各方面的能力。

数学教学作为中学教育的重要组成部分，应当根据整个中学教育的性质、任务和培养目标来确定中学数学教学的目的和任务。在学生具备系统的数学知识、扎实的数学技能、技巧和基本能力及优良的品德方面要发挥数学教学的主要作用。

（二）数学学科的特征

传统的观点认为，数学是研究现实世界的空间形式和数量关系的科学。它具有内容的抽象性、理论的严谨性和应用的广泛性等特征。现在人们对数学学科的认识已经超越了传统的观点，许多学者认为①：数学是一种语言、数学是一种工具、数学是一个基础、数学是一门科学、数学是一门技术和数学是一种文化。数学对国家的贡献，不仅在于富国强民，而且也渗透到文化中。数学给予人们的不只是知识，更重要的是能力，这种能力包括直觉思维、逻辑思维、精确计算、准确判断和求异创新。因此，数学在提高全民族的科学水平和文化素质中处于至关重要的地位。因此，确定中学数学教学目标时要充分考虑数学的特征。

（三）学生的年龄特征

不同年龄段的学生有不同的智力发展水平，他们的思维发展是一个从具体到抽象的过程。因此确定中学数学教学目标必须依据学生的年龄特征，数学基础知识、基本技能和基本能力的要求都应符合该年龄段学生的知识和理论的实际水平，因为这个年龄段的学生无

① 李大潜. 将数学建模思想融入数学类主干课程[C]. 2005 大学数学课程报告论坛论文集.北京：高等教育出版社，2006：15-16.

论智力发展水平还是实践经验都有局限性。

（四）数学学科对培养学生良好个性品质的作用

数学教育除了向学生传授知识和培养学生的数学能力外，对学生进行政治思想教育，培养学生辩证唯物主义观点具有不可忽视的作用。在数学学科中蕴藏着培养人格的因素，数学在树立学生坚强的意志和刻苦钻研的精神、实事求是的科学态度与思维方法方面具有重要作用。就像苏联数学教育家辛钦所指出的那样："钻研数学学科必然会在青年人身上循序渐进地培养出许多道德色彩明显，并进而能够成为其主要品德因素的特点。"青少年学习数学、钻研数学首先必须树立尊重事实、服从真理的态度，才能理解它，会运用它。因为从数学学科的特征来看，数学是一门严谨的学科，它不仅使人受到智慧的美的熏陶，还能使人懂得如何做真诚、正直、坚韧和聪敏勇敢的人。世界上每所学校必修的唯一的学科就是数学，它被作为学生进入多种职业的筛选手段，其主要原因并不仅仅是借助数学的运算寻求答案，而是借助数学培养人在错综复杂的境遇中能够进行有条理的分析，能够很好地做出正确决策的能力。

数学学科对培养学生的创造性思维能力具有重要作用。教育家加里宁说过："数学是锻炼思维的体操。"按 16 世纪西班牙人 Vies 的说法，数学是"表现思维敏捷性"的课程。我国文学大师梁实秋先生在其《雅舍小品》中也曾说过："数学是思想条理之最好的训练。"

数学教育是培养学生审美能力的基本途径。审美能力的培养主要由以下两个方面来实现。第一，要依靠学生在学习中产生的智力欢乐。正如法国数学家阿达马所说，"数学家们从事数学研究工作，固然已属发明的范畴，数学专业的学生在解决一个几何或代数的问题时，实际上也与数学家的发明具有同样的性质"。从中小学生学习数学的情况来看也是如此。因此，教师通过教学，使学生学得新的数学知识和方法，这样能使学生体验到发明创造的智力欢乐。在此基础上，学生在完成课外作业或解决一些难题后，这种发明创造的智力欢乐得以升华。因而学生能更好地理解数学的内在美。第二，教师对数学学科的理解、兴趣、喜爱，也能导致学生的理解、兴趣、喜爱，能使他产生情感的共鸣。反之，不能引导学生明确学习的意义，不能增强学生的学习兴趣，这样的教学是不美的。优秀的教学之所以不易，正在于它不仅是知识的传授、能力的培养，而且是情感的交流、艺术的享受。所以，教师对一个细节或一个问题的恰当的选择和精彩的讲解，对一个命题的优美的证明，或把一个枯燥的公式化成优美的形式，也能唤起学生对美的感觉。所以，有节奏、既形象又和谐、生动的教学气氛和情景，才是具有创造性的艺术，它才能很好地符合学生的天性，使学生体验到学习数学更有兴趣和意义。

三、我国数学教学目标的变迁

我国中学数学教育经历了曲折的发展过程，下面简要介绍从中华民国成立至今的中学数学教学目标的变迁情况[①]。

① 课程教材研究所. 20 世纪课程标准 · 教学大纲汇编（数学卷）[Z]. 北京：人民教育出版社，2001.

（一）1912 年 9 月教育部公布《学校系统令》，1913 年形成了“壬子癸丑制”的中学数学教学目标

数学旨在明确数量之关系，熟习计算并使其思虑精确。

（二）1923 年《新学制课程标准纲要》初级中学算学教学目的

（1）使学生能依据数理关系，推求事物当然的结果。
（2）供给研究自然科学的工具。
（3）适应社会上生活的需求。
（4）以数学的方法，发展学生推理的能力。

（三）1929 年《初级中学算学暂行课程标准》数学教学目标

（1）助长学生日常生活中算学的知识和经验。
（2）使学生能了解并应用数量的概念及其关系，以发展正确的思想，分析的能力，并养成敏速的计算习惯。
（3）引起学生研究自然环境中关于数量问题的兴趣。

（四）1929 年《高级中学普通科算学暂行课程标准》教学目标

（1）继续供给现今社会生活上普通科学研究上必需的算学知识，完成初等的算学教育。
（2）充分介绍形数的基本观念、普通原理和一般的论证，确立普通算学教育基础。
（3）切实灌输说理方式增进推证能力，养成准确的思想和严密的习惯，完成人生普通教育。
（4）引起学者对于自然界及社会现象，都有数量的认识和考究，并能依据数理关系，推求事物当然的结果。

（五）1932 年《初级中学算学课程标准》数学教学目标

（1）使学生能分别了解形象与数量之性质及关系，并知运算之理由与法则。
（2）训练学生关于计算及作图之技能，养成计算纯熟准确，作图美洁精密之习惯。
（3）供给学生日常生活中算学之知识及研究自然环境中数量问题之工具。
（4）使学生能明了算学之功用，并欣赏其立法之精，应用之博，以启向上搜讨之志趣。
（5）据“训练在相当情形能转移”之原则，以培养学生良好之心理习惯与态度，例如，①富有研究事理之精神与分析之能力；②思想正确，见解透彻；③注意力能集中持久不懈；④有爱好条理明洁之习惯。

（六）1932 年《高级中学算学课程标准》教学目标

（1）充分介绍形数之基本观念，使学生认识二者之关系，明了代数、几何各科呼应一贯之原理，而确立普通算学教育之基础。
（2）切实灌输说理推证之方式，使学生确认算学方法之性质。

（3）继续训练学生计算及作图之技能，使其益为丰富敏捷。

（4）供给学生研究各学科上必需之算理知识，以充实学生考验自然与社会现象之能力。

（5）算理之深入与其应用之广阔，务使成平行之发展，使学生越能认识算理本身之价值，与其效力之宏大，油然而生不断努力之趋向。

（6）仍据“训练可为相当转移”之原则，注意培养学生之良好心习与态度，使之益为巩固。

（七）1941 年《修正初级中学数学课程标准》教学目标

（1）使学生了解形与数之性质及关系，并知运算之理由与方法。

（2）供给学生日常生活中数学之知识及研究自然环境中数量问题之工具。

（3）训练学生关于计算及作图之技能，养成计算准确迅速，作图精密整洁之习惯。

（4）培养学生分析能力、归纳方法、函数观念及探讨精神。

（5）使学生明了数学之功用，并欣赏其立法之精，应用之博，以启发向上搜讨之兴趣。

（八）1941 年《修正高级中学数学课程标准》教学目标

（1）充分介绍形数之基本观念，使学生认识二者之关系，明了代数、几何、三角等科呼应一贯之原则，而确立普通数学教育之基础。

（2）切实灌输说理推证之方式，使学生认识数学方法之性质。

（3）供给学生研究各学科所必需之数学知识，以充实其考验自然及社会现象之能力。

（4）继续训练学生计算及作图之技能，使其益为丰富敏捷。

（5）注意启发学生之科学精神，养成学生函数观念。

（6）数理之深入与其应用之广阔，务使成相应之发展，使学生越能认识数学本身之价值，及其与日常生活之关系，油然而生不断努力之志向。

（九）1948 年《修订初级中学数学课程标准》教学目标

（1）了解形与数之性质及关系，并知运算之原则与方法。

（2）供给日常生活中数学之知识及研究自然环境中数量问题。

（3）训练关于计算测量之工具及作图之技能，有计算准确迅速及精密整洁之习惯。

（4）培养以简御繁，以已知推未知之能力。

（十）1948 年《修订高级中学数学课程标准》教学目标

（1）介绍形数之基本观念，使学生充分了解其关系，明了代数、几何、三角等科呼应一贯之原理，而确立普通数学教育之基础。

（2）练习说理推证之方式，使学生切实熟习数学方式之性质。

（3）供给研究各学科所必需之数学基本知识，以充实其经验自然及社会现象之能力。

（4）继续训练学生切于生活需要之计算及作图等技能，使其更臻纯熟正确。

（5）培养分析能力、归纳方法、函数观念及探讨精神。

（6）明了数学之功用，并欣赏其立法之精，组织之严，应用之博，以启发向上搜讨之兴趣。

（十一）1951 年《中学数学科课程标准草案》教学目标

（1）形数知识：本科以讲授数量计算、空间形式及其相互关系之普通知识为主。

（2）科学习惯：本科教学须因数理之谨严以培养学生观察、分析、归纳、判断、推理等科学习惯，以及探讨的精神，系统的好尚。

（3）辩证思想：本科教学须相机指示因某数量（或形式）之变化所引起之量变质变，借以启发学生之辩证思想。

（4）应用技能：本科教学须训练学生熟习工具（名词、记号、定理、公式、方法）使能准确计算，精密绘图，稳健地应用它们去解决（在日常生活、社会经济及自然环境中所遇到的）有关形与数的实际问题。

（十二）1956 年《中学数学教学大纲（修订草案）》教学目的

教给学生有关算术、代数、几何和三角的基础知识，培养他们应用这些知识解决各种实际问题的技能和技巧，发展他们的逻辑思维和空间想象力。

（十三）1978 年《全日制十年制学校中学数学教学大纲（试行草案）》教学目的

使学生切实学好参加社会主义革命和建设，以及学习现代科学技术所必需的数学基础知识，具有正确迅速的运算能力、一定的逻辑思维能力和一定的空间想象能力，从而逐步培养分析问题和解决问题的能力。通过数学教学，向学生进行思想政治教育，激励学生为实现四个现代化学好数学的革命热情，培养学生的辩证唯物主义观点。

（十四）2000 年《九年义务教育全日制初级中学数学教学大纲（试验修订版）》教学目的

使学生学好当代社会中每一个公民适应日常生活、参加生产和进一步学习所必需的代数、几何的基础知识与基本技能，进一步培养运算能力，发展思维能力和空间观念，使他们能够运用所学知识解决简单的实际问题，并逐步形成数学创新意识，培养学生良好的个性品质和初步的辩证唯物主义观点。

（十五）2001 年《全日制义务教育数学课程标准（实验稿）》总体目标

通过义务教育阶段的数学学习，学生能够：①获得适应未来社会生活和进一步发展所必需的重要数学知识（包括数学事实、数学活动经验），以及基本的数学思想方法和必要的应用技能；②初步学会运用数学的思维方式去观察、分析现实社会，去解决日常生活中和其他学科学习中的问题，增强应用数学的意识；③体会数学与自然及人类社会的密切联系，了解数学的价值，增进对数学的理解和学好数学的自信心；④具有初步的创新精神和实践能力，在情感态度和一般能力方面都能得到充分发展。

（十六）2003 年《普通高中数学课程标准》总体目标

（1）获得必要的数学基础知识和基本技能，理解基本的数学概念、数学结论的本质，了解概念、结论等产生的背景、应用，体会其中所蕴涵的数学思想方法，以及它们在后续学习中的作用。通过不同形式的自主学习、探究活动，体验数学发现和创造的历程。

（2）提高空间想象、抽象概括、推理论证、运算求解、数据处理等基本能力。

（3）提高数学地提出、分析和解决问题（包括简单的实际问题）的能力，数学表达和交流的能力，发展独立获取数学知识的能力。

（4）发展数学应用意识和创新意识，力求对现实世界中蕴涵的一些数学模式进行思考和作出判断。

（5）提高学习数学的兴趣，树立学好数学的信心，形成锲而不舍的钻研精神和科学态度。

（6）具有一定的数学视野，逐步认识数学的科学价值、应用价值和文化价值，形成批判性的思维习惯，崇尚数学的理性精神，体会数学的美学意义，从而进一步树立辩证唯物主义和历史唯物主义世界观。

（十七）《义务教育阶段数学课程标准（2011年版）》[①]总目标

通过义务教育阶段的数学学习，学生能：

（1）获得适应社会生活和进一步发展所必需的数学的基础知识、基本技能、基本思想、基本活动经验。

（2）体会数学知识之间、数学与其他学科之间、数学与生活之间的联系，运用数学的思维方式进行思考，增强发现和提出问题的能力、分析问题和解决问题的能力。

（3）了解数学的价值，提高学习数学的兴趣，增强学好数学的信心，养成良好的学习习惯，具有初步的创新意识和实事求是的科学态度。

第二节　数学教学方法

所谓教学方法就是指某种教学理论、教学原则和教学方法及其实践的统称。也就是说，师生为完成一定教学任务在共同活动中所采用的教学方式、途径和手段。自古以来，古今中外的教育家们提出和总结出了各种教学方法。无论是传统的教学方法还是新的教学方法都有各自的优点和不足。因此，在教学实践中，教师必须根据教学目的和任务、课程性质和教材特点、学生特点、教学环境和条件，以及教师个人的情况来选择适合自己的教学方法。在教学中很少单纯地使用一种教学方法，而是结合着使用几种教学方法。

目前，我国中学数学教学法种类很多，如涂荣豹、宁连华教授总结出来的中学数学教学法至少有20种[②]：讲解教学法、发现式教学法、探究教学法、自学辅导教学法、讨论教学法、启发式教学法、生成性教学法、问题教学法、数学阅读教学法、学案导学教学法、数学实验教学法、数学变式教学法、“读读、讲讲、议议、练练”八字教学法、“尝试指导，效果回授”教学法、尝试教学法、情境教学法、“再创造”教学法、MM教学法、单元教学法、基于手持技术的教学法。另外，也有谈话教学法、练习教学法、讲练结合教学

① 中华人民共和国教育部. 义务教育阶段数学课程标准（2011年版）[Z]. 北京：北京师范大学出版社，2011.

② 涂荣豹，宁连华. 中学数学经典教学方法[M]. 福州：福建教育出版社，2011.

法等。除此之外，还有日本数学教育家岛田茂研究团队提出来的“数学开放题教学法”①也受到人们的关注。这些教学法中有些方法的历史较为悠久，且被实践证明是数学课堂教学中普遍适用，行之有效的教学方法。在数学课堂教学中，有时候单独使用一种教学法，有时候结合使用几种教学法，这完全取决于教学的实际情况。下面简要介绍七种教学方法。

一、讲解教学法

这是由教师对所授教材作重点、系统的讲述与分析，学生集中注意力倾听的一种教学方法。讲解教学法是当前中学数学教学，特别是高年级教学中应用较多的一种教学方法。其优点是能保持教师讲授知识的主动性、流畅性和连贯性，教学过程与教学时间易被教师所控制，便于教师能较系统地讲解教学内容，完成教学进度。但在教学过程中，由于学生参与教学活动较少，如果运用不当，容易变成“注入法”，使学生处于被动接受知识的状态之中，不利于培养和提高学生的能力。

为此，运用讲解法时，必须贯彻启发式教学法的基本思想，提倡运用启发式讲解法，并穿插必要的提问与练习，以防止出现满堂灌的现象。

二、谈话教学法

只是通过师生“对话”的形式来进行教学的一种方法，即教师将教学内容变成若干相互联系的小问题，在课堂上逐个提出来，指令学生回答，并随时注意纠正回答中的错误，使问题逐步深入，根据反馈信息及时调整和改善教学活动的一种教学方法。一般说来，谈话法在低年级数学教学中应用较多。

谈话教学法的优点是：师生在课堂上通过开展“双边”活动，有利于调动学生的学习积极性，有利于促进学生的积极思考。但教师备课时间多，执教费时多，且要求教师有较好的组织课堂教学的能力和较高的语言艺术，如应用不当会影响教学效果，甚至影响教学计划的完成。

三、练习教学法

这是在教师的指导下，让学生通过独立作业，掌握基础知识与进行基本技能训练的一种教学方法。练习教学法适用于课堂练习、解答习题，也可用来学习新知识。当用于学习新的知识时，首先应给学生一定的时间阅读教材，然后在教师的指导下，让学生进行讨论、练习、总结等。

练习法的优点是有利于促进学生的思维，有利于学生自学能力的培养。但这种方法费时较多，对水平相差悬殊的班级，不易面面兼顾，使全体学生都得到共同的提高。

四、讲练结合教学法

这是在教师指导下，通过讲和练的有机结合，引导学生学习新知识，复习巩固旧知识，培养基本能力的一种教学方法。讲和练的结合，可以以讲为主，适当地练；也可以以

---

① 关于“数学开放题教学法”请见：a. 岛田茂.算数・数学科のオープンエンドアプローチ一授業改善への新しい提案[M].東京: 東洋館出版社，1995.b. Becker J P，Shimada S.The Open-Ended Approach：A New Proposal for Teaching Mathematics,1997.

练为主，适当地讲解；还可以讲讲练练，讲练交叉。在具体实施时，通常应根据教学的需要而定。

运用讲练结合教学法，讲解必须详略得当，主次分明，富有启发性；练习必须紧扣双基，形式多样，具有针对性；讲和练要密切配合，目的明确，计划周全。

讲练结合教学法的优点是：能充分发挥讲解教学法与练习教学法两者的优势，使学生既能集中注意力听讲，又能通过实践（解题）予以消化巩固。因此，它是目前中学数学教学中应用最为普遍的一种教学方法，也是取得教学效果较好的一种教学方法，只是随着学生年龄的增长，讲练所占比重有所不同，一般说来，初中阶段宜练多于讲，而高中阶段则应讲多于练。

五、教具演示法

这是通过直观教具的演示来进行教学的一种方法。由于有些数学概念比较抽象，或有些图形较为复杂，仅凭口头讲解或板书作图往往难以使学生透彻理解其实际意义，这时借助于直观教具，把抽象概念与实物或模型结合起来，常常可以激发学生的学习兴趣，集中学生的注意力，使抽象概念具体化、形象化，使事物之间的联系更为清晰、明了，往往会取得较好的教学效果。当今随着教学手段的现代化，这一古老的教学方法已获得新的含义，并有应用逐渐扩大的趋势。

运用教具演示法，教师事先应准备好教具，教具的大小、结构，既应使用方便，又要便于学生观察。同时，演示之前不宜出示教具，演示后又应及时收好教具，以免分散学生的注意力；在演示过程中还要与讲解相结合，注意培养学生的观察能力、想象能力，使感性认识上升到理性认识，以增强演示效果。同时要指导学生自制教具，善于使用教室里和周围有关的物体作教具，以增强学生的直观形象。

六、发现式教学法

发现式教学法，是美国著名心理学家布鲁纳于20世纪50年代首先倡导的，让学生自己发现问题，主动获得知识的一种教学方法，即要求重视学生的学习信心和主动精神。布鲁纳从学生的好学、好奇、好问、好动手等心理特点出发，提出在教师指导下，通过演示、实验、解答问题等手段，引导学生像当初数学家发现问题那样去发现知识，以便培养他们进行研究、探索和创造的能力。

发现式教学法因其思维方法的不同，可分为类比法、归纳法、剖析法、学习迁移法和知识结构法等。其教学的一般步骤是：①创设发现情境；②寻找问题答案；③交流发现结果；④总结发现成果；⑤运用发现结果。

发现式教学法的优点是使学生既学到知识，又掌握科学的思想和方法，有利于激发学生的学习兴趣，培养创造性思维能力。但发现式教学法也有一些不足，如花费时间较长、对学生掌握系统的知识和形成必要的技能、技巧不利、难以普遍加以使用。

七、启发式教学法

遵循教学规律，运用各种教学方法，充分调动学生学习的主动性和积极性的一种教学类型。它既体现了一种教学思想，又蕴涵了教学方法。它与“注入式教学”相对。“启发”一词源于孔子的“不愤不启，不悱不发”。启发式教学在中国历史悠久。古希腊著名哲学家苏格拉底倡导的“产婆术”是欧洲最早的启发式教学法。古代启发式教学法的特点为：①在个别教学条件下进行；②教师在学生需要时才进行教学；③引导学生积极思考，自求答案。目前，启发式教学法总的趋势为：①强调学生是学习的主体；②强调学生在掌握知识、技能、技巧的同时，发展智力与能力；③注重教的方法和学的方法相结合。

第三节　备课与学案[①]

一、关于备课

备课是教师上课前的准备工作。传统的观点认为，备课包括钻研本门学科的课程标准（或教学大纲）、教材和有关参考资料，了解学生的实际情况，编出学期（或学年）教学进度计划和课题（或单元）计划，写出课时计划等。备课有集体备课和个人备课之分，前者是教同一门科目的教师在一起共同研究教材中的重点和难点，或介绍本学科新的信息与知识；前者必须建立在后者的基础上。这里主要强调两点：教材和学生，当然备课亦包括备教法。不妨把传统的备课结构称为备课的教材—学生—教法的“三元一体结构”。这“三元一体结构”的认识在教学史上发挥了重要作用，然而它现在已经不能满足现代教育观念下的教学要求。我们基于现代教育观点和教学实际，提出了备教材—备学生—备教师—备教学方法—备学习方法—备环境之备课的“六元一体结构”。

备课是教学这个复杂建筑的设计过程，备课是教学的基石。教学效果的好坏在一定意义上取决于备课的质量。可以说，高质量的备课已经完成了有效教学的一半。正如一句名言所说：“有一句古老的格言：‘良好的开端等于成功了一半’——这句话并不正确。我要用另一句格言取代它——在成功一半之前根本不存在开端。”[②]

从传统意义上说，备课成果的书面形式就是教案，现在较流行的说法就是学案（学案的全称就是“学习指导案”，是日本汉字。以下用“学案”），在一般情况下，学校对新教师的学案要求很高，而对老教师的学案要求并不高。所以，新教师的学案较详细，而老教师的学案是提纲式的。学校领导认为，老教师有了丰富的经验，教学上得心应手，提纲式学案不碍于教学。实际上，多数老教师有丰富的经验，德高望重，在教学上得心应手，但少数老教师并不是这样，正如美国学者克拉克所说的那样：“因为有的教师具有二十年的经验，有的教师是将一年的经验重复二十年。”[③]基于这种观点，我们明确提出即使是老教师也不能放松对备课和学案的要求，因为时代在发展，教育教学观点、教学内容、方法等在不断变化，无论是年轻教师还是老教师都有责任不断地学习研究，及时地掌握现代教育教学理念和新的学科知识、课程知识和教育教学知识，更新自己的教育教学观念，并在教学上有所创新。

备课是教育教学研究的基本形式和起点，其呈现形式为学案，学案中凝聚着教师的教学智慧。

---

① 本节内容在笔者发表于《数学通报》2012年第51卷第4期的《释备课——兼论“学习指导案”》的基础上完成。

② 约翰·格罗斯. 牛津格言集[M]. 王怡宁，译. 上海：汉语大词典出版社，1991：127.

③ 克拉克 L H，斯塔尔 I S. 中学教学法[M]. 赵宝恒，蔡焌年，等，译. 北京：人民教育出版社，1987：388.

基于上述观点，在简要介绍学案的意义和内容的基础上，下面论述备课的“六元一体结构”的理论依据与意义。

二、备课的呈现形式——学案

我国的《教育大辞典》（顾明远主编）中给教案下定义如下：教师备课过程中以课时或课题为单位设计的教学方案。内容包括：班级或年级、学科名称、课题、教学目的、教材要点、课的类型、教学方法、授课时间、教具和教学进程（步骤）、板书设计、习题及其答案等。教师在课后所作自我分析可简要记录在该计划之后。一般设计详尽者为详案，简明者为简案。目前，在教育辞书中还没有出现学案的定义。根据日本《教育学大事典》（细谷俊夫主编），学案和教案没有区别，其中指出：“学习指导案是一般在一个学时以一个年级为对象的学习指导的计划。在研究课的情形下将一课时的内容详细写的指导案叫作细案或者密案。将日常教学计划向校长提交或作为备忘录的指导案叫作略案。由于教学是在教师的意图、计划之下进行，所以就叫作指导案。”学案与教案相比，站在学习者的立场上考虑教学过程的成分更多一些，所以将设计出来的教学计划叫做学习指导案，简称学案。

在以班级为单位的大容量的集体教学中，并不按照固定的学习程序展开教学，现实教学中的各种因素的变化可能改变原来的教学计划。从这个意义上说，学案有以下三个方面的意义和特征。

第一，在实施教学之前，说明和强调教师的意图和计划，为了在同行之间互相研究和借鉴而写出学习指导案。在一般情况下，教师的价值观、认识对象的方式方法影响教学。在实施教学之前，教师自觉地表明自己的意图和计划，有必要与先辈指导者、共同研究者进行交流。同时，教师在明确自己的观点，理解自己的意图和计划（内容）的基础上编写学案。要写出设定单元的理由、教材观、学生观等。

第二，学案作为展开教学的实行案，应该成为教学的基本素材。学案包含学习设定的问题、提问、资料、促进学习活动的说明、建议、使用的教材、教具等，教师根据这些方面来指导学生的学习。学案不仅仅是预想的过程，而是事先研究的成果，是已经准备好的丰富而具有弹性的教学计划。

第三，在教学的反思评价中使用学案。虽然学案是教师根据以往教学经验、学生情况等编制的计划，但是实际的教学并不一定完全按照学案进行，也并不是说完全按照学案进行的教学就是好的教学。学案，最多就是将教师的意图、计划作为一种假设编制的备案，它必须接受实际教学的检验。教师的价值观、认识对象的方式方法以及教师的姿态、技术、教学艺术等，以学案和实际教学的展开过程之间的差距被评判。但是教学并不是一课时就结束的，先前的学案和教学，在后续教学的学案的制作和修正中起到重要的借鉴作用。因此，将过去的学案作为资料来保存。

学案包括以下内容：

（1）课题名。

（2）授课时数、授课时间和授课者姓名。

（3）教材观——选择该单元内容的理由、该单元与其他单元和学科之间关系的理由。教师将理解认识的教材内容按教学程序写在学案上。在教学中将教材内容通过教师的解释过程、认识的方式传递给学生。

（4）学生观——一般包括学生的认知、学力、经验、社会背景的内容，但是在实际上，应该包括每一个学生在学习该内容前的理解教材程度、带着何种问题、希望探究何种问题等。这是通过以往对学生的了解而提出的假设，是对一个班级学生进行学习指导的设想。

（5）单元教学目标——单元设定的理由是教师的观点，从学生的观点看它就是作为单元目标出现。从抽象的一般的水平的表现形式到个别的目标的集合，从前提到达目标之间，目标被逻辑地行动分析，形成一个关系系列。如何表现目标取决于教师的学力观和所期待的学生的学力结构。

（6）展开计划——单元分配的学习时间计划。将目标以某种顺序和程序来实现，更进一步细化单元内容，并确定该单元地位。

（7）一节课的教学目标——在单元目标的实现过程中，确定该单元共同目标，同时确定其中的每一节课的目标。

（8）一节课的展开——是教学具体展开的设想，可以将时间或教授和学习阶段用纵轴表示，将教授活动、学习活动、指导内容、指导的注意事项、学习形态、教材、资料、思考过程的预设用横轴表示。

（9）评价的观点。

三、备课的六元一体结构

课堂教学是一项极其复杂的系统工程。我们可以将构成课堂教学的因素大致分类为六项：①教材，即学习内容。学习内容无疑是与学生学习“什么”，教师指导“什么”的目的有关，但同时也与学生“怎样”学习、教师“怎样”指导的过程有关。②作为学习主体的学生，即学生的欲求倾向、能力、兴趣、态度、交际特点等个性因素。③作为主导作用的教师，即学生学习的组织者、管理者和指导者。④教学方法。⑤学习方法。⑥环境，包括软环境和硬环境（学校的建筑、教学设备等）。软环境包括课堂教学中的人际关系，即师生关系、生生关系的关系网络等。

根据课堂教学的六个因素，我们提出了备课的“六元一体结构”，即备教材、备学生（备他者）、备教师（备自我）、备教学方法、备学习方法和备学习环境的“六元一体结构”。

1. 备教材

备教材包括两个方面：备教科书和辅助教材。教科书中包含学科知识和课程知识，备辅助教材就是研究开发辅助教材，并在课堂教学中能够做到有效利用。

“在备课时应对教材进行深入的思考，以找到其中不易发现的‘症结’，那就是因果、时间和从属等关系。由此而产生问题，而问题则是可激起学生求解愿望的动因。”[①]备课，从教材的系统性入手，通晓全部教材，了解教材的来龙去脉；掌握教材中定义、公理、定理、公式、法则以及各模块之间的逻辑结构；了解这部分教材在整个教材中的地位和作用；熟悉并剖析教材的重点和难点；清楚教材和教学目标、教材和教学方法之间的关系。明确辅助教材及其选择应用策略。

我们多年观察中小学数学课堂教学发现，不少数学教师备教材不够，而把注意力放在所谓课题学习、合作学习的机械练习上。具体表现为，如教师在还没有清晰明确交代数学

① 苏霍姆林斯基. 苏霍姆林斯基选集（五卷本）[M]. 北京：教育科学出版社，2001：537.

基本概念、定理和法则、解题思想方法的情况下，就进入一种目标不明确的解决问题的机械训练中，其根本原因在于教师在主观上将学生群体假设为一个个体，而这个个体能够按其教学进度学习，最终能够达到教学目标。不少教师对教学效果有错误的认识，在课堂教学中，表现为：

（1）讲解越多越好、越详细越好。

（2）课堂上练习越多越好。例如，在初中二、三年级数学课堂教学中每节课至少解决5—8 道题，甚至更多。笔者多次带领日本数学教育研究者考察中国中小学数学课堂教学，让日本专家感到惊讶的是中国学生聪明得惊人，在 45 分钟的时间里解决很多问题。笔者亦多次访问日本，并参观课堂教学，日本学生在一节数学课上只解决 1 到 2 道题，最多也就解决 3 道题。

（3）课堂教学越活跃越好。近年来很多地方出现一种奇怪的现象，那就是在教室的三面墙壁上都挂了黑板，以便合作探究学习，据说是从某省某地区教学改革实验学过来的。所谓合作探究的数学课堂异常活跃，学生们进行一段自主探究合作学习后在三面黑板上展示他们的成果，一面黑板少则 6 名学生的，多则 8 名学生的，三面黑板上展示的是不同课题。学校领导和教师们说，这是为学生提供更多展示其学习情况的机会。实际情况确实如此吗？大有疑问。据笔者所知，日本从第二次世界大战后培养出许多诺贝尔获奖者、菲尔兹奖获得者、经济学家、企业家，这些精英们从未在多黑板的教室里受过教育！

2. 备学生（备他者）

备学生的学习基础、个性、家庭文化环境、学生的交际特征、学生的日常生活态度和习惯、学生的需要和诉求。目前存在的问题是，很多教师只关心学生考试成绩，很少关心其他方面，更不关心学生的诉求。例如，在课堂上，学习好的学生被格外照顾，而学习中等水平以下的学生被忽略。例如，数学课堂教学以教师和学习优秀者表演的形式进行。如教师问：“同学们理解这道题的解法了吗？”全班同学异口同声地喊：“理解了！会做了！”即使是不会的学生也在喊：“会了！”教师也不一一核实，为了赶进度进行下一个内容。表面上看，课堂气氛很活跃，而实际上，不少学生在迷茫中跟着“学习”。这表明教师备课时根本就没有考虑过学习成绩不好的学生的需要和诉求。学生数学学习成绩差，并不一定对数学学习没有欲望和诉求，他们也期待在学习上得到他人的认可，但是教师忽略了这一点。不少学生由于长期被忽略，或不被尊重，对教师失望，甚至对学习失去信心。加之，有时候这些学生由于学习不好被家长批评，这样长此以往，学生纯洁的心灵被教师的失误引起的过错而蒙上难以消去的阴霾。

3. 备教师（备自我）

古人云：知彼知己，百战不殆。教师在备课中备学生的同时，要认真地备自己。教师的一切教育教学工作应从认识自我开始，这样教学才可能达到最有效的效果。教师备自我至少包括以下两个方面：

第一，要了解自己的优缺点、个性特点等；

第二，常常回忆和反思自己学生时期的优越感和失落感、成功感和失败感，以及老师对自己学习的肯定或否定等。

教师必须记住自己学生时代未被发现的潜能，探究在自己身上还有多少未被发现的潜能。教师的这种自我认识感越增强，就越能感到原来每一个学生都是未经雕琢的宝石，从而更好地帮助学生实现真实的自我。

4. 备教学方法

虽然说教无定法，但教并不是没有方法。教学方法各种各样，有传统的，有现代的。教师根据教材内容、教学对象、各方面因素的特点等实际情况灵活选择教学方法。教师备教学方法时应与要使用的教学手段联系起来考虑。教学的方法和手段也会影响教学目标的达到和教学理念的实现水平。这要求教师备课时认真研究教学方法。

5. 备学习方法

备学习方法即备学生的学习方法。教学，我们可以理解为教学生如何学，所以重视教学方法的同时，更应该重视学生的学习方法。这样才能够得心应手地指导学生的学习。

6. 备学习环境

（1）硬环境的了解及其在教学中的应用，如图书资料、其他设备等；

（2）软环境的了解及其在教学中的应用。

备课的“六元一体结构”中各要素之间的有机结合，良性循环给教师提出了很高的要求。要求教师具备崇高的职业责任感和良好的研究意识。教师要树立持之以恒、精益求精的精神，把备课和设计学案的工作看作最基本的教学研究活动，要勤思考、勤阅读、勤钻研、勤交流合作，为提升教学质量奠定坚实的基础。

第四节　数学教学模式

一、数学教学

教学是以课程内容为中介的师生双方教和学的共同活动，是学校实现教育目的的基本途径。其特点为通过系统知识、技能的传授与掌握，促进学生身心发展。教学的基本任务通常包括：①使学生掌握系统的文化科学基础知识和基本技能；②培养世界观和道德、审美、劳动等观念及相应的行为方式；③使学生身心得到发展。它不仅在促进个人发展中具有重要作用，而且也是社会历史经验得以再生产的一种主要手段。教学具有课内、课外、班级、小组、个别化等多种形态。从时间序列看，教师和学生课前的准备活动，共同进行的课内活动，课后的作业批改、练习、辅导、评定等都属教学活动。随着社会传递媒介的发展，教学也可通过教师和学生开展的各种直接交往活动而进行。

数学教学是数学教师的教和学生学习数学的共同活动，是学生在数学教师的指导下积极主动地掌握数学知识、技能，发展能力，同时获得身心的一定发展，形成一定的思想品质的活动。在数学教学中，根据学生的实际情况、教学内容和教学环境等不同的客观条件，教师可以采用各种不同的教学方法和教学模式。

二、数学教学模式

教学模式是反映特定教学理论逻辑轮廓，为实现某种教学任务的相对稳定而具体的教学活动结构，具有假设性、近似性、操作性和整合性。最早做系统研究的专著为美国的乔伊斯和韦尔合著的《教学模式》，书中精选 22 种教学理论、学派计划，从上百种教学模式中选出 25 种，按其功能和方法论基础分为信息处理、人格发展、人际关系和行为控制四类。每种模式按教学情景描述、理论导向、主要教学活动、教学原则、辅助系统、教学和教养效果、应用与建议七个部分加以介绍。苏联的巴班斯基按照不同的教学形式和方法的结合，提出讲解-再现型、程序教学型、问题教学型、再现探究型等模式。中国学者按师生活动的性质和特点亦作了多种分类。在实际工作中可建立储有多种类型模式的模式库，供教师选用。

我国数学教育研究者对数学教学模式进行了积极的探索，学者们对数学教学模式的理解不尽相同。这里仅介绍具有一定代表性的认识①：数学教学模式是教学过程的模式，不是教学方法，也不是教学过程，与一定的教学方法的策略体系相关。在数学教学模式中，各教学阶段都要采用一定的教学方法，将各阶段教学方法有机地衔接起来，便构成一个稳固的、能解决一定教学课题的教学方法策略体系。因此，在运用教学模式时，总要涉及一种或多种教学方法。

我国学者们对数学教学模式的种类也做过有益的探索。

张奠宙将数学教学分为五个模式：①教师讲授；②师生谈话；③学生讨论；④学生活动；⑤学生独立探究。

郭立昌将当前中学数学教学模式进行归结，主要有以下四种：①讲授模式；②发现模式；③自学模式；④掌握模式。

根据教学模式理论，当前中小学数学基本教学模式可概括总结成以下四种②。

1. 讲解-传授模式

这种教学模式以教师的系统讲解为主，教师进行适当的启发提问。这一教学模式对我国的数学教育的影响最大，目前在许多学校的数学课堂教学中仍然占据主要地位。具体操作程序表现为以下几个步骤：

教师：复习引导—讲解新课—巩固练习—课堂小结。

学生：回答问题—听课记录—听讲例题—听讲（或做练习—回答提问—模仿练习—听讲）。

2. 自学-辅导模式

这一教学模式在教学过程中学生通过自学进行探索、研究，教师则通过给出自学提纲，提供一定的阅读材料和思考问题的线索，启发学生进行独立思考。这一模式的基本操作程序是：

提出自学要求—开展自学—讨论启发—练习运用—及时评价—系统总结。

3. 引导-发现模式

这种模式在教学活动中，教师不是将既有的知识灌输给学生，而是通过精心设置的一个个问题链，激发学生的求知欲，最终在教师的指导下发现问题、解决问题。这一模式的一般操作程序是：

---

① 张文贵，王合义. 对数学教学模式的几点认识[J]. 数学教育学报，1997（4）：59-63.

② 曹一鸣. 中国数学课堂教学模式及其发展研究[M]. 北京：北京师范大学出版社，2007：71.

问题—假设—推理—验证。

4. 活动-参与模式

这一模式通过教师的引导，学生自主参与数学实践活动，密切数学与生活实际的联系，掌握数学知识的发生、形成过程和数学建模方法，形成用数学的意识。

活动-参与教学模式主要有以下六种形式：①数学调查；②数学实验；③测量；④模型制作；⑤数学游戏；⑥问题解决。

这里应该指出的是，虽然有多种数学教学模式，但在具体的教学中并不一定只采用一种模式，而根据不同的情况同时可以协调地采用不同模式。

第五节　数学教学是一项研究工作

——以日本中小学数学教学研究形态为例

近年来，日本数学教育中的课题学习、综合学习、开放题教学等越来越引起世界数学教育界的关注。本节以广岛大学附属中学课堂教学为线索，介绍日本数学课堂教学工作的基本理念、模式和文化特征，以便我们从另外一个视角来认识数学教学模式及其研究方法。本节主要从以下三个方面介绍：

（1）日本的中小学数学教学研究形态及其特征：①“学案”的设计是数学教学研究的开端，也是数学教学研究的关键环节；②数学教学研究的成长是从职前教育一直延续到终身教育，它具有很强的团队精神、传承性、可持续性和系统性、广泛的民间基础等五个显著特征；③日本中小学数学教师的教学研究策略的八个步骤。

（2）数学教学研究与课堂教学模式之间的内在联系及其特征。

（3）日本的数学教育经验和思想方法对我国的启示作用。

一、中小学数学教学研究形态

（一）数学教学研究的关键环节——“学案”的设计

日本的“学案”相当于我国的“教案”，但它更倾向于对学生学习的指导，而不侧重于教师的教学。日本教师的“学案”的设计活动不是个体行为，而是通过团队的合作来实现；设计“学案”，不仅是一堂课教学的简单的准备工作，而是实实在在的最基本的教学研究活动。学校的数学教研组是真正的研究团体，这个团体由不同年龄结构、不同经验的教师组成。每天的备课、课堂教学、总结教学都具有教学研究的性质。备课活动至少要研究以下更细微的问题：

（1）引入新课的问题，检讨要使用的语言和与数学有关的更细节的问题；

（2）在问题解决过程中为学生提供哪些现成的教具，以及教师自己如何制作教具；

（3）为学生提供具有一定难度但通过努力后才能够解决的问题，在课堂上期待学生提出解决问题的方法，积极地思考；

（4）如何促进学生学会提问和避免学生进行错误思考的策略；

（5）板书设计；

（6）把一节课有限的时间如何合理地分配；

（7）如何处理学生间的数学能力差别；

（8）如何结束课堂教学。

日本的教师们把每一个“学案”的设计作为研究课题来对待，力争做到无可挑剔的程度。在这些工作中，学校行政手段的作用显得微乎其微，而教师们的职业精神、自愿意识和研究习惯等起着决定性作用。一般地，这种教学研究活动是在法定时间的工作结束之后，教师们利用下午的业余时间或周末的时间进行的。有时候，教师们甚至把“学案”设计的“悬而未决”的问题带到地区性或者全国性的会议上进行讨论。因为日本的数学教师们都从属于某一学会（一般来说是一种家族式的“圈子”），每年都要参加几次由各种学会举办的学术会议并提交论文进行交流；不少教师踊跃参加全国性的日本数学教育学会等各种数学教育学会主办的季度会议和年终会议等大型会议。日本中小学数学教师出国参加国际学术研讨会也是常有的事情。学校内部的教学研究活动也非常多，例如，有 30 个教师的学校，一年就要进行30次校内教研活动[①]。具有硕士学位的中小学教师不少，甚至有的已经获得博士学位。

（二）数学教学研究的成长及其文化特征

日本中小学教师的教学研究不是短期的潮流化的活动，而是具有深层文化底蕴的、传承性的、系统性的活动。教师们所选的题目和研究方向是很难随意改变的，研究很长一段时间并取得一定成果之后才可以告一段落。这种教学研究品质的形成是从职前教育就开始了。日本的师范教育专业本科生的毕业论文需要一年时间才能完成。本科生从大学四年级第一学期开始进入研究者的角色，即每一位大学教授接收 4—6 名学生，让他们与研究生一起参加每周一次的讨论班（每次讨论至少需要 3 个小时），而且每周要提交一篇与已确定的题目有关的小论文和前一周的小论文的修改稿，一年后这些小论文的汇集就是该学生的毕业论文。这对师范生的专业能力的提高和良好的职业精神的树立具有重要的促进作用。这些学生参加教学工作后，还加入新的教学研究团体继续研究数学教学，新的研究团体与原来导师的“圈子”有着千丝万缕的联系。在一定程度上，该“圈子”领导人的研究观点、方法能够决定新成员的未来的教学研究方向。这种数学教育研究的“圈子”具有日本文化的显著特征，它有着很强的凝聚力。新成员能够融入“圈子”并不是一件容易的事，一旦真正成为“圈子”成员后必须把“圈子”当作自己的家、看成自己存在的先决条件，必须按“圈子”的规则办事，力所能及地努力工作，这样才能够得到“圈子”中其他成员的信任和支持。中小学数学教师的在职进修、成长几乎都是在这种“圈子”和学校数学教育研究会（亦具有“圈子”的特征）中实现的，研究成就突出者可以晋升为大学教育学部的讲师或教授。

数学教学研究的成长是从职前教育一直延续到终身教育，日本数学教学研究成长的特征可以作如下概括：

---

① 佐藤学著. 静悄悄的革命——创造活动的、合作的、反思的综合学习课程[M]. 李季湄，译. 长春：长春出版社，2004：63.

（1）具有日本文化固有的“圈子”的团队精神，它具有很强的凝聚力；

（2）先辈与晚辈之间具有良好的传承性。即使先辈研究者退休了，但是他（她）的研究精神、思想方法等在晚辈的头脑和意识中留下不可磨灭的烙印而继续发挥作用。不少退休的大学教授（或退休的中小学教师）以志愿者的方式经常参加中小学的教学研究活动；

（3）研究课题有可持续性的特点。日本的中小学数学教师特别注重研究的持续性，不喜欢“东打一个，西打一个”的做法，同时也非常重视研究内容和思想方法的系统性。

（4）日本数学教育研究具有广泛的民间基础，这既保证了教育当局政策精神的顺利实施，也促进了中小学教师、大学教师和企业进行数学教学的合作研究。

（三）中小学数学教师的教学研究策略

多数日本中小学数学教师都踊跃参加教学研究活动，他们认为教学研究过程是他们提高自己业务水平的过程，通过参加各种学会团体的活动来提高自身的业务素质。每一个学校都有课题小组，每一位教师都有各自的研究课题，这些课题的研究周期是较长的，教师要花很长时间去设计、执行、实验论证研究课题。因为一个小课题的长期研究能够使研究水平更加深入。参加课题研究是日本中小学数学教师在职进修的最佳途径。

日本中小学教师们研究课堂教学的模式①：

（1）问题的明确化：教学研究是最基本的问题解决过程，问题必须有明确的目的和方向，提出问题将激励和指导教学研究小组的工作。通常情况下，教师根据自己的教学实践经验提出问题，有时是由教育部门提供课题的。这种上下联结计划是日本教育政策环境独有的特征，它将为教室中的教师和国家教育官员之间建立直接联系。

（2）“学案”的设计：根据选定的教学目的，教师开始设计教学。许多教师为一位教师的教学做准备，共同研究“学案”的设计。

（3）确定讲授：一位教师讲课，小组其他成员帮助做准备，上课时还要进行观察作记录，甚至录像。

（4）教学评估及对其效果的反思：下课后，教师们讨论讲课情况和存在的问题。关注的是课堂本身，并不是讲课教师，所有小组成员都要为他们的计划成果负责。这是重要的，因为它把焦点由个人教育转到了自我发展活动上。

（5）调整教学：根据观察和经过反思，小组要对课堂教学做出调整。

（6）根据修订的“学案”来教调整过的课：在一个不同的班级教调整过的课通常由小组中另外一位教师讲课，不同点是全校教师都去参加研究课，有时比学生还多。

（7）再次评价与反思教学：全校教师参与讨论，有时还请大学教授等专家来指导教学研究。

（8）共享结果：因为日本是一个拥有国家教育目的和课程标准的国家，教师小组所学到的将很快影响其他教师。一种传播方式是课题研究成果将以报告或著作形式出版，成为教师的资料。另一种传播方式是请其他学校的教师来观察研究课最后一版的教学实况。

① James W. Stigler，James Hiebert. 日本の算数・数学教育に学べ. 東京：教育出版社，2002：108-110.

数学教师的教学研究的兴趣、系统性、合作性、持续性等，归根结底，关键在于教师的职业习惯和研究意识。日本数学教师的教学课题研究有以下五个特征：

（1）课题研究必须是一个长期持续发展的过程；

（2）课题研究把学生的持续发展过程作为关注的焦点；

（3）课题研究要关注教学水平的直接提高；

（4）课题研究必须是合作性的；

（5）教学研究者把自己的研究行为看作是为教学水平的发展和自己的职业发展作贡献的过程。

二、数学教学研究的深化与具体化——数学课堂教学模式

（一）数学课堂教学模式及其特征——使学生学会问题解决的过程

没有一个日本教师单独备课之后就直接去上课。每一个教师设计完“学案”初稿之后，再与同事们进一步研究是否合理、如何改进等问题，在此基础上修改“学案”，才去给学生上课。“学案”与中国的“教案”有很大的不同。这里结合广岛大学附属中学井上芳文老师的初中二年级“平面图形性质的利用”的课堂教学①情况介绍日本的中小学数学教学模式。

井上芳文老师在课堂教学中指导学生解决了两个课题：

课题 1　只画出了圆的一部分，根据作图方法复原圆。

课题 2　已知：周长为 28cm 的$\triangle ABC$的一边BC=13cm，$\angle A$=120°。根据作图方法复原三角形。

“平面图形性质的利用”的教学中，教师在学习新内容之前的提问复习大约用了 4 分钟；提出课题、提示相关知识大约用了 10 分钟，学生独立探索、分组讨论解决问题方法、学生之间的相互评价或欣赏用了 35－37 分钟，教师评价用了 4 分钟。

“平面图形性质的利用——图形的性质与作图”的课堂教学结束后，接着进行了“说课—反省—提问—评价与建议”座谈会：首先，授课教师自我评价教学情况，对自己不满意的地方进行反省；其次，参观者提出一些问题，教师回答问题，这有点学位论文答辩的味道。最后，大学或研究机构的教育学专家评价该教师的教学情况，并提出一些改善教学的建议。这些内容被作为书面记录备案（还留了录像资料），以便为以后的教学研究提供参考依据。

日本的课堂教学一般通过 5 个阶段来完成。即：①复习已学过的课程；②提出当天要解决的问题；③学生独立或小组工作；④讨论解决方法；⑤赞扬或总结主要观点。每一个阶段有如下特征和功能。

（1）复习已学过的内容（与中国的情况差别不大）。

（2）教师根据要学的内容和学生的特点提出具有一定挑战性的问题，每一个学生在自己的座位上独立思考、探索解决问题的方法。例如，井上芳文老师提出课题 1 之后并没有多讲解什么，而学生们开始积极地思考如何解决问题。有的学生试图直接作圆；有的学生

① 2004 年 11 月 12 日，笔者到广岛大学附属中学参加了教学研究活动时，观摩的初中数学课。

说："没有圆心无法作圆，所以必须寻找圆心！"这样学生们提出各种问题："那么如何找到圆心呀""圆内接直角三角形的斜边中点就是圆心""弦的垂直平分线过圆心""一个圆有无限多个弦"，等等。最后焦点集中在"如何寻找圆心"上。在问题解决过程中，学生自主参与学习活动，非常活跃。学生们提出意见的过程中，井上芳文老师几乎没有讲话，而在不断地观察每一个学生的思维活动，并与学生进行了个别交流。

特别指出的是，在日本，教师提出问题时从不直接给出解决问题的方法，注重让学生独立探究。教师给学生布置挑战性问题后，帮助他们去理解题目，再去使学生掌握解决问题的方法，以便组织下一步的讨论。教师不会直接告诉学生解决问题的方法而是去比较不同的方法，指出其重要特征。所以教师尽力作不同方法的记录。

（3）学生独立或小组学习，分组讨论，一般 4 名学生一组，进一步探讨解决问题的方法，不会解决问题的学生向会做的同伴学习，同伴之间互相说明解决问题的方法，并把最终确定的方法写在 B4 型卡片上，然后粘贴在黑板上，以便全班同学进行讨论。日本数学教师善于为学生独立或小组解决问题设置舞台，为学生营造体现主体作用的情境。这种教学模式对培养学生的团队合作精神也具有重要作用。让学生尽力去解决问题，并互相讨论，比较各种方法，找方法之间的关系。在学生寻找解决问题的过程中，教师不断地巡视学生解决问题的过程，当学生将解法提出来并共享的时候，为了使解法更加精炼，用学生的解法来组织交流。当学生遇到困难时，教师想方设法鼓励学生，有时候为了帮助学生会适当地提供暗示。但是在教学过程中教师极少给学生直接说明问题的解法。在课堂上，教师通过对学生解法的理由提出问题、指出学生解法的重要方面、教师也适当提示问题的解法等引导课堂交流。在问题解决过程中，出现错误和困惑是不可避免的。允许学生犯错误并检查结果知道错在哪里，将使他们对全过程了解得更彻底。

总之，教师的精力集中在深入观察每个学生，提出具体的学习任务以诱发学习，组织交流各种各样的意见或发现，开展多样化的与学生的互动，以让学习活动更丰富、学生的经验更深刻。

（4）讨论解决方法，每一个组选一名代表介绍他们的做法，进一步讨论各种方法的优缺点及其理由。日本教师把个体差异视为一个群体的自然特征，学生水平不同才能提出不同的方法，以便讨论。所有学生都从讨论中受益，所有学生都应有学习同种知识的机会。

（5）赞扬或总结主要观点。赞扬是通过学生之间的相互评价来体现出来的，教师很少直接赞扬，这样做颇有裨益，这样能够培养学生表述能力，同时，也能够有效地培养学生欣赏他人创造性思维的能力。

在课堂教学中，一方面是学生，另一方面是数学，学生学习数学时，教师只是在调节二者的关系，课堂上学生完成大部分工作，教师所用的时间一般不超过 15 分钟。

（二）教学过程的另一个侧面

日本的中小学数学课堂教学与我国的情形迥然不同，值得我们借鉴的有益的理念、操作方法和经验甚多。例如，在我国几乎看不到以下四个亮点：

（1）课堂上教师与教师的交流。笔者在日本中学多次看到两位教师同时给一个班级教学的情形。就是说，在课堂上较年轻的教师主讲，另一位教师在旁边听课，有时向主讲教师提问，或一起讨论某一问题，同时也给主讲教师补充一些相关内容。学生们从两位教师的交流中学到数学知识技能、交流方法等不少有用的东西。

（2）课堂教学的开放性。中小学校长（也有不少大学教授兼任中小学校长）、教头（相当于教导主任）、有经验的教师随时可以进入数学课堂观察教学，帮助讲课教师记录学生在课堂上的学习表现，有时候也直接介入，指导学生的工作。另外，在数学教学研究课（与我国的观摩教学类似，不同之处在于我国多数观摩教学是教师表演的舞台，而在日本则不同，观摩教学是学生大展自己个性的舞台）上，听课的教授、中小学教师、研究生（有时学生家长也参加）在学生中间可以自由的巡视，也可以参与指导学生学习的工作。还有些年轻教师，帮讲课教师准备教具、操作机器设备等。

（3）教具与数学知识的系统性的内在联系。虽然日本的科学技术和经济水平很发达，但数学教师在课堂上很少使用现代技术手段，喜欢使用粉笔和黑板等一些传统的教具，善于自己制作教具来进行教学。一堂课结束时，在黑板上完整地呈现出（包括学生卡片在内）整个教学过程。这样使学生再次看到一堂课内容的来龙去脉，学生的头脑中更易于产生知识的系统观念。日本教师认为，虽然用多媒体技术来教学有一定的好处，但在系统地展示数学教学全过程方面很有局限性。

日本中学数学教师对教学有以下态度："日本课堂教学似乎通过与学科不同的信念所产生。教师按照一系列概念、结论、程序之间的关系来行动。这种关系是通过以下活动被揭示出来：发展问题解法，调查各种方法，进而寻找更有效的方法，用语言表述具有趣味的关系。73%的日本教师说他们想让学生从课堂中学会用新方法来思考问题，这样会让学生了解数学观念之间新的关系。"①

（4）虽然日本是被称为"考试地狱"的国家，但中小学数学课堂教学是严格按照国家的有关教育法来进行的，不是在"考试指挥棒"下进行，课堂上没有枯燥的机械性练习。在数学课堂上，教师让学生只解决 1 到 2 个课题，布置课外作业也并不多。在一般情况下，考试竞争是通过民间的复习学校——"塾"来实现的。

三、日本数学教学模式对我国数学教学的启示

由上所述可见，日本中小学数学教学模式与教师的教学研究模式和我国的情况有着相当大的差异，有很多是值得我们借鉴的。日本中小学数学教师，几乎都有自己长期研究的课题和计划，研究工作从自己的教学实践开始，做研究很细腻，善于精雕细刻，写出的论文是有自己的见解，很少看到大教育理论家的论著式的论文。与同事协作磋商、与专家合作交流、积极参加国内外有关的学术会议也是日本中小学数学教师进行教学研究的重要途径。多数中小学数学教师与毕业院校的导师保持着密切的联系，经常参加导师主持的课题或学术讨论班，这是日本数学教育界的优良传统。

另外，日本的数学教育工作者非常重视数学教育研究的实践性，认为如果数学教育研究脱离实践，那么它就会被枯竭。2005 年 4 月 14 日，笔者与 6 名研究生访谈日本著名数学教育家横地清教授时，他坦率地提出："希望年轻人把数学教育作为一种'学问'来研究……写论文不是用手写而是用脚写，要亲自去中小学进行调查研究，与中小学教师交流

① James W. Stigler and James Hiebert. 日本の算数・数学教育に学べ[M]. 東京：教育出版社，2002：91.

合作，这样才能写出高水平的文章。”这充分反映了日本数学教育界的一种基本理念——数学教育研究必须联系实践。

相比之下，我国的数学教育研究队伍中大部分研究者为高等师范院校教师，而中小学教师占少数。近年来，我国中小学数学教师的教学研究取得了一些成就，但也存在不少亟待解决的问题。首先，研究队伍不健全，还没有形成良好的教学研究氛围。其次，多数教师还没有明确的研究课题和长远的研究计划。虽然培养“研究型”“专家型”教师的呼声很高，但真正投入研究的教师为数不多。再次，多数教师没有教学研究的经验，尚没有掌握研究方法。目前还没有能够改变“千篇一律充满套话的数学教学经验总结，钻牛角尖烦琐无味的解题文章，大而不当、空乏无物的理论作品”①状况。多数数学教师错误地认为写论文就是研究，于是随大流的论文漫天飞。最后，多数教师都在孤立地状态下进行研究，与同事、专家之间的合作联系几乎没有。特别是，很多中小学数学教师与大学教师很少有合作关系，各自为营，还没有营造出教学研究的健全的、可持续发展的“生态环境”，从而严重影响了教学研究的健康发展。

第六节　数学教学原则

一、数学教学原则的制定

数学教学工作应在一般的教学原则的指导下，结合自身的特点和规律进行。因此，数学教学原则是根据一般教学工作所遵循的基本要求并结合数学教学的目的、任务、数学教学规律以及教师的教学经验综合来制定的。

我国数学教育界对于数学教学原则条目的设置和提法不尽相同，但以下几点还是较一致的。

（1）严谨性与量力性相结合的原则；

（2）具体与抽象相结合的原则；

（3）理论与实际相结合的原则；

（4）巩固与发展相结合的原则。

为了便于统一论述，我们将一般教学原则与数学教学原则综合考虑，确定如下数学教学原则体系：

（1）科学性与思想性统一的原则；

（2）理论联系实际的原则；

（3）教师的主导作用与学生的主动性相结合的原则；

（4）教学与发展相结合的原则；

（5）系统性原则；

（6）直观性原则；

（7）巩固性原则；

（8）统一要求与因材施教相结合的原则；

---

① 张奠宙. 数学教育经纬[M]. 南京：江苏教育出版社，2003：306.

（9）反馈调节原则；

（10）严谨性与量力性相结合的原则；

（11）具体与抽象相结合的原则。

二、关于各项原则的几点论述

我们将结合教学实际对上述教学原则进行一些必要的论述。

（一）科学性与思想性统一的原则

科学性是指教师传授的数学知识必须是正确的、可靠的，不要把尚未确定的数学结论教给学生。如果有时为了便于学生接受，把内容通俗化，但这是不能与科学的精神和要求相违背的。思想性则应体现辩证唯物主义世界观和方法论，有利于学生形成正确的思想道德观念。教学永远具有教育性，教师要寓思想教育于数学教学之中，同时教学活动又受到一定思想的支配。

（二）理论联系实际的原则

这是辩证唯物主义的一条根本原则。从数学教学的角度看，它是由数学的抽象性、逻辑性、应用性三个基本特点以及解决实际问题的需要所决定的。为了在教学中贯彻好这一原则，一方面需要引导学生从理论与实际的联系中去理解和掌握抽象的理论。如在建立代数式概念之前，先让学生用字母写出表示某些数量关系的实例，然后给出代数式的定义，并要求学生做有关练习。又如方程(组)的教学，提出一些问题，引导学生列出求解算式，然后给出方程（组）的定义，进一步探求该方程（组）的一般解法，并要求学生会解决相关问题。

另外，指导学生会综合地运用有关知识和技能去分析和解决实际问题。如学习了相似形用于测量不可抵达底部的物体的高度，学习了统计知识用于产品质量检验等，在解决具体问题中有利于加深对理论知识的理解，形成技能，同时也为把实际问题归结为数学问题、探索数学规律、建立数学模型打下一定的基础。

应该指出，中学数学教学中运用这条原则需要正确处理教材与实际间的关系。学生所学习的书本知识是主要的，能在学习理论知识的同时与实际有机地结合，使学生既巩固所学理论又能初步学会利用理论解决实际问题的方法。

（三）教师的主导作用与学生的主动性相结合的原则

数学教学是教师的教与学生的学习的双向活动的过程，既然是双向共同活动的过程，就要体现教师与学生一起担负任务和解决问题。如果仅强调某一方而忽视另一方都将是片面的。

要使教师的主导作用与学生的主动性有效地结合，必须在数学教学中不断地激发学生对数学学习的极大兴趣，激发求知欲，并使学生理解学习过程，学会独立地学习。F. A. W. 第斯多惠（Friedrich Adolf Wihelm Diesterweg）曾说过：“如果使学生习惯于简单地接受或被动地学习，任何方法都是不好的；如果能激发学生的主动性，任何方法都是好的。”这种观点虽说绝对了些，但却反映了调动学生积极性的重要性。

教师为了发挥好主导作用，首先要认真钻研教材，领会其实质和意图。其次要善于根据学生的知识状况和发展水平设计问题，注意启发式，避免注入式。有人讲："不好的教师仅仅是传授真理，好的教师是让学生发现真理。"最后，教师要与学生建立一种合作式的新型的师生关系，使双方的情感容易得到沟通，使教师发出的信息有利于学生接受，同时又利于教师根据学生的反馈信息及时采取相应对策，保证教学非常有序地进行。

（四）教学与发展相结合的原则

我们所论述的发展不仅要发展学生的认识能力，还要发展学生的个性心理，这就是说，发展的含义是指学生心理的发展。

从辩证唯物主义的观点看，教学与发展是相互依赖、相互影响的。数学教学以学生一定的心理发展水平为基础，同时数学教学又促进学生认识能力和个性的发展。要实现教学与发展的结合，首先，应将数学教学视为数学思维活动过程的教学。就是说在数学教学中不仅讲授数学思维活动的结果，而且还要反映出思维活动的过程和思维方法，使学生亲身体验从发现问题到解决问题的整个过程，并让学生去解决呈现在面前的问题，也就是把对学生的要求转化为学生的认知冲突，并使学生获得解决认知冲突所应具备的心理机能。在这一过程中达到培养能力、发展个性之目的。其次，在教学中要体现学生的主体地位，需要把过去一般由教师讲解教材，学生从教师的讲解中学习的单一模式转变为教师做必要的组织和指导，使学生主动去学习、探究，展开讨论的多元化教学模式，允许学生有足够的思考空间去发展其智力和个性。

总之，数学教学在学生的心理发展中发挥着重要作用，教学与发展是既相互联系又相互影响的一个复杂过程。苏联著明的教育心理学家维果茨基曾深刻地指出，教学应走在发展的前面。

（五）系统性原则

系统性原则要求数学教学活动要循序、连贯、系统的进行。否则，就会导致学生无法获得系统知识，造成学习上的混乱，直接影响到教学的成败。因此，要注意解决好教学活动次序与数学本身的逻辑次序，学生掌握知识与心理发展之间的关系。根据由已知到未知，由简到繁，由具体到抽象的认识规律有序地进行教学。注意新旧知识的结合，在旧知识的基础上引入新知识，使新知识不"新"，同时旧知识得以巩固和提高，新旧知识融会贯通，达到真正掌握知识的目的。另外还要注意授课系统全面与重点突出之间的关系，在讲授系统知识的同时，要针对教材中基本的、核心的和不易理解的内容重点讲解。突出重点可带动一般，以简驭繁，举一反三。

遵循系统性原则一定要符合学生的认识规律，学生的学习是一个渐变的过程，不可急于求成。只有知识量积累到一定程度，学生才能豁然开朗，使认识产生一个飞跃。

（六）直观性原则

在数学教学中为了更好地引导学生进行抽象思维，形成正确的概念、判断和推理，教师向学生提供具体的感性材料是必要的。直观的、感性的材料不仅可以激发学生的求知欲，提高学生的学习兴趣，调动学生的积极性，还有助于学生进行理性思维，如数学中的许多基本和重要的概念都有丰富的几何直观背景，在教学中我们应很好地开发和利用这些直观材料。

有效地运用直观材料还有利于培养学生的观察力和形象思维能力，避免抽象概念、术语与具体现象脱节。在使用直观材料进行教学时，要注意自觉地利用各种教具，如挂图、模型、影像等，使得作为直观对象的事例不断变更，丰富学生的感性知识，变换对象的非本质要素，突出其本质要素，这是学生形成一般表象的必要条件。如讲授直角三角形，不但使学生认识标准位置的各种图形，还要认识非标准位置的各种图形。当今信息技术空前发展，给贯彻直观性教学原则创造了十分有利的条件，有待我们积极地去开发和利用。

（七）巩固性原则

要求学生对所学数学知识、数学技能达到记忆牢固和熟练掌握的程度，并在应用时能迅速准确地再现。如何达到这一要求呢？教学中应经常注意反映知识整体与局部、局部与局部之间的关系。从知识的联系中去学习和理解，在一个单元学习结束时，可引导学生找出关键性概念、定理和方法，然后将所学知识联系起来使之系统化，不断应用旧知识解决新问题，做到温故知新，同时在理解的基础上再现基本教材，以达到进一步的理解。

总之，让学生在头脑中形成一个知识的整体框架，这样才能便于知识的储存、提取和应用。

（八）统一要求与因材施教相结合的原则

这一原则指出，既要对学生的学习有统一的要求，又要根据学生在能力、水平上的差异使其得到相应的发展，目前班级授课制也只能在面向大多数学生的前提下适当照顾少数，如讲课水平的测试标准都以适合中等偏下学生为宜。世界教育的发展是更为重视个体的发展，实际上仍是因材施教原则的体现。

（九）反馈调节原则

数学教学活动实际是信息的双向传递过程，利用学生的反馈信息及时评判教学效果和预测未来发展趋势，使教学始终保持最佳动态平衡。首先，通过教学过程中信息的反馈，可增进师生之间的了解和情感交流，与学生建立一种相互合作和信任的关系，是做好教学工作的前提。其次，根据学生的反馈信息，能及时了解学生知识掌握的状况，无论从作业、测验、测试，还是从学生的态度、表情、问答反馈的信息都能帮助教师对自身的工作效果、教学目标达成度作出较为客观的判断，使之能有效调控教学过程中的平衡，达到真正提高教学质量的目的。

（十）严谨性与量力性相结合的原则

严谨性与量力性相结合的原则是根据数学中逻辑的严谨性与学生实际接受能力这一基本矛盾提出的。

1. 严谨性

严谨性是数学的基本特点之一，所谓严谨性就是逻辑的严格性和结论的确定性[①]。因此数学的结论要有精炼、准确的表述；在结论的推理论证中应步步有据，合乎逻辑规律；在内容的安排上要非常周密，符合逻辑规律。随着现代数学的发展，对于命题表述和论证都趋于形式化、符号化，这说明对于严谨性的要求越来越高。但也应该看到，对严谨性的要求往往需要一个过程，并且也不是绝对的。

从数学发展的历史进程中可以看到，严谨性并不是在数学建立初期就形成的，它有一个逐步发展完善的过程。如数的概念产生于原始公社制社会，处于一种不严谨状态，直到 19 世纪末期才达到一个严谨的程度。几何学也是如此。在两千多年前古希腊著名几何学家欧几里得的原著《几何原本》中就给出了对当时几何学知识的系统论述，在那时是一个非常了不起的成就。欧几里得所完成的几何逻辑结构对他所处的时代应该说是足够严谨了。直到 19 世纪末，由希尔伯特所建立的几何公理系统，才真正达到对几何逻辑结构的完整认识，按该公理系统而不借助任何直观可导出全部几何定理。微积分的发展也不例外。另外，侧重于理论的基础数学与侧重于应用的应用数学在严谨性的要求上也有较大不同。

总之，对于任何数学课程都必须达到一定的严谨程度，但究竟应达到一个什么程度，还要由该课程的性质及所开设的目的所决定，并且对于严谨性的要求需要一个适应的过程。

2. 量力性（可接受性）

量力性是指数学教学的目的、内容、方法和组织形式要符合一定年龄阶段学生的知识水平和身心发展水平，教师既不能不考虑学生思维水平的局限，一味追求“高标准”，也不能一味迁就学生，随意降低教材的理论要求。即需要一种既能适应学生的认识水平，又有利于促进学生水平发展的最佳途径，在学生力所能及的前提下，使数学教学达到充分的严谨程度。

概括起来，严谨性是有相对性的，量力性是有发展性的，教学的艺术就在于把相对性与发展性结合起来[②]。

3. 数学教学中贯彻严谨性与量力性相结合的几点要求

1）明确要求，处理得当

教师应非常清楚教材在严谨性方面的要求，如教材涉及的有关理论性、基础性的问题采用怎样的处理方式，不论利用直观说明或扩大公理或以不完全归纳法印证，还是避而不谈，无论采取哪种方法都不能与科学精神相违背。像几何中的点、线、面及集合等概念都属于不定义的基本概念，其属性本可以由公理刻画，但中学不介绍公理化定义，故只能采用直观描述。教师备课时，首先从严谨性出发，以较高观点分析教材，明确这部分内容在该课程中的地位、作用，然后结合学生的接受能力加以考虑，必要时作教学法上的某些处理。

2）注意严谨性的阶段特点

数学教学对严谨性的要求需要有一个逐步深化且与学生认识水平相适应的过程。因此

---

① 曹才翰. 中学数学教学概论[M]. 北京：北京师范大学出版社，1991：219.

② 曹才翰. 中学数学教学概论[M]. 北京：北京师范大学出版社，1991：221.

教材中的某些内容呈现出阶段性，如中学关于函数教学大致分为数学知识积累、直观描述性的定义、数学严格化定义几个阶段。在引入函数概念之前的教学中已积累了很多有关量与量之间相互关系的感性认识，像通过各种类型的算术运算，观察运算结果与组成运算的各项之间的关系，再通过引入代数式和方程进一步认识如何用文字表述一般的数学关系；通过学习几何认识各种图形的面积、体积与边长或弧长之间的关系。在上述感性认识的基础上，给出反映两个变量相互依赖关系的描述性定义。但由于概念的外延较小，进一步给出反映函数的两个本质特征：自变量 x 取定义域内每一个值及因变量 y 与自变量 x 是单值对应的定义。在建立集合概念之后，又可将函数的定义改用集合与对应这样两个原始概念表述。从函数定义的演化的过程中看出定义的形式是逐步趋向一般化的。

如果既缺少数学知识的积累又没有函数的直观描述，只是为追求理论的严谨性而直接给出函数的定义，那么学生接受该概念的难度是可想而知的。

3）要求学生言出有据

言出有据是思维严谨的核心要求，也就是说，无论计算、作图，还是推理论证都要讲究依据。当然所说的依据都是已知的概念、公式和定理。

在数学教学中还会遇到，在推证一个命题时所依据的知识未必都已具备，有时需要从直观或由经验中找出依据。即使是这样，也要使学生心中有数，如在初等几何课程中，推证“三角形内角和”定理时，有的教材是按照如下方法进行的：

如图 4-1 所示，自$\triangle ABC$ 的顶点 C 作射线 $CE//BA$，则 $\angle 1=\angle A$，$\angle 2=\angle B$（两直线平行、内错角相等、同位角相等），因为 $\angle 1+\angle 2+\angle ACB=\angle ACD+\angle ACB$=一个平角（平角定义），所以 $\angle A+\angle B+\angle C$=一个平角.

在论证中，$\angle 1+\angle 2=\angle ACD$ 在课本中是找不到依据的。也就是说，当 $CE//BA$ 时，射线必落在 $\angle ACD$ 内是没有依据的。这时如图 4-1 所示，也要使学生明白并指出“由图 4-1 可知”。事实上我们是想通过这样的要求使学生逐渐养成注重论据的习惯。在推理中引导学生多加以观察和思考，提出所需依据，强化言出有据的意识。为此，我们提出以下四点具体的建议。

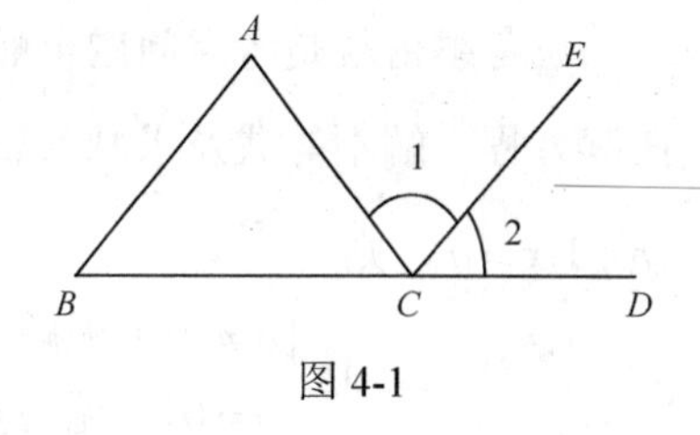

图 4-1

（1）在解题论证中要求学生会提出“为什么”，而不是仅停留在一知半解的水平上，对于一个问题，解决的思路和方法是什么？为什么这样解？依据是什么？如果变换另一种方法是否还能解决？

（2）在可能的情况下早些渗透论证因素，并适当加以训练，即使在不加证明地引入某些数学结论，也应给学生指出这些结论是有依据的或有待我们去证明。论证的训练需要一个较长的过程。

（3）解题思路清晰，这就要求学生在解题中有一个基本程序。如证明几何题，应先理清题意，画出图形，写出已知、求证。对于较难的题目还要先作分析，再给出证明，有的还要检验。对初学的学生，解某些问题可暂时制订一个程序以确保过程清晰，避免混淆，减少差错。如解一元一次方程，求解程序是：去分母→去括号→移项→合并同类项→当未知数的系数不为 0 时，用该数去除方程的两端。按这一过程必可以求出方程的解（如果有解的话），但要注意将固定的解题模式与灵活运用相结合。

（4）语言精确。数学语言既与符号语言有关，又与文字语言有关，并且要求这两种语言的对应（互译）。因此，要使学生语言精确并变为自觉行动，就需要教师不懈地努力。首先，教师自己的语言要非常规范，教学生既不能使用学生在接受上有困难或未知的语言符号，也不能把通常流行而不太准确的语言带到课堂上。其次，要给学生创造多练习的机会，要求一方面能够准确理解教材中的叙述，另一方面又能准确地利用数学语言表达教材中的结论及解题思路。如初中一年级可结合代数式的教学来安排一些“听读练习”，教师准确读出一道算式题，让学生迅速用准确的语言读出结果。教师要经常结合分析教材对学生进行这方面的训练。如建立有理数与数轴上点的对应关系时，应使学生分清“每一个有理数对应数轴上唯一的一点”与“数轴上每一点都对应唯一的一个有理数”这两个命题的不同含义并分析正误，进而强调语言准确的必要性。

又如，对数学语言中的“和”与“或”的运用。

解一元二次方程 $x^2-x-2=0$，得 $x=-1$ 或 $x=2$，还可写成 $x_1=-1$，$x_2=2$.

但如果写成 $x_1=-1$ 和 $x_2=2$ 及 $\begin{cases} x_1=-1 \\ x_2=2 \end{cases}$ 都是错误的。

另外，对于数学符号的汉语表达，如$(a+b)^3$，$\sin^2\theta$应分别读作：“a 加 b 括号的三次方”（或“a 与 b 之和的三次方”）、“角 θ 正弦的二次方”。若读作“a 加 b 的三次方”“sin 平方 θ”就错了，书写上不要把“圆”写成“园”等。

从以上的分析看到，使用数学语言的妥当与否好像与之关系不很大，其实更涉及数学的严谨性和科学性。

4）要求学生思考缜密

思考缜密就是考虑问题全面、周密而无遗漏，这是数学素养培养中的重要因素之一，在解方程、解不等式及求几何轨迹时经常遇到。例如，方程$\dfrac{1}{x}=\dfrac{b}{a-x}$，$x\neq 0$，$x\neq a$，即$(b+1)x=a$，则

当 $b=-1$，且$\begin{cases} a\neq 0\text{时,无解,} \\ a=0\text{时,无穷多解,除去}0,a; \end{cases}$

当 $b\neq -1$，且$\begin{cases} b=0\text{时,无解,} \\ b\neq 0\text{时,}\begin{cases} a=0\text{时,无解,} \\ a\neq 0\text{时,有唯一解}x=\dfrac{a}{b+1}. \end{cases} \end{cases}$

一般学生对上述解的讨论较不习惯，往往容易丢掉一些情况而出现错误。

总之，要想真正把严谨性与量力性有机地结合起来，关键是要把握好教材的深浅程度，从严谨着眼，从量力着手，通过对学生数学严谨性的训练使之养成良好的分析思考问题的习惯。

（十一）具体与抽象相结合的原则

具体与抽象相结合的原则是根据数学抽象性的特点与学生认识的基本规律提出的，它是数学教育中基本而又普遍的要求。

1. 数学抽象性的特点

数学的研究对象是现实世界的空间形式和数量关系。为了在一个比较纯粹的状态下进行研究才舍去其研究对象的所有其他属性而抽象出空间形式和量的关系，这就决定了数学具有非常抽象的形式，具体地讲有以下特点。

第一，数学中不仅概念、结论是抽象的，而且思想方法也是抽象的，并且运用大量的抽象符号。

第二，高度抽象性表现出高度概括性。所谓概括就是把从部分对象抽象出的某一属性推广到同类对象中去的思维过程，抽象程度越高的理论越有可能，也有必要推广到更广泛的对象之中。因此，数学的高度抽象性必然带来高度的概括性，如对于三角函数，先有锐角三角函数，这是相对具体的抽象概念，概括性也较弱，推广到任意的三角函数时，它所涉及的具体对象就扩展到一般的“圆运动”，再进一步扩展为以任意实数为自变量的三角函数时，其涉及的具体对象又包括了相应的周期运动。又如数学中群这一概念，它是一个非常抽象的代数结构，具有极强的概括性，像整数加群、模 n 的剩余类加群、n 阶线性群等。

第三，数学的抽象还有逐级抽象的特点，即后一次的抽象是以前一次的抽象材料为具体背景的，后一次的抽象是一个再抽象的过程。在数学发展或数学教学中都需要经常反复地进行再抽象。如从数到式、从式到函数、从函数到映射的过程中，这种逐级抽象体现出较明显的顺序性。如果对某一具体步骤缺乏理解，势必会影响到对下一过程的理解。

第四，抽象能达到感知所达不到的境地，如讨论极限过程的数学性质只能在头脑中运用抽象思维进行。

数学的上述抽象性特点必然在教学中反映出来，因此，在教学中我们应善于发挥数学抽象的积极作用，使学生的逻辑思维能力得以提高和发展。

2. 教学中如何贯彻具体与抽象相结合的原则

人们对事物的认识总有一个从具体到抽象，再从抽象到具体的过程，即具体→抽象→具体。在教学中，学生是在教师的指导下，学习前人已经总结积累的系统知识，但学生是第一次学习这类数学知识，与前人在其认识规律上是相一致的。因此，教学中需体现出两个过程即把具体材料抽象化和把抽象材料具体化的过程。概括讲，就是由具体实例出发，抽象出本质特征，概括到同类对象中，再运用于实际。从逻辑意义上看，前者是归纳过程，后者是演绎过程。以下将对上述两个过程进行一些必要的讨论。

1）从具体到抽象的过程

相对于抽象，具体的对象就是感性材料或直观材料。它主要指一些看得见、摸得着的东西，如直观材料可以是实物、模型、实例等，如讲授几何图形及性质时，可先引导学生观察，比较周围物体，或制作有关模型，从中发现几何元素之间存在的某些关系，然后进行系统讲授。不过还应指出，教学上所能提供的直观材料在数量和种类上总有一定的限制，有时表现得不够明显或不易使学生从中对抽象理论获得全面认识，此时教师要注意选择并变换作为直观对象的事例，即变换对象的非本质要素，突出其本质特征，在最大限度上把本质要素反映准确、全面。由于教材中有时习惯采用所谓标准图形，因此学生就有可能把非本质的属性（像图形的位置、大小）看作本质属性，因此缩小了概念的外延，造成不正确的理解。如两条直线垂直的概念，顾名思义，是指其中一条为水平线。

另一条为铅直线。如果仅结合水平线与铅直线的实例让学生观察，不足以反映两条直线垂直概念的本质，需结合图 4-2，使学生观察并认识其本质在于两条相交直线相交成直角。同时还可以让学生作一些画垂线的练习，如图4-3所示，自点A、点B分别作直线l_1，l_2的垂线等，由此可见，教学中需把图形的本质特征与仅属于图形的个别特征区分开，经过足够的图形变更，把非本质因素去掉。

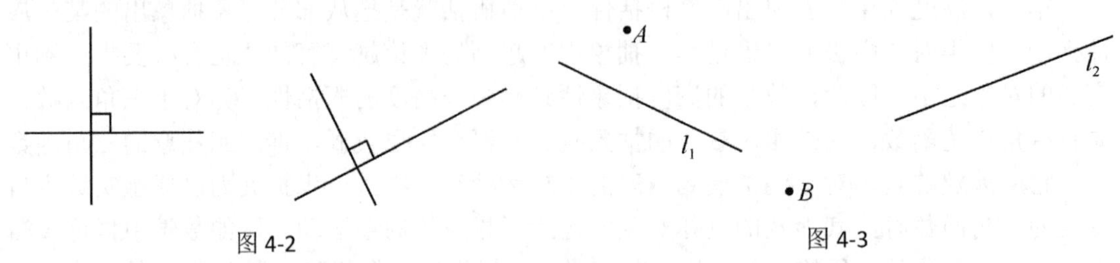

图 4-2　　图 4-3

由于数学的抽象常常表现为逐级抽象，因此，在进行新知识的教学时，要注意结合有关旧知识进行，这样不仅有助于理解新知识，看到新旧知识的联系，而且还能引导学生运用已知去探求未知，使学生对形成、发展过程有一定的了解。

例如，学习三元一次方程组的解法时，可以对比二元一次方程组的解法进行。使学生重点理解消元的思想方法，同时，也为今后学习求解n元线性方程组奠定必要的基础。

又如，学习勾股定理时，首先让学生在坐标纸上按三边为3，4，5作一个三角形，然后各边向外作正方形，再数一数小方格的数目，从中发现三边有如下关系：$3^2+4^2=5^2$，然后得出猜想，最后证明一般结论。

总之，教师在把具体材料抽象化的过程中，不仅注意抽象的结论，还要注意引导学生学会抽象的方法，以观察为基础，以分析、类比、归纳、概括为关键，切实发展学生的抽象思维能力。

2）从抽象到具体的过程

从学生掌握知识的过程看，由具体到抽象只是认识事物的一个方面，另一个方面还需把所学知识应用到同类问题中去解释具体现象和解决具体问题。为此，教师可以根据教学要求，向学生提出一些有代表性的问题让学生参与思考和解决。关于解题教学，既是把抽象知识具体化的过程，同时也是培养学生技能的良机。教师设计问题时要遵循循序渐进的原则，把讲授重点放在探究问题的途径上，注意作必要的小结、分类和推广，把具体问题提到一定的高度去认识。

需要指出的是有些学生对抽象结论的理解和掌握带有片面性、局限性，做习题时只能从教师或教材已经举过的实例出发逐一进行类比或形式地套用公式法则，而不会按结论的本质属性进行判断和推理。产生这种现象的主要原因在于具体与抽象脱节，这与有的学生对于把具体材料抽象化或抽象理论的形成过程缺乏应有的重视是分不开的。因此，在一定条件（如学生的年龄、教学时数）下对一些关键概念的形成教学需要加强，教师要善于提出若干具有代表性的实例，引导学生去观察，从中撇开具体对象中某些个别的非本质的属性，而专门考察一类事物所共同具有的本质特征，然后经抽象形成概念。当然，概念的同化也是掌握概念的一种基本方式。另外对于定理的教学，有时也不必急于将结论和盘托出，可先引导学生进行一些猜想，得出结论再进行证明。如学习了低次方程的某些性质，可让学生探讨高次方程中相类似的性质能否成立？

总之，具体与抽象相结合的原则在数学教学中有广泛的应用，必须在教学中真正贯彻好这一原则。

对于如何理解、贯彻上述数学教学原则作如下两点说明：

第一，发挥数学教学原则的整体功能。数学教学原则之间是相互联系的，各项原则的贯彻是相辅相成的。实现教学过程的最优化，并不是执行某一两项原则就能解决的。只有整体地运用各项教学原则，才可能妥善处理教学目的的确定、教学内容的选取、教学方法和教学手段的使用等问题。如确定教学目的，要把教学内容的科学性、思想性和量力性结合考虑；在选择、组织教材时，需要考虑系统性及理论联系实际的原则；在安排课堂教学时，要注意直观性、具体与抽象相结合的原则；辅导答疑时更要注意因材施教；在教学评价时运用反馈原则，等等。不难看出，某一项教学原则是指明了教学中某一方面的要求，片面地夸大或贬低某一项教学原则都是不可取的。

第二，运用数学教学原则要与实际相结合。数学教学原则是教学工作必须遵循的基本要求，但如何运用这些原则在不同场合还需要教师根据具体情况作具体分析。

阅读材料

波利亚的“教师十诫”

1. 要对你讲的课题有兴趣。

2. 要懂得你讲的课题。

3. 要懂得学习的途径：学习任何东西的最佳途径是靠自己去发现它（思考的重要性）。

4. 要读懂你的学生脸上的表情，弄清楚他们的期望和困难，把自己放在他们的位置上。

5. 不仅要教给他们知识，并且教给他们“技能”、思维方法和有条不紊的工作习惯。

6. 要让他们学习猜测。

7. 要让他们学习证明。

8. 要找出手边题目中那些可能对解后来题目有用的特征——即设法揭示出隐蔽在眼前具体情形中的一般模型。

9. 不要一下子吐露出你的全部秘密——让学生在你说出来之前先去猜想——尽量让他们自己去找出来。

10. 要建议，不要强迫接受。

——［美］乔治·波利亚：《数学的发现》，北京：科学出版社，2006年。

第五章　数学学习

阅读要义

1. 数学学习是根据数学教学计划和教学目的的要求进行的，由获得数学知识经验而引起的比较持久的行为变化过程。数学学习的特点为：数学学习中的“再创造”比其他学科要求较高；数学学习需要较强的抽象概括能力；数学学习中教师的指导在于“点拨”和“引导”学生的思维。

2. 发生认识论的创始人让·皮亚杰的儿童数学思维发展观，以运演为标志把儿童思维发展划分为感知运动阶段、前运演阶段、具体运演阶段、形式运演阶段四大年龄阶段。皮亚杰重视数学认识论与儿童的数学学习的关系，他的观点是数学奠基于极少数内容相当贫乏的概念或公理之上，却是富有成效的。数学具有建构的特征，但数学仍然保持着严格性和必然性。尽管数学完全具有演绎性质，但数学跟经验或物理的现实是一致符合的。

3. 吉尔福特的智能的模型称为“智力结构模型”，这个智力结构模型把学习和智力发展刻画为由三个智力变量组成：第一个变量是“智力的运演”，它是通过一套智力测验题来衡量的；第二个变量是“学习的内容”，它把学习材料的性质分类；第三个变量是“学习的态度”，指智力中信息的组织方式。

4. 桑代克认为学习是一种渐进的、盲目的、尝试—错误的过程。他根据动物的实验，提出了三条学习的定律：准备律、练习律、效果律。桑代克提出的五个学习原则：多式反应的原则、定向态度或顺应的原则、情境中的个别要素具有决定反应优势的原则、同化或类化的原则、联想交替的原则。桑代克发表和出版《算术心理学》等论著，他的算术学习测验研究成果早在20世纪10年代介绍到中国。桑代克用成人加法练习方法第一个进行了算术科习惯养成之实验研究，他得出四个结果：①敏速与正确之增进殆相同；②成人之技能可以如是增加，故知各方面能力之增进全凭特别之练习；③若以旧日之结果为比较，而竭力练习，则进步最大；④经练习后个人间之差异可以减少。

5. 加涅认为人的学习过程类似于计算机的操作，提出了学习的信息加工理论。他认为“学习是人的倾向或能力的改变”：信号学习、刺激-反应学习、连锁学习、言语联结、辨别学习、概念学习、法则学习、问题解决。

6. 第尼斯强调研究数学教育的目的在于为学生在自身内部建构数学知识。第尼斯认为数学概念必须按六个阶段渐进学习：自由活动、游戏、探究共有性、复现、使用符号、定形化。第尼斯把数学教学体系概括为讲授概念的四个一般原理，即动态原理、结构性原理、数学的多样性原理、知觉多样性原理（又称多样的具体化原理）。

7. 美国心理学家奥苏伯尔认为，学习过程是在原有认知结构的基础上，形成新认知结构的过程；原有的认知结构对于新的学习始终是一个最关键的因素；一切新的学习都是在过去学习的基础上产生的，新的概念、命题等总是与学生原来的有关知识相互联系、相互作用，从而转化为主体的知识结构。奥苏伯尔等在 1969 年提出了四阶段解决问题模式：呈现问题情境命题、明确问题的目标和已知条件、填补空隙、检验。

8. 认知心理创始人之一布鲁纳提出了四个教学理论的特征：任一种教学理论都应该说明怎样使每一个学生都倾向于学习，对数学等学科感兴趣，怎样激发学生学习的动机。教学理论也应当说明环境怎样影响学生的学习态度；教学理论应当说明怎样构造知识以利于学生学习；教学理论应当说明为了促进学习，应以怎样的方式组织教材，并以最佳的方式呈现给学生；教学理论应当说明在学习中怎样使用奖励和惩罚。布鲁纳对数学学习和数学教学很感兴趣，并和他的同事们进行了大量的数学学习实验，从中总结出了四个数学学习的原理：建构原理、符号原理、比较和变式原理、关联原理。

9. 新行为主义的主要代表斯金纳以反射和强化为基础，提出了操作性条件反射理论。操作性条件反射对有机体来说，是做某件事的工具，所以也叫作工具性反射的学习，属于手段学习，它是指以有效的反应作为达到目的的手段，他提出了程序教学法。

10. 德国著名心理学家马克斯·韦特海默（Max Wertheimer，1880—1943）是格式塔心理学派的创始人之一，他在著作《创造性思维》中，主要以数学学习为线索探讨了格式塔心理学的思想。主要学术成就：①发现似动现象。②提出知觉原则——相似原则、接近原则、闭合与完好格式塔原则。③探讨创造性思维原理。④将完形心理学原理应用于教育心理学。

第一节 数学学习的概念及其特点

数学学习是根据数学教学计划、目的的要求进行的，由获得数学知识经验而引起的比较持久的行为变化过程。由于数学有其自身的特点，所以学生在获得数学知识经验时也有其特殊性的表现和要求，这样，数学学习不仅具有一般学习的特点，而且还有其自身的特点。

一、数学学习中的“再创造”比其他学科要求较高

在人类历史上，数学的创造从未间断过。但是，数学家在介绍自己的发现时，从来都不是按照创造这项工作的过程进行的，而是略去过程，以尽可能完美的形式表达出来。我们现在的数学教科书就是以这种形式表现数学的。从某种意义上来说，这种完美的形式在一定程度上颠倒了数学的发现过程，因此，学生的“再创造”数学就比较困难。

数学，它不是各种概念、定理（公式）、法则等的混合物，而是用演绎的方法把它们互相联合起来形成的科学认识的统一体系。这样，学生学习的数学知识基本上是在演绎体系下展开的，这就要求学生在学习数学时要有比较强的逻辑推理能力。

根据这一特点，数学教学中应为学生创设问题情境，展现数学本身的发生发展过程。

二、数学学习需要较强的抽象概括能力

学生的学习是从理论开始的，遵循着“理论—实践—理论”的模式。但数学是高度抽象概括的理论，学生所学的数学知识较其他学科的知识（如物理、化学等）更抽象、更概括，其概括程度之高，使数学完全脱离了具体的事实，仅考虑形式的数量关系和空间形

式。由于数学的高度抽象性和概括性，特别是使用了高度概括的形式化数学语言，在数学学习中，容易使学生造成表面化的理解。具体表现在只记住内容丰富的形式符号，而对具体事实、对事物的本质特征，或者没有完全感知，或者没有完全与它的形式表示联系起来，表现出形式和内容的脱节，具体和抽象的脱节，感性和理性的脱节。因此，在数学学习中特别需要进行抽象概括，只有通过逐步地从具体到抽象的概括，才能使学生真正地掌握数学知识，不仅掌握形式上的数学结论，而且掌握形式背后的丰富事实。波兰杰出的数学家巴拿赫说过："数学家是这样一种人，他善于发现几种论点之间的类同；好的数学家，能判明类同的证明；最有才能的数学家，不仅能发现几种理论的类同，并且能够想象，在类同之中再看到它们的类同。"苏联心理学家克鲁捷茨基的调查表明，数学抽象概括能力是"从事数学活动的人首先必须具备的'数学头脑的特型'"，这也说明学生在数学学习中需要较强的抽象概括能力。

根据学生学习数学的特点，在数学教学中，应当有意识地培养学生的抽象概括能力。

三、教师的指导在于"点拨"和"引导"学生的思维

数学是一种人类活动，数学学习与其说是学习数学知识，倒不如说是学习数学思维活动。学生在尝试错误过程中，往往在数学思维过程中产生障碍和困难，因此，教师应帮助学生排除思维过程中的障碍和困难，而不是单纯地教给学生一个数学结论。目前数学教学中存在着这样一个现象，学生能听懂教师课堂上讲的例题，但是课后不能解决与例题同类型的题目。原因就在于教师没有启发学生的思维，教师只是告诉了学生解答的结果，演示了一遍解答的过程，但为什么要这样解，这个思路是怎样得到的，则没有告诉学生，致使学生在独立解题时由于没有掌握思考方法而无从下手。这就是说，在数学学习中，教师的指导应着眼于"点拨"和"引导"学生的思维。

根据这一特点，教师必须了解课程和教材的内容及学生的思维特点，了解学生在思维活动中可能会遇到的障碍和困难，以便及时地"点拨"和"引导"学生的思维。

阅读材料

斯 根 普

理查德·斯根普（Richard Skemp，1919—1995）（图 5-1）是英国数学教育心理学方面的专家，曾任国际数学教育心理学研究组织（Psychology of Mathematics Education，PME）的主席。

图 5-1

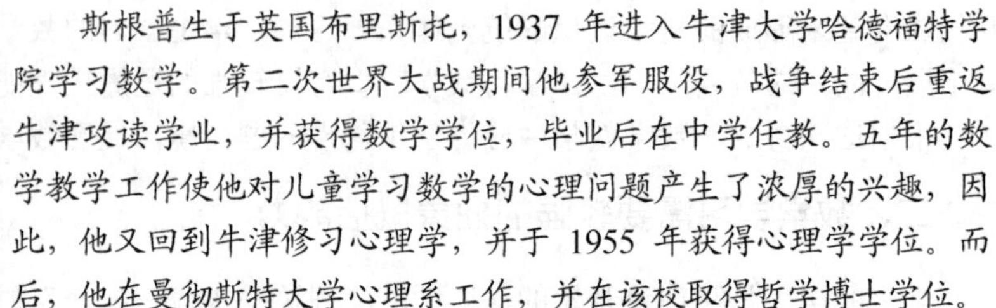

斯根普生于英国布里斯托，1937 年进入牛津大学哈德福特学院学习数学。第二次世界大战期间他参军服役，战争结束后重返牛津攻读学业，并获得数学学位，毕业后在中学任教。五年的数学教学工作使他对儿童学习数学的心理问题产生了浓厚的兴趣，因此，他又回到牛津修习心理学，并于 1955 年获得心理学学位。而后，他在曼彻斯特大学心理系工作，并在该校取得哲学博士学位。

1971 年英国的企鹅出版社出版了他的著作《学习数学的心理学》（*The Psychology of Learning Mathematics*）。它是作者对数学

学习心理学理论的比较完整的见解。由于作者是一个转变为心理学家的数学家，他本人在数学教育心理学的各方面研究都很有造诣，因此他能立足于数学与心理学的交叉点，深刻探讨数学学习中的心理问题与数学问题的相互关系和作用。

本书共分两个部分，第一部分主要是从心理学角度阐述数学学习的基本问题：什么是理解；用什么方法才能达到理解。这部分共七章，除了绪论外，共分析了下述六个问题：数学概念的形成；图式的思想；直觉的和反省的智力；符号；不同种类的意象；个人之间及情感的因素。这一部分的重点是心理学的观点，数学内容主要是为说明这些观点服务的。

第二部分，作者着重围绕具体的数学知识深入展开了上述各种观点，描述了其中有关的基本数学思想。主要的专题有：数学的起源；数的命名；等价的思想和数学模型的思想；数系扩充的要求；与数的概念有关的图式；数学的问题解决；映射与函数；几种几何概念的一般化。

——张奠宙主编：《数学教育研究导引》，南京：江苏教育出版社，1994 年。

第二节 皮亚杰的智力发展理论与数学学习

让·皮亚杰（Jean Piaget，1896—1980）是瑞士心理学、哲学、数学、逻辑学、物理学、生物学、科学史家，是发生认识论的创始人。他的主要著作有《儿童的语言和思想》、《儿童符号的形成》、《数的发展心理学》、《量的发展心理学》、《智慧心理学》、《从儿童到青年逻辑思维的发展》、《发生认识论导论》、《发生认识论原理》、《结构主义》和《心理发生和科学史》①等。在这些著作中不同程度地涉及有关数学认识论和数学学习心理学的研究内容，特别是在《发生认识论原理》、《结构主义》、《数的发展心理学》和《量的发展心理学》等著作中充分地论述了他的数学认识论和数学学习心理学的观点。过去国内学者们对皮亚杰的心理学和教育学思想的研究甚多，而对他的数学教育思想的研究颇少，皮亚杰的一些数学教育方面的重要著作甚至无人问津，如《数的发展心理学》等。皮亚杰的智力发展理论对目前的数学教育研究和教学实践仍然具有重要指导作用。

一、皮亚杰的儿童数学思维发展观

一般地，学者们认为，皮亚杰对儿童数学思维发展理论的贡献有四个方面：第一，他提出了作为儿童数概念基础的认知运算结构理论。他认为儿童在不同的年龄阶段具有不同的认知运算结构，这种结构对儿童数学能力发展和学习有重要影响。他首次提出：学习数学所需要的基本逻辑能力有可能给儿童的数学学习带来很大的困难；第二，他提出一般的建构性理论。皮亚杰认为，数学知识的习得和其他认知活动成果一样，不是天生的，也不是对外在刺激的直接反应或来自经验，而是儿童在自己活动中的建构和重新发明；第三，他强调动作在儿童早期数学发展中的重要性，强调儿童的动作是认知运算内化的前提条件；第四，他综合了观察法、询问法、测验法和实验法而创造出临床法，认为实物的运用一方面可以把数学活动具体化，另一方面在物体操作过程中可以使儿童的思维外化。

① 让·皮亚杰，加西亚 R. 皮亚杰发生认识论精华译丛[M]. 姜志辉，译. 上海：华东师范大学出版社，2005.

皮亚杰认为儿童随着年龄的增长，智力的发展并非表现在知识的量的增加，而是思维方式发生质的改变。在对儿童的思维发展进行研究时，很多情况下他都是通过儿童的数学学习实验展开的。他认为，“儿童在习得语言的实际活动之后将产生的就是数、连续量、空间、时间、速度等实际的操作活动。并且在这个基础领域中，直观的和自我中心的前逻辑向演绎的和实验的合理性调整转化”①。

他认为儿童对数的理解依赖于他们的逻辑概念，如对物体分类和排序的综合能力的发展，数概念的发展可以用思维结构质的变化来解释；并认为儿童数概念的发展完全是他们自己主动建构的过程，而文化的传递和后天的学习经验对儿童数概念的影响甚微。譬如他认为，儿童数数技能只是一种后天习得的语言能力，对儿童能力发展没有任何影响。

皮亚杰以运演为标志把儿童思维发展划分为感知运动阶段、前运演阶段、具体运演阶段、形式运演阶段四个年龄阶段。

1. 感知运动阶段（2 岁左右）

儿童能自发地发现数量关系，这时的儿童具有目测能力（即凭短时的直觉，说出物体的数目），能根据数量的多少来判断小的集合的多少，它的发展优先于数的能力的发展。

2. 前运演阶段（2—7 岁）

又可以细分为前概念思考期和直觉思考期两个阶段。

前概念思考期（2—4 岁）的儿童开始有初期的概念形式，即前概念。他们以事物的相似性来区分物体种类，不能理解“所有”和“某些”之间量的区别。②他们的思想既不是归纳的，也不是演绎的，而是直接推理的。

直觉思考期（4—7 岁）。这一期间儿童不是根据某些逻辑规则，而以直觉的方式来思考问题，这一时期儿童思考的最大特点是：即使物体所处的位置不同，儿童仍能了解其数目、长度、质量或面积维持恒定的能力，但是却没有可逆思维和定量的概念。首先，是函数的概念。例如，人们把一条线折成互成直角的两个线段 a 和 b，拉这条线，他能推测出，线段 b 拉长与线段 a 变短是互为函数的，但他并不会因此认为 $a+b$ 的整个长度是不变的，因为儿童判断长度的方法是次序性的（以到达终点的顺序来决定长短：比较长=比较短），而不是凭各个间隔长的总量来判断的。其次，是同一性的关系（尽管长度大小有改变，但还是同一条线段）。因为儿童没有定量的概念，儿童在心智上无法进行反逆的思维过程。

皮亚杰认为，在这个水平上儿童还没有掌握组成推理的基本形式，例如，像下述公式所表达的传递性：如果 A（R）B 而且 B（R）C，则 A（R）C。被试儿童如果只看见在一起的两根棍子 $A<B$，然后又看见两根棍子 $B<C$，他不能推出 $A<C$，除非他同时看到它们。

在皮亚杰的数学学习理论中保留具有重要意义。他指出：“简而言之，无论是连续量还是不连续量，无论是在感性世界中被知觉的量还是通过思维活动被观察到的集合与数，无论是通过经验以更原始的方法接触的数数活动，还是在把极其直观的内容更加纯粹化和公理化的活动，不管是在何时何地，所谓保留若干个事物，作为所有数学智力的必要条

① Hergenhahn B R. 学习心理学——学习理论导论[M]. 王文科，译. 台北：五南图书出版公司，1989：9.

②让 · 皮亚杰. 发生认识论原理[M]. 王宪钿，译. 北京：商务印书馆，1996：51.

件，都是通过精神来假设的东西。因此，从心理学的角度看，保留的要求就是思维的一种天生的机能。总之，只要思维发展，即只要思维成熟的内部因素和经验的外部条件之间不断地相互作用，那么保留的要求必然被实现。”[①]皮亚杰认为，保留的能力（了解物体的各种呈现方式不同其数目、长度、质量或体积仍然不变，保留的能力需运用可逆运算）是由儿童对环境累积经验的结果，而不是被教才学会的。

数字对于儿童（人的个体初始状态）来说是非常抽象的，处于前运演阶段的儿童，对具体、静止的事物形成强烈的依赖性，因此对处在幼儿期的儿童，大量的直观动作是必不可少的。必须让儿童通过一系列的“匹配”[②]活动，自己形成抽象的数字，例如，扳着手指头数数等，是进行数字计算的必要前提。很多教师在教学中存在的偏差是急于求成，人为地取消了学生认识数的过程中的“匹配”活动，显然这样做是与思维发展的规律相违背的。

例如，准备 10 根吸管，让孩子从 1 算到 10。然后问：假如最后一根是十，那么第一根是第几？将吸管全部集中让孩子算一次。之后，再分散全部吸管，并问：现在我所拥有的吸管数目是多少？还是一样？可利用手指头重复这项活动[③]。

前运演阶段的儿童能一一计算，但不知道数字的含义。儿童要充分了解数目，必须知道以下几项：

首先，分类——每个手指头的长度都不一样，因此，数它时不该受到指头长短的影响，而必须理解基数的概念。

其次，基数——不论物体如何排列，其数目仍然不变。

最后，序数——一个物体的顺序排列位置可决定它的号数。

总之，在这一阶段，儿童开始以符号作为中介来描述外部世界，当他在实际活动中遇到挫折需加以矫正时，他依靠的是直觉调整而不是运演。

3. 具体运演阶段（7—11、12 岁）

对大小关系表现出如下特征：儿童能同时利用“＜”和“＞”这两个关系而不是一种关系排斥另一种关系；儿童能进行具体运演，也就是能在同具体事物相联系的情况下，进行逻辑运演，这时儿童的思维已具有可逆性和守恒性。

守恒性是这一阶段的主要标志，儿童已有了一般的逻辑结构，如群、格、群集等。这时的群集运算有五个特征，即组合性和直接性，如 $A+A'=B$；逆向性，如 $A+A'=B$，则 $B-A'=A$；同一性，如$+A-A=0$；重复性，如 $A+A=A$；结合性，如（$A+A'$）$+B=A+$（$A+B'$）。

4. 形式运演阶段（11、12 岁—14、15 岁）

思维的特点是“有能力处理假设而不只单纯地处理客体”“认识超越于现实本身”“而不需具体事物作中介了”。[④]此阶段能够真正使用逻辑思考，是逻辑思维的高级阶段。

对以上的四个结构进行分析的时候，这些结构完全来自先前的结构，反映抽象提供了结构的一切成分，平衡作用成了运算可逆性的来源，它们是在这双重作用下得来的。

---

① Hergenhahn B R. 学习心理学——学习理论导论[M]. 王文科，译. 台北：五南图书出版公司，1989：16.

② 林永伟，叶文军. 数学史与数学教育[M]. 杭州：浙江大学出版社，2004：11.

③ 欧阳钟仁. 科学教育概论[M]. 台北：五南图书出版公司，1987：225.

④ 让·皮亚杰. 发生认识论原理[M]. 王宪钿，译. 北京：商务印书馆，1996：52.

任何学习和任何记忆必须以某些早先存在的结构为基础形成，布尔巴基学派所研究的数学结构与儿童的智慧功能有必要的协调，有相对应的关系，只有了解儿童数学思维的发展，才能指导儿童有效地学习。

二、数学认识论与儿童的数学学习

事实上，在以上论述中已经间接地反映了皮亚杰对数学的认识。法国布尔巴基学派的数学结构主义思想对皮亚杰的数学认识论产生了一定的影响。关于数学的认识，他认为“全部数学都可以按照结构和建构来考虑”①。数学认识是不断建构的产物，建构构成结构，结构对认识起中介作用；结构不断建构，从比较简单的结构到更为复杂的结构，其建构过程则依赖于主体的不断活动。

皮亚杰在借助直觉主义学派数学家克罗内克的观点基础上，指出了数学结构的普遍意义。他指出：“克罗内克把‘自然数’称作上帝的恩赐，其余都是人类活动的成果，这些人类成果，是能够在儿童身上，以及在上帝所创造的其他生物身上进行研究的，康托尔建立集合论的那种一一对应关系我们从远古年代的物物交换中就已经知道了，一一对应关系的形式在儿童甚至较高级的脊椎动物身上都是可以详细考察到的，布尔巴基的三个‘矩阵结构’其初级的但又清晰的形式可以在儿童的具体运演阶段上观察到，等等，都表明了范畴的基本结构的普遍性。”②

皮亚杰在《发生认识论原理》中，对数学认识论的三个传统的问题——“①数学虽然奠基于极少数内容相当贫乏的概念或公理之上，为什么这样富有成效呢？②数学具有建构的特征，这可能成为不合理性的根源，但为什么数学仍然保持着严格性和必然性呢？③尽管数学完全具有演绎性质，为什么数学跟经验或物理的现实是符合一致的呢？”提出了自己的观点。

第一，数学奠基于极少数内容相当贫乏的概念或公理之上，却是富有成效的。

数学家一般把这些创新归因于存在在运演的基础上引入无限数量的可能性。所以全部的数学都可以按照结构和建构来考虑，而这种建构始终是完全开放的数学实体，已不再是从我们内部或外部一劳永逸给出的理想客体：当数学实体从一个水平转移到另一个水平时，它的功能会不断地改变。对这类“实体”进行运演，反过来，又成为理论的研究对象，这个过程一直重复下去，直到我们得到一种结构为止，这种结构或者正在形成“更强”的结构，或者再由“更强的结构”来予以结构化，因此任何东西都能按照它的水平而变成实体。

数学家对运演不断地、有意识地进行反复思考建构运演，跟儿童据以建构数或量度、加法或乘法、比例等的那种最初的综合或无意识的协调，这两者之间存在着关系。作为归类和序列化的整数，可以看成是对其他运演进行运演的结果；量度（分割和位移）的情况也与此相同，乘法是加法的加法；比例是两个乘法关系的等值；分配关系是比例的序列，等等，但在最初的数学实体还没有形成以前，通过反身抽象过程，儿童就形成了最初的概念和运演，而上述例子只是反身抽象的高级形式。反身抽象总在对于从早期形成中演变出来的东西进行新的调整——这已经就是对运演进行种种的运演了。

---

① 让·皮亚杰. 发生认识论原理[M]. 王宪钿，译. 北京：商务印书馆，1996：79.

② 让·皮亚杰. 发生认识论原理[M]. 王宪钿，译. 北京：商务印书馆，1996：77.

第二，数学具有建构的特征，但数学仍然保持着严格性和必然性。

他认为，丰富性和必然性总是联系在一起的，不可否认，所谓现代数学的显著进展，是以数学进展的两个相互关联的方面，即增多了建构性和提高了严格性为其特点的。应为论证的结论提出理由，建构时我们必须能看到结论是如何从已知结论包含于其中的那些前提的组合中推导出来的，而后者则抽象出一种导致结论的合成法则，此法则把建构性和严格性结合在一起。

总之，如果结构增多是丰富性的标志，那么，结构内部组合法则（例如，可逆性 $PP^{-1}=0$；无矛盾性的起点）或外部组合法则（结构间的同构性），只根据结构的反复迭代所引起的那些闭合作用以保证结构的必然性。

第三，尽管数学完全具有演绎性质，但数学跟经验或物理的现实是符合一致的。

首先，数学有可能运用于世界，如果不是从量度的意义上来应用，至少在同构性和结构关系方面是可以应用的。例如，一点也没有想到应用而是演绎地建构运演结构，为后期发现的物理现象提供了构架或解释性结构，相对论和原子物理提供了这样许多的例证。

其次，逻辑数学结构从不怀疑以前结构的有效性，而是通过把以前结构作为结构加以整合超过它们，以前结构的缺点只不过反映了这些早期结构形式的局限性罢了。

最后，演绎推理的数学同经验材料的丰富多样性这二者之间联系的性质。事实上儿童最初出现的数学活动可能看起来是经验性的：把算盘珠子拨拢或者分开，用子集合体的排列来证实可交换性等，这些活动一旦内化为运演的形式时，就能以符号的形式，从而也能以演绎的方式来进行。空间运演，是从主体的结构中通过反身抽象而产生的，也是从经验和物质的抽象中产生的。

三、皮亚杰理论的一些局限性

皮亚杰无疑是儿童能力发展理论研究的先驱，他所做的开创性研究引发了后人对数学能力发展的大量研究，并对教育实践有着不可低估的影响。一方面，皮亚杰指出了儿童的逻辑思维与数概念发展的密切关系，儿童数学语词的习得与真正掌握数概念的区别对我们理解儿童数概念的发展有着积极的意义。但另一方面他的理论也有一定局限性：首先，他过于强调逻辑思维对数学概念发展的影响，忽略了数学语词的学习，特别是数学符号系统掌握和理解，以及相关的数学学习经验对儿童数概念及逻辑思维发展有重要的影响作用[①]。其次，由于皮亚杰的理论关注学的主体，因此，容易忽视教的主体所代表的文化传统作用[②]。最后，皮亚杰的数学认识论，只是从心理的发生发展来解释认识的获得，认为儿童的智力发展主要是对客体适应的结果，而且这在很大程度上又是由主体生理上的成熟程度决定的，因此，皮亚杰的智力发展理论就表现出了浓厚的生物学色彩。或者说，皮亚杰事实上就是由生物学特别是生物进化理论获得了基本概念框架，也正因为如此，他的这些观点在现代遭到了普遍的批评。例如，人们提出，与被动的适应相比，我们更应清楚地看到人类的主观能动性！另外，生理上的成熟程度也不应看成决定儿童智力发展水平的唯一要素，特别是，应充分肯定教育和训练在儿童智力发展中的重要作用！再者，在看到普遍性的同

① 周欣. 儿童数概念的早期发展[M]. 上海：华东师范大学出版社，2004：15.

② Rocf Biehler. 数学教学理论是一门科学[M]. 唐瑞芬，等，译. 上海：上海教育出版社，1998：140.

时，我们又应清楚地看到儿童智力发展的个体特殊性和不平衡性。

阅读材料

克鲁捷茨基

图 5-2

克鲁捷茨基（B. A. Крутецкий，1917—1991）（图 5-2），心理学博士、教授、老年心理学和教育心理学专家。

克鲁捷茨基 1917 年 12 月出生在莫斯科。1941 年获得莫斯科国立大学经济地理学学位。克鲁捷茨基在心理学研究方面撰写了多部著作，主要有《少年心理学》（1959 年）、《少年儿童纪律教育》（1960 年）、《教育心理学基础》（1972 年）和《中小学生数学能力心理学》（1968 年）等。1947 年他进入心理研究所（现在的俄罗斯科学院教育心理研究所）工作。由于视力差他没有应征入伍。在中等专科学校任教 7 年。

1950 年以论文《关于高年级学生个人道德品质和心理素质概念的特点》获得副博士学位。从 1960 年开始担任能力研究实验室主任。1967 年以论文《中小学生数学能力心理学》获得博士学位。从 1974 年到 1980 年在国立莫斯科列宁师范学院工作，从事基础教育研究。

克鲁捷茨基在数学方面的学术观点有：①提出数学思维的基本特征，如把数学材料形式化，以及用形式结构进行运算的能力，用简缩推理的结构进行思维的能力，用数学和其他符号进行运算的能力、逆向思维能力、数字记忆力和创造力、灵活思维的能力等。②提出三种数学气质类型，即分析型（倾向于用语言-逻辑的词语思考）、几何型（习惯于用视觉-形象的词语思考）、混合型（综合上述两类特征）。③提出今后数学能力研究的任务是揭示高度发展的数学创造力的结构、数学能力的生理机制、学生形成和发展数学能力的最佳途径。

——张奠宙主编：《数学教育研究导引》，南京：江苏教育出版社，1994 年。

第三节　吉尔福特的智力结构模型

吉尔福特（J. Paul Guilford，1897－1987）是美国心理学家。他的主要理论观点和成就有：①1959 年提出了智力三维结构模型理论。根据因素分析和信息加工原理，视智力为由操作、内容和产品三个变项构成的立体型智力结构，1982 年又予以修正，将组成人智力结构的不同因素由 120 个改为 150 个，被推荐为认知心理学的参考系统。②对创造性的分析。他认为创造性思维能力在其智力模型中具有逻辑定位的性质。发散性思维具有流畅性、变通性和独创性三个维度，是创造性的核心。③开展人格特质的研究。认为人格由态度、气质、能力倾向、形态、生理、需要和兴趣七种特质组成。吉尔福特主要著作有《人格》（1959 年）、《人类智力的本质》（1967 年）、《智力的分析》（1971 年）、《超越 IQ》（1977 年）、《认知心理学的参照框架》（1979 年）、《创造性才能》（1985 年）。

一、吉尔福特及其智力三维结构模型

吉尔福特和他的同事们提出了包含 150 种不同类型智力的一个三维模型（图 5-3）。这 150 种智力因素似乎包括能被详细说明和衡量的人类智力的大部分。为了详细阐述这个模型，吉尔福特和他的同事们试图把一般的智力揭示和组织成为种种非常具体的智力才能。他们的发现检验了许多有洞察力的教师所观察到的东西：甚至最聪明的学生在完成某些智力任务时也会有困难，反之，在一般的智力测验中得了低分的其他学生，也许在一些类型的智力活动中会做得很出色。个体的学生也许具有种种具体的智力优势和弱势，教师理解这一点是相当重要的。人们设计了一些测试方法，去衡量许多这样的智力因素，而且通过选择适当的训练，帮助人们克服他们特有的认知上的不足是可能的。

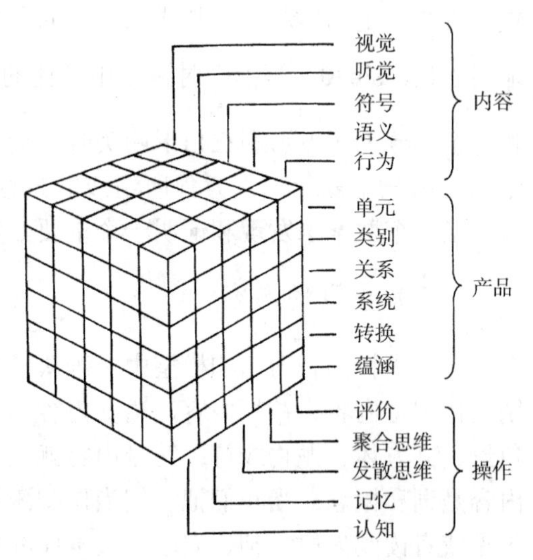

图 5-3　吉尔福特智力三维结构模型

当一个教师发现一个学生似乎连最低限水平的某些技能都不能掌握时，中学的心理学家也许能够确定这个学生哪些智能发展得很差。此外，当一名教师在一所中学工作却又得不到心理学家的帮助时，或者只能得到心理学家对有严重智力缺陷，或者感情缺陷学生的帮助时，这时教师利用吉尔福特的智力模型也能识别出一些学生的某些未得以充分发展的智力技能，而且能帮助他们发展这些技能。教师对每一个学生的成长过程，都有一定的正面影响，而且每一个教师都可以通过智力模型去识别和鼓励每个人所具有的那些独特的天资。但教师也能从反面影响学生。有些教师通过隐蔽的或者公开的活动了解到：如果学生对教师所教的内容不是特别熟练或感兴趣，那么教师就很少能指望学生感到这是一种有益的和愉快的学习。每个数学教师应当懂得数学的价值，而且应当鼓励学生去学习和喜爱数学，然而每一个教师应当十分客观地认识到，数学在许多有成就的人们的生活中，只是他们关心的一件小事情，而且在有些情况下是一件不重要的事情。

二、智力变量

吉尔福特智力的模型称为“智力结构模型”，研究者把“智力结构模型”当作一个工具用于研究智力的变量。这个“智力结构模型”把学习和智力发展刻画为由三个智力变量组成。第一个变量是“智力的运演”，它是通过一套智力测验题来衡量的；第二个变量是“学习的内容”，它按学习材料的性质分类；第三个变量是“学习的态度”，指智力中信息的组织方式。

（一）智力的运演

吉尔福特确认了“记忆”“认知”“评价”“聚合思维”和“发散思维”五种类型的智力运演。“记忆”就是头脑中储存信息和对外界刺激做出反应时唤起所储存信息的能力。“认知”就是个体认识和理解事物的心理过程。“评价”就是对信息进行加工，以便做出判断、得出结论和做出决定的能力。“聚合思维”就是从一组特定的信息中求得一种公认结论的能力，或者根据给定的信息做出反应的能力。“发散思维”就是以一种新的方式去看待一定的信息，使其成为独特的和非预期结论的一种创造性能力。当一个学生迅速地回答说，$\sin 30°$ 等于$\frac{1}{2}$时，运用了他的记忆能力；当一个儿童把一堆混在一起的正方形和三角形分为正方形和三角形两类时，运用了一定程度的认知能力；当一个学习代数的学生求得由三个三元一次方程所组成的方程组的正确解时，他已经运用了他的聚合思维能力；当一个数学家发现和证明一个重要数学定理时，他正在显示出一定的发散思维能力。

（二）学习的内容

吉尔福特的智力结构模型中，确认了学习中包含四种类型的内容，它把学习的内容分别叫作视觉内容、符号内容、语义内容和行为内容。视觉内容就是形状和形式，例如，三角形、立方体、抛物线等；符号内容就是表示具体对象或者抽象概念的符号或代号；语义内容是词和概念；当我们把它们当作刺激提出来时，它们就会唤起一种心理表象。当人们听见或者读到如树、狗、太阳、战争和红色有关的这些事物时，它们就在人们脑子里唤起表象；行为内容就是人们的刺激和反应的表现形式，也就是由人们自己的需要和别人的活动而引起的行为方式。具体形状和形式（形象）、文字表现（符号）、口头和书面的词（语言），以及人的行动（行为）结合起来，就构成了我们在周围环境中所了解的信息。

（三）学习的成果

在吉尔福特模型中，学习的六种成果（心智中信息的识别和组织方式）有单元、类别、关系、系统、转换和蕴涵。一个单元就是单个的符号、图、词、物体或者概念。单元的集合叫作类别，而且对单元的分类就是一种智能。关系是单元和类别之间的联系，在我们的头脑中，我们把单元和类别组成相互关联的结构，使我们知道这两种学习成果之间的关系。系统是单元、类别和关系的组合，这种组合使它们成为一个更大的，更富有意义的结构。转换是修改现存的信息，将其重新解释和组织使之成为新信息的过程，人们通常认为转换能力是有创造力的人的一个特点。蕴涵是对单元、类别、关系、系统和转换之间相互作用的成果的预言或推测。构成实数系的方式表明了大脑如何把情况组织成为学习的 6 种成果，每一个实数可以看作是一个单元，而全体实数即是一个类别，相等和不等是实数集中的关系。实数集加上加减乘除运算并和这些运算的代数性质一起构成一个数学体系。在实数系上定义的函数就是转化，而每一个关于实数函数的定理就是一个应用。

吉尔福特“智力结构模型”中规定的 150（5×5×6）种不同的智能是由 5 种操作、5 种内容和 6 种成果之间一切可能的组合得到的。例如，形象单位的记忆就是一种智能，它是一个人回忆所见过的图像对象的能力。数学中这种能力的一个例子是当一个学生看了某一个图形以后，重新再现一个几何图形的能力。下列关于运演、内容和成果的因素表明如何把任何一种操作、任何一种内容和任何一种成果结合起来形成有次序的三重体，从而构成 150 种智能。

虽然这个人类智力模型对于确定学习变量是有用处的，而且它也有助于解释各种学习才能和能力，但是应当注意到“智力结构模型”的局限性。任何一种把复杂的人的能力组织和划分为一个模型的企图必定导致对现实的过分简单化。教师所教的和学生所学的大部分事实、技能、原理和概念都需要各种智能的复杂结合。当一个学生不会做平面几何中的证明题时，要确定到底是哪一种或哪一组智能造成这种学习问题，也许是相当困难的。平面几何定理的证明也许需要150种智能的一种独特组合，形成一个大的子集，而大多数教师既无技能，又无人力、物力去确定和衡量每个学生的这些具体的智力变量。即使是能够准确地确定某一个学生智力上的不足，并且采取补救措施，也需要有一个专业的心理学家的帮助。然而每个教师还是应当去辨认某些学生在学习上的不足，而且帮助他们去解决一些学习上的实际问题。处理这些自然的人类智力变化的第一步是清楚地认识到每一个学生的智力由不同程度的因素构成，并存在于学生之中。第二步是观察每个学生在数学的具体领域中作业的情况，并且尝试去识别他的独特优势和弱点。第三步是为学生提供个性化的学习方案（如果学生需要，时间也允许的话），使他们既能在学习数学时运用他们较强的智力，也能增强他们较弱的智力。这一步暗示我们有两种不同的方法去克服学习障碍，一种方法就是学习者绕过他的弱点，并且把他的智力优势运用于每项任务；另一种方法是尝试使智力上的不足加强。两种克服智力上缺陷的方法都是有用的，而且二者都能同时用于课堂中。最后，每个教师应当努力学会更多的关于智力性质的知识，并且阅读专业杂志和参加相关课题研究。

第四节 桑代克的“联结说”学习理论和数学学习

桑代克（E. L. Thorndike，1874—1949）是美国教育心理学家、动物心理实验的创始者、联结主义心理学的创始人。他的著作有《心理学纲要》（1905年）、《动物的智慧》（1911年）、《教育行政》（1913年）、《学习心理学》（3卷，1913年，1914年）、《智力测量》（1927年）、《成人学习》（1928年）、《人类的学习》（1931年）、《学习要义》（1932年）、《需要、兴趣和态度心理学》（1935年）、《人性与社会秩序》（1940年）、《算术心理学》（1922年）等。桑代克通过对动物和人的实验研究，首次提出了学习过程在于形成一定联结的理论，所谓联结指的是特定的刺激一定能引起特定的反应（S-R）。桑代克认为神经系统中刺激同反应联结的形成是最基本的，学习就是形成这种联结的过程。桑代克认为智力是若干特殊技能和能力的结合。他设计了一项智力测验，由句子完成（C）、算术（A）、词汇（V）和遵守命令能力（D）四个分测验构成。1903年他发表了题为《学业能力中的遗传、相关与性别差别》的论文，1904年发表了《心理与社会测量学导论》一文。关于个体差异的起源，桑代克是一个坚定的遗传论者，“他认为，遗传因子具有最重要的作用，系统优生学是改善人口的唯一希望……桑代克反对教育的平均主义。他建议为不同能力水平的儿童提供不同的教育机会，因为学校对于改变儿童智力水平所能做的事情极少。另一方面，他认为高智商是一种宝贵的资源，不应该被教育浪费”。①

桑代克算术学习测验研究成果早在20世纪初就介绍到我国。我国著名教育家俞子夷以《算术教授之科学的研究》②为题介绍了当时美国数学教育实验研究情况，其中有桑代

① 戴维·霍瑟萨尔. 心理学家的故事[M]. 郭本禹，朱兴国，王申连，译. 北京：商务印书馆，2015：384.

② 俞子夷. 算术教授之科学的研究[J]. 教育杂志，1917，9：第3～6号.

克的算术学习测验所得出的观点。桑代克用成人加法练习方法第一个进行了算术科习惯养成之实验研究，他得出四个结果：①敏速与正确之增进殆相同；②成人之技能可以如是增加，故知各方面能力之增进全凭特别之练习；③若以旧日之结果为比较，而竭力练习，则进步最大；④经练习后个人间之差异可以减少。

一、学习是一种渐进的、盲目的、尝试－错误的过程

桑代克用动物做实验，认为学习是一种渐进的、盲目的、尝试-错误的过程。在尝试过程中，错误不断地得以纠正，正确反应不断增加，终于形成固定的刺激反应，即在刺激反应之间形成联结。例如，把一只饿了几天的猫放在一个特定的笼子里，笼子里面有一个机关，只要一碰到这个机关，笼子就打开了，猫就能获得自由并得到食物。开始猫在笼子里只是乱咬，乱抓，突然碰巧抓到机关了，猫就逃出了笼子。再把猫抓回笼子里，继续同样的过程。这样，在若干次“尝试”的过程中，猫逃出笼子需要的时间总量逐渐减少，最后猫学会了立即逃出。从中可知，猫在尝试-错误的过程中，逐渐在刺激与抓机关之间形成了联结。

二、学习规律和学习原则

桑代克还根据动物的实验，提出了三条学习的定律。

（一）准备律

这个定律包括三个方面：

（1）当一个传导单位准备好传导时，传导不受任何干扰，就会引起满足之感；

（2）当一个传导单位准备好传导时，不允许传导就会引起烦恼之感；

（3）当一个传导单位未准备传导时，强行传导就会引起烦恼之感。

（二）练习律

练习律是指学习需要重复，所谓“业精于勤”“熟能生巧”就在于此。这个定律又包括两个方面：

（1）应用律。一个已形成的可变连接，若加以应用，就会变强；

（2）失用律。一个已形成的可变连接，若久不应用，就会变弱。

（三）效果律

效果律是指刺激与反应之间的一种可变连接可因导致满足的结果而加强，可因导致烦恼的结果而减弱。也就是说，在尝试错误过程中，获得正确解答时，给予加强；导致错误解答时，予以纠正。

桑代克后来研究了人的学习，又补充了五个学习原则，他认为这五个学习原则的重要性仅次于上面三条定律。这五个学习原则是：

（1）多式反应的原则。意思是说，人或动物对某一刺激的反应可能是多种多样的，但不管哪一种反应，若其不适应外在的情境，那么人或动物就发生其他的反应。

（2）定向态度或顺应的原则。意思是说，学习者的内部状态是影响学习效果的重要因素。

（3）情境中的个别要素具有决定反应优势的原则，例如，一系列数学式子中的某个式子非常重要，用红笔在该式底下画一条线以引起学生的注意，那么这个用红笔画线的式子就具有反应优势。

（4）同化或类化的原则。意思是说，人或动物对于陌生的情境都会按照从前对类似的情境曾发生的反应进行反应。就是说从前的知识经验，影响后来刺激的反应。

（5）联想交替的原则。意思是说，如果甲、乙两个刺激经常共同出现，并且都受到了学习者的注意，那么以后刺激甲也可以引起本来只由刺激乙引起的那种反应。实际上，这个原则类同于经典性的条件反射，也可以说是经典性条件反射的发展。

由于桑代克的理论大多来自于动物的实验结果，所以他的理论比较机械，认为人学习知识量的复杂化与动物的学习没有根本的区别，从而抹杀了人的主观能动性，抹杀了人类学习的特点。尽管如此，桑代克在教育心理学的发展中占有重要的地位，他的学习理论是第一个系统的教育心理学理论。他的学习理论至少对数学学习有以下三点启示。

（1）学生的数学学习在一定程度上表现为“尝试-错误”的过程，只不过学生的“尝试-错误”不像桑代克所说的是盲目的、机械的，而是有目的的、有意识的。如果在桑代克的“尝试-错误”理论中加上人的意识作用，那么就能很好地解释某些数学内容的学习。例如，学生要解决一个新的问题，不知道用何种方法，就试着用一种方法去解，失败后找出失败的原因，试着用另一种方法去解，直到最后解出来为止。用这样的方法解决问题，能使学生从中学到很多解决问题的经验，而不仅仅是哪一个问题的解答。

（2）根据桑代克的练习律，讲完某一概念或定理后，要适当地安排应用这一概念或定理的练习，以便学生牢固掌握概念或定理的实质。

（3）在学习以前，要让学生做好充分的准备（包括心理的和生理的、主观的和客观的），不要在没有充分准备的情况下学习，也不要在做了充分准备的条件下，不施行学习。

阅读材料

桑代克《算术心理学》

桑代克的数学教育著作《算术心理学》（*The Psychology of Arithmetic*）出版于1922年，日文版《算数の心理学》于1951年出版。我国数学教育工作者对桑代克的这一重要著作的了解甚少。为此下面仅给出该书的目录结构。

《算术心理学》目录

的测验

第三章　算术各种能力的结构

1. 算术学习的各种技能；2. 分数的意义；3. 减法、除法表的知识

第四章　算术各种能力的结构（前章续）——结构中结合关系（规范习惯）的选择

1. 习惯形成的重要性；2. 经常被忽略的应有的结合关系；3. 有害的结合关系；4. 指导原理

第五章　算术训练的心理学——习惯的强化

1. 进一步强化的习惯的必要性；2. 早期习得；3. 一时的习惯的强化；4. 专门的各种事实及专门术语的习惯的强化；5. 与算术方法的理由有关的习惯的强化；6. 初级阶段的各种习惯

第六章　算术训练的心理学——练习的量和各种能力的组成

1. 练习的量；2. 学习不足与学习过多；3. 各种能力的组成

第七章　各种题材的系列——习惯假设的顺序

1. 习俗的顺序与有效果的顺序；2. 阻碍的减少与容易的增加

第八章　练习的分配

1. 问题；2. 例子（样本）的分配；3. 可能的改善

第九章　思考的心理学——算术中的抽象观念与一般观念

1. 各要素与各种类的各种反应；2. 简化要素的分析；3. 对分析的组织以及机会的各种刺激；4. 小学生的适用

第十章　思考的心理学——算术中的推理

1. 算术推理的各种本质；2. 作为被组织的各种习惯的协调性推理

第十一章　初始的各种倾向与入学前的智能

1. 本能的各种兴趣的利用；2. 初始的各种倾向的发展顺序；3. 算术的知识与技能及其目录；4. 数与量的知觉；5. 开始阶段的数的意义

第十二章　对算术的兴趣

1. 算术学习中的本质性兴趣

第十三章　学习的各种条件

1. 外部条件；2. 算术中的眼的卫生；3. 算术中具体的各种客观事物的应用；4. 口算算术、心算算术和笔算算术

第十四章　学习的各种条件——问题态度

1. 说明的各种例子；2. 一般的各种原理；3. 作为刺激物的困难与成功

第五节　加涅的“信息加工”学习理论和数学学习

加涅（Robert M. Gagne，1916—2002）是美国心理学家、教育心理学家。著作有《发展系统中的心理学原理》（1963 年）、《学习条件和教学论》（1965 年，1970 年，1979 年，1985 年）、《教学中的学习要文》（1974 年）、《教学设计原理》（合著，1974 年，1979 年）、《学校学习认知心理学》（1985 年）等。

加涅认为人的学习过程类似于计算机的操作，提出了学习的信息加工理论。他认为“学习是人的倾向或能力的改变”①，因此，学习的本质只不过是使行为改变的能力的发展。而任何新能力的发展，都需先学习包括在新能力里面的从属能力。例如，一个人学习多位数加法法则，首先需要学习简单的一位数加法法则。

激进的行为主义者（如斯金纳）强调通过发展所希望的反应形成行为，而加涅强调有机体对刺激的选择。它的基本模式是 S_s–R，其中 S 表示外部刺激，s 表示伴随的内部刺激，R 表示反应。从中可以看出加涅比较强调学习过程中学习者的内部因素。加涅认为，刺激被人的中枢神经系统加工的方式是不同的，要理解学习，就要领会这些不同的方式是怎样进行的。这些加工进行的方式，就是加涅所提出的学习条件。他提出了八种学习条件（类型）。

一、信号学习

信号学习是学会对某一信号作出反应，巴甫洛夫的经典性条件反射的形成属于信号学习。信号学习或者是由单个事例引起的，或者是由唤起个人感情上反应的一个刺激的若干次重复引起的。

二、刺激—反应学习

这种学习涉及一个刺激与一个反应之间的一种单个联结，并且刺激与反应是统一地联结在一起的，似乎没有发生过信号学习。斯金纳的操作性条件反射的形成和桑代克的尝试错误学习属于此例。在现实人类学习中，很难找到刺激—反应学习的例子，而大多数是刺激—反应的联结。

三、连锁学习

连锁是一套成系列的单个 S-R 的结合。但这涉及肌肉的反应，是由非言语刺激引起的。加涅认为，要进行连锁学习，学习者首先必须学会这条链需要的刺激反应链。在形成连锁时，一个刺激—反应链的完成可提供一个中间刺激，以唤起下一个刺激反应链。

在数学中，有些活动需要具体操作，如尺规作图。像这样的学习就需要把它分解成几个刺激—反应的技巧，然后按顺序形成连锁。

四、言语联结

言语联结是言语刺激形成的连锁，也就是两个或更多个先前学会的言语刺激—反应的有序联结。在数学学习中，最简单的就是一个数学概念与其名称的联结。

包含在言语联结中的智力过程是相当复杂的，有些人认为，有效的言语联结需要一种智力连环，而这些环像代码一样活动。每个学习者都有自己独特的代码。

例如，一个人也许利用词语代码“y 是由 x 确定的”作为“函数”的表示；另一个人也许用符号，把“函数”译成代码“$y=f(x)$ ”；也许还有人用图 5-4 作代码。

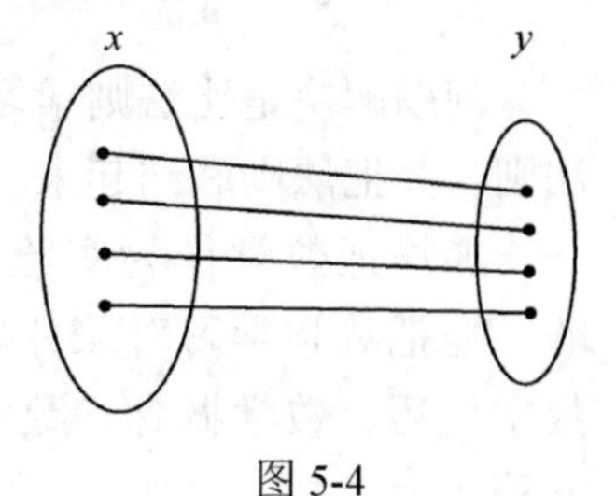

图 5-4

① 比格. 学习的基本理论与教学实践[M]. 张敷荣，等，译. 北京：文化教育出版社，1983：205.

言语学习最重要的应用是对话。要表达数学中的概念和合理的推理论证，就必须拥有大量有关数学的言语联结，因此，教师要鼓励学生正确和简明地表达数学事实、定义、概念和原理，帮助他们加强数学的言语联结。鼓励学生互相讨论，互相交流重要的数学概念和方法。

五、辨别学习

辨别学习就是区分不同刺激—反应链的学习，即识别各种具体的和概念的对象，相当于我们常说的模式识别。

辨别可分为单一辨别和多重辨别，像单一学习数字 6 就是单一辨别，如果一起学习 6 和 9 则是多重辨别，显然，多重辨别是以单一辨别为基础的。如果连锁中类似性越大，那么多重辨别就越困难。例如，1-1 映射、单射和满射这三个概念，由于它们有很多相似之处，所以不少学生难以辨别它们。

辨别学习最困难的有两方面：一是形式相同而实质不同；二是形式不同而实质相同。这就要通过概括、抽取实质的东西加以辨别。

六、概念学习

概念学习是学习认识具体对象或事物的共同性质，并把这些对象和事物作为一类进行反应。从一定意义上说，概念学习是辨别学习的反面。辨别学习需要学习者根据对象的不同特性区分它们，概念学习却涉及根据一个共同特性把对象分成集合并对这个共同特征进行反应。所以，概念学习依据辨别学习。

七、法则学习

法则学习是把两个以上的概念构成一个连锁。在数学中，概念与概念之间的联结是有一定规则的，因此许多学习属于法则学习。例如，加法交换律、乘法对加法的分配律等。

从一定意义上说，法则是某种规定，不同的规定方式，在数学中就体现为不同的规则。例如，有的规则是以定义的形式给出的，像 $n!=n(n-1)(n-2)\cdots 2\times 1$；有些是对事实的概括总结，像求根公式 $x=\dfrac{-b\pm\sqrt{b^2-4ac}}{2a}$。

加涅认为，学生要学习法则，必须先学习构成法则的一系列概念。当学习者能够在不同的条件下恰当地和正确地运用一个法则时，他就学会了法则。

八、问题解决

问题解决是比法则学习更高一级和更复杂类型的学习。问题解决的关键是选择合适的法则，并把法则联结起来。所以，问题解决者必须运用以前学过的法则解决问题。

加涅把数学作为实验和应用他的理论的一个媒介，所以他对数学学习有特别的见解，他把数学学习对象分为直接对象和间接对象：数学学习的直接对象包括数学事实、数学技巧、数学概念和数学原理；间接对象包括探究能力、解题能力和对数学结构的理解等。

加涅认为，对于不同的对象应当用不同的学习方法。数学教学中最糟糕的是，教师教的是原理，而有些学生却把它作为数学事实或技巧来学习。为了明确不同的学习是怎样进行的，我们来看下面关于学习一元二次方程求根公式的例子。如果学生仅仅记住一元二次方程的求根公式，那么这样的学生就只知道一个事实，能把数代入一元二次方程的求根公式中，并正确得出解答的学生就学会了一个技巧。若学生能把一元二次方程 $7x^2+3x-4=0$ 中的7，3，−4当作系数，而把x当作未知数，就说明他获得了一个关于一元二次方程的概念。而当某一学生能够推导出一元二次方程的求根公式，并能给出解释时，那么他就掌握了一个原理。

从加涅的理论中，我们至少可以得到以下四点启示。

（1）可以把数学学习过程看作信息传递过程，从而利于数学学习的研究。

（2）加涅把学习由低级到高级分成了八类，并对每一类学习提供了学习的条件。这里暂且不谈这种分类对数学学习是否适用，但是这种思想对研究数学学习及进行数学学习是很有利的，启发我们从中找出每一类数学学习的条件。

（3）加涅提出的连锁学习和言语联结两类学习，实际上，前者指的是需要肌肉活动的技能，后者指的则是需要言语活动的技能。根据这一思想，可以把数学技能划分为操作技能和心智技能，这样有利于讨论数学技能的学习过程。

（4）在传统数学教学中，概念、定理、法则的教学一般不作区分，它们的教学原理被认为是一致的。从加涅的观点看，概念、定理、法则这三种学习是不同的，它们有层次之分，这启示我们要对概念、定理、法则学习作深入的探讨。

第六节　第尼斯的数学学习理论

第尼斯（Dienes Zoltan Paul，1916－2014）是匈牙利心理学家、数学教育家，主要著作有《概念形成与人格》（1959 年）、《数学的建构》（1960 年）。他利用他在数学教育和心理学学习中的兴趣和经验，研究出了数学教学的一个体系，这个体系的一部分是以皮亚杰的学习心理学为基础的。他提出这个体系是为了使数学更加有趣味和更容易学习，同时，他研究数学教育的目的在于为学生在自身内部建构数学知识并且在《数学的建构》中，第尼斯提出了他对数学教育的看法。

第尼斯认为，在给婴儿时期以后任何阶段的人们讲授数学课程时，几乎找不到一个学生能够对自己坦然地说，数学教学一切都好。不喜欢数学的儿童很多，并且随着儿童年龄的增长不喜欢数学的人越来越多，绝大部分儿童对数学概念的真正含义很不理解，他们充其量只能成为演算成套复杂符号艺术的熟练技术员，而最糟糕的情况就是他们受到了挫折，即目前的中学数学要求把他们置于无法忍受的局面之中，他们的共同态度就是“混过考试关”，考完以后就不再进一步思考数学问题了，只有少数人例外。这种局面是相当普遍的，而且已经成为理所当然的了。学习数学一般被认为是困难的和棘手的，只有在个别的情况下，当热心的教师将这门学科密切联系实际，使数学令人感到有趣而又不太困难时，才是例外的。

一、数学概念

第尼斯把数学看作是研究结构的科学。他认为只有先把每个数学概念（原理）通过各种具体的、有形的表象教给学生，他们才能恰当地理解它们。第尼斯利用概念这个术语去指一个数学结构，这个概念的定义比加涅的概念定义广得多。根据他的看法，数学概念有三种类型，即纯数学概念、记号概念和应用概念。

纯数学概念涉及数和数之间关系的分类，而且它们完全不依赖于数的表现形式。例如，六，8，Ⅻ，1110（二进制数）都是偶数概念的例子。

记号概念就是由数的表现方式直接得到的那些数的性质。以十为基数，275 是指二个百，七个十，五个单位，这个事实是以十进制为基础表示数的位置记号的一个结果。为数学的各个分支挑选一个适当的记号体系，对于数学后来的发展和扩张都是一个重要因素。算术过去之所以发展缓慢，绝大部分原因是由前人用不适当的数的表现方式引起的。例如，众所周知，过去在英国，数学分析发展缓慢是由英国数学家坚持在微积分中利用牛顿烦锁的记号体系，而不用莱布尼茨更有成效的记号体系所造成的一个后果。又如，中国古代创造了数学上的很多奇迹，但是由于只追求计算技术、数学符号系统不合理等没能像西方那样创造出现代数学。

应用概念就是把纯数学概念和记号数学概念应用于解数学问题和有关领域中的问题，长度、面积和体积应用的都是数学概念。当学生已经学会了必须先具备的纯数学概念和记号数学概念以后，就应当教他们应用数学概念。在我们提出记号概念以前，应当先让学生学会纯数学概念，否则学生就会仅仅记住演算符号而不去理解包含在其中的纯数学概念。

第尼斯把概念学习看作是一种创作艺术，它不能由任何刺激-反映理论，如加涅的学习阶段理论来解释。第尼斯认为，一切抽象都是以直观和具体经验为基础的，因此他的数学体系强调数学实验室、操作对象和数学游戏。他认为，为了学会数学必须做到以下四点：

（1）分析数学的结构和它们的逻辑关系；

（2）从一些不同结构或者事件中，抽象出一个共同性质，而且把结构和事件划分为彼此相属的东西；

（3）扩展先前学会的数学结构的类，把它们扩大为更广的类，使它们具有和更狭义的类所包含的相似的性质；

（4）用先前学会的抽象概念去构造更复杂、更高级的抽象概念。

二、学习数学概念的各个阶段

第尼斯认为数学概念必须按渐进的阶段学习，有点类似于皮亚杰的智力发展阶段。他假定了教授和学习数学概念的六个阶段：①自由活动；②游戏；③探究共有性；④复现；⑤使用符号；⑥定形化。

第一阶段：自由活动阶段。

概念学习的自由活动阶段是由无组织和无领导的活动组成的，这些活动允许学生对要学习概念的一些组成部分的具体和抽象的表现进行试验和操作。应当使概念学习的这个阶段尽可能地自由和无组织；然而，教师应当给学生提供各种丰富的材料进行操作。虽然，教师习惯于运用非常有组织的方法，从教授数学的教师的观点来看，这个无控制的自由活动时期似乎没有带来多少价值，但它却是概念学习的一个重要阶段。在这里，学生与包含新概念的具体表现形式的学习环境相互影响，第一次体验这个新概念的许多组成部分。在这个阶段，学生形成的态度，为理解这个概念的数学结构做好准备。

第二阶段：游戏阶段。

经过一个时期，以一个概念的表现进行自由活动以后，学生就开始观察体现在概念里的典型性和规律性。他们会注意到某些法则支配事件，在有些事情上是可能的，而在另一些事情上是不可能的。一旦学生们发现事件的法则和性质，他们就准备做游戏，他们改变教师设计的游戏规则做实验，并且设计出他们自己的游戏。这种游戏允许学生用概念中的参数和变化进行实验，并且开始分析这个概念的数学结构，各种含有这个概念的不同表现的游戏，会帮助学生发现这个概念的数学原理。

第三阶段：探究共有性阶段。

即使利用一个概念不同的具体表现进行几次游戏以后，学生也许仍然不能发现那个概念的全部表现所共有的数学结构。一直到学生懂得了这些表现中的共同性质，他们才能区分这个概念的例子如何能转化成为另外的例子，而不改变所有例子共有的抽象性质，看到概念例子结构的共有性。这就要通过同时考虑几个例子指出在每个例子中所能找到的共同性质。

第四阶段：复现阶段。

当学生已经观察到一个概念中每个例子的公共原理以后，就需要将其加以发展，或者从教师那里接受这个概念的单一复现，将包含在每个例子中的所有公共原理都复现出来。这种复现可以是这个概念的一个图解复现、一个词语复现或者是一个包括概念的例子。学生需要复现，以便找出存在于这个概念所有例子中的共有原理。通常地，概念的复现比例子更加抽象，而且可以引导学生更接近于去理解隐藏在概念之中抽象的数学结构。

第五阶段：使用符号阶段。

在这个阶段，学生需要使用适当的词语和数学符号去描述他们对概念的理解，应该让学生构造他们自己每个阶段所表示的符号。然而为了和课本一致，教师或许应当干预学生对符号体系的选择，允许学生首先构造出他们自己的表示符号，然后让他们把自己的符号和书上的符号进行比较，这个做法也许是好的。同时，应向学生说明一个好的符号体系在解题、证明定理和解释概念等方面的价值。例如，当毕达哥拉斯定理用符号 $a^2+b^2=c^2$，而不是用词语“一个直角三角形斜边的平方等于其他两边的平方和”提出来时，它就更易于记住和运用。由法则、公式和定理的一些表示符号所引起的一个困难，就是从符号体系中不能明显地看出能够运用每个法则、公式和定理的条件。如毕达哥拉斯定理的符号表示，就没有说明能够运用这个定理的条件，然而词语的陈述却详细地说明了这个定理是应用于直角三角形的。因此，对于许多善于记住符号表示法则的学生来说，如何把每个法则配上具体而适当的解题条件仍是有困难的。

第六阶段：定形化阶段。

在学生已经学习了一个概念和有关的数学结构以后，他们必须整理概念的性质，并且考虑其结果。一个数学结构的基本性质就是一个公理体系，推导出的性质就是定理，而从公理到定理的过程就是数学证明。在这个阶段，学生仔细检查这个概念的结果，并且运用这个概念去解纯粹的数学问题和应用数学问题。

三、游戏

第尼斯没有定义什么叫做游戏。第尼斯认为，游戏是概念发展六个阶段中的一个阶段，它对学习数学概念是个有用的工具。他把无领导的游戏阶段所做的游戏叫作“预备游戏”，这是学生们为自己做的有乐趣的活动。“预备游戏”通常都是非正式和无组织的，而且也是由学生自己设计的，按小组或者个人进行。在概念学习的中间阶段，当学生在探究概念的原则时，“有组织的游戏”是有用的。“有组织的游戏”是为具体的学习目的设计的，而且可以由教师自己编排，或者可以购买现成的材料。在概念发展的最后阶段，当学生在巩固和运用概念时，“实践游戏”是有用的，实践游戏可以用作训练和实践练习，用于复习概念，或者用作应用概念的一种方式。

四、概念学习的原理

第尼斯在他的《数学的建构》一书中，把他的数学教学体系概括为讲授概念的四个一般原理。他的概念学习的六个阶段就是从下列四个原理中提炼出来的。

（1）动态原理：这是对皮亚杰的智力发展三阶段进行精神力学性解释的原理。

（2）结构性原理：在儿童的数学学习中，主张结构应先于分析。

（3）数学的多样性原理：与数学概念的“一般性”有关的原理。数学概念包含若干个变量，数学概念的一般性由如何调动这些概念变量的程度而决定。为了使学生学习最一般的概念，主张所有的变数都必须发生变化。

（4）知觉多样性原理（又称多样的具体化原理）：这是与数学概念的抽象有关的原理。由于数学概念是抽象的，因此让学生建构数学概念时，尽可能地给学生展示多种具体的物体。

五、第尼斯理论在一堂课上的应用

当你把第尼斯的概念学习的六个阶段应用于准备一堂数学课时，你也许会发现，有一个阶段（可能是自由活动阶段）对你的学生并不适合，或者两三个阶段的活动可以合并为一个活动。当我们给小学生讲课时，也许有必要为每个阶段计划出独特的学习活动。然而年龄较大的中学生在学习一些概念时也许可以省去某些阶段。所以，第尼斯数学教学模型的应用是指导性的，而不是一套让人们盲目服从的规定。

第七节　奥苏伯尔的有意义学习理论与数学学习

奥苏伯尔（David Paul Ausubel，1919—2008）是美国心理学家。他的主要著作有《自我发展与人格失调》（合著，1952 年）、《儿童发展的理论与问题》（合著，1958 年）、《有意义言语学习心理学》（1963 年）、《教育心理学：认知观》（1968 年）、《学校学习：教育心理学导论》（1969 年）等。

一、接受和发现学习、有意义学习和机械学习

20 世纪 50 年代，许多数学教育工作者认为，在数学教学中普遍应用的讲授法会导致学生的机械学习，而发现学习、探究学习是促进有意义学习的好方法。因此，许多人否定了讲授法在学校教学中的地位，只有部分人认为，讲授法在过去曾经起过良好的作用，今天不应把它作为不好的教学方法而遭到抛弃。正是在这样的形势下，美国心理学家奥苏伯尔提出了更有意义学习理论。他的理论属于认知心理学范畴，但他不像布鲁纳那样强调发现学习，而是强调有意义的接受学习，因而他的理论可以称为认知——有意义接受学习理论。

奥苏伯尔认为，学习过程是在原有认知结构的基础上，形成新认知结构的过程；原有的认知结构对于新的学习始终是一个最关键的因素；一切新的学习都是在过去学习的基础上产生的，新的概念、命题等总是与学生原来的有关知识相互联系、相互作用，从而转化为主体的知识结构。

奥苏伯尔为了说明他的有意义学习理论，把学习从两个维度上进行划分：根据学习的内容，把学习分为机械学习和有意义学习；根据学习的方式，把学习分成接受学习和发现学习。

机械学习是指学生并未理解符号所代表的知识，仅仅记住某个数学符号或某个词句的组合。例如，关于函数符号 $y=f(x)$，学生可能知道这是函数的符号，也知道 y 代表因变量，x 代表自变量，但对它真正的含义并不十分清楚；还有表现在不能识别 $R\to R$：$y=f(x)=x^2$ 和 $u=f(v)=v^2$ 是同一个函数；或者会背函数的定义，但不知其意义，这些都是机械学习的表现。

有意义学习过程的实质，就是将符号所代表的新知识与学习者认知结构中已有的适当知识建立非人为的（非任意的）实质性的（非字面的）联系。这里所谓的非人为的联系，就是符号所代表的新知识同原有知识的联系。例如，要使对数概念的学习成为有意义学习，就要把对数概念与指数概念、开方概念、实指数幂的性质等建立联系，即建立所谓非人为的联系。所谓实质性的联系，指用不同语言或其他符号表达的同一认知内容的联系。例如，对数概念，“$\log_a b$”；“求以 a 为底的 b 的对数就是求 a 的多少次方等于 b”；“$a^{\log_a b}=b$”三者表示的是同一个意思，这三者的联系就是实质性的联系。

简单地说，有意义学习就是学生能理解由符号所代表的新知识，理解符号所代表的实际内容，并能融会贯通。再以函数为例，学生不仅理解函数概念的文字意义，而且要能理解符号意义。即理解：①函数定义的关键在于定义域和对应法则，而与函数符号中用什么字母表示无关；②谈论函数一刻也离不开定义域，有时没有明确指明定义域，则是指自然定义域；③函数的对应法则不仅可用公式给出，而且还可用表格、图像给出；④“随处定义和单值定义”这两条本质特征缺一不可，否则不能称其为函数。这样的学习才是有意义学习。

奥苏伯尔认为，学习者原有认知结构中的适当知识是否与新的学习材料建立“非人为的联系”和“实质性联系”，乃是区分有意义学习和机械学习的两个标准。

接受学习指学习的全部内容以定论的形式呈现给学生，这种学习不涉及学生任何独立地发现问题，只需要他将所学的新材料与旧知识有机地结合起来（即内化）即可。例如，

学习对数概念，以定论的形式呈现在学生面前（这里并不排斥为便于学习而提供的一些辅助材料），学生通过把它和$a^N=b$相联系，从而掌握对数概念，这种学习就是接受学习。

发现学习的主要特征是不把学习的主要内容提供给学生，而必须由学生独立发现，然后内化。例如，从许多不同的实例中，发现正比例函数的关系；又如发给学生每人一个三角形纸板，要他们用拼凑的办法独立发现三角形的三个内角间的关系等。

有意义学习和机械学习、发现学习和接受学习是划分学习的两个维度，这两个维度之间的关系既彼此独立，又相互联系。奥苏伯尔认为，它们之间存在着交叉关系（表 5-1）。

表 5-1　两个维度的关系

	接受学习	发现学习
有意义学习	有意义地接受学习	有意义地发现学习
机械学习	机械地接受学习	机械地发现学习

也就是说接受学习可以是机械学习，也可以是有意义学习；发现学习可以是机械学习，也可以是有意义学习。例如，学生在解决某一问题时，学习的方式是发现学习，因为结论并未呈现在学生面前，要让学生自己去获得。在大多数情况下，学生不用理解其中所涉及的概念、法则和定理，只要记住问题的类型和操作程序就能完成操作任务。正像小学生不懂分数概念也可以熟练地进行分数运算；初中学生不懂方程的概念和同解原理也可熟练地解方程那样。因此，解决问题若不是建立在真正理解概念、原理、法则、定理的基础上，若不理解各部分操作的意义，就不可能是真正的、有意义的发现。

二、有意义的接受学习的前提条件

奥苏伯尔关于有意义学习的基本观点是：在学校条件下，学生的学习应当是有意义的，而不是机械的。从这一观点出发，他认为好的讲授教学是促进有意义学习的唯一有效方法。探究学习、发现学习等在学校里不应经常使用，奥苏伯尔提倡有意义的接受学习。

基于上述观点，奥苏伯尔对产生有意义学习的条件做了探讨，他认为要产生有意义的接受学习，学习者必须具备两个条件。

第一，学习者必须具有有意义学习的意向，即学生必须把学习任务和适当的目的联系起来。如果学生企图理解学习材料，有把新学习的内容和以前学过的内容联系起来的愿望，那么该生就是以有意义的方式学习新内容的。如果学生不想把新知识与以前学习的知识联系起来，那么有意义学习就不会发生。

第二，新学习的内容和学习者原有的认知结构之间具有潜在的意义。通过把新的教学概念和原理与已有的数学知识相联系，学生就能把新内容同化到原有的认知结构中去。为了保证有意义学习，教师必须帮助学生建立他们自己的认知结构与数学学科的结构之间的联系，使得每一个新的数学概念或原理都与学生原有认知结构中相应的数学概念和原理相联系。

从奥苏伯尔的学习理论中，至少可以得到以下三点启示。

（1）在数学教育改革进一步深化的今天，数学教育界提出了各种教学方法。那么究竟应该选择哪种教学方法呢？奥苏伯尔的观点告诉我们，提供某种教学方法时，不要贬低甚至否定另一种教学方法，也不要把某种教学方法夸大到不恰当的地步。实际上，教学方法的作用是不能离开特定的教学情境的，某种教学方法在这种教学情境中有效，也许在另一种教学情境中无效或效果很不理想。

（2）在班级授课制这一教学组织形式下，以接受前人发现的知识为主的学生应以有意义地接受学习作为主要的学习方法，辅助以发现学习。因为发现学习对于激发学生的智慧潜能，学会发现的技巧具有积极意义。这样，数学教育工作者就应当把更多的精力放在有效的讲授教学方法上。

（3）教学的一个最重要的出发点是学生已经知道了什么。教学的策略就在于怎样建立与学生原有认知结构相应的知识和新知识的联系，以及激发学生有意义学习的心向。

三、奥苏伯尔问题解决模式

奥苏伯尔等在 1969 年提出了四阶段解决问题模式，这对学校的问题解决教学有一定的参考价值。

第一阶段：呈现问题情境命题。就是说以图形、符号和文字的形式给出问题的已知条件和目标，目的在于为问题解决者构造实际的问题情境。

第二阶段：明确问题的目标和已知条件。问题的情境命题最初只是对问题潜在意义的陈述，如果问题的解决者具备有关的背景知识，那么能使问题情境与其认知结构联系起来，从而理解面临问题的性质和条件。在某些领域有经验的问题解决者能直接看出命题的意义，无经验的问题解决者则需先行识别各个概念的意义，方能将命题作为一个整体来把握。了解问题情境的目的在于明确解决过程的目标或终点及问题解决者面临问题的最初状态，为进行推理提供基础。

第三阶段：填补空隙，这是解决问题过程的核心。此时，问题解决者必须调动认知结构中与当前问题的解决有关的背景命题，考虑到各种外显的或内隐的推理规则，并运用一定的解题策略以使问题的已知条件和目标之间的空隙得以填补。

第四阶段：检验。检验推理有无错误，填补空隙的途径是否最为简捷等。

上述问题解决模式不仅描述了解决问题的一般过程，而且指出原有认知结构中各种成分在问题解决过程中的不同作用，为培养解决问题的能力指明了方向。

第八节　布鲁纳论学习

布鲁纳（Jerome S. Bruner，1915—2016）美国教育心理学家，当代认知心理创始人之一。他的主要著作有《思维研究》（1956 年）、《教育过程》（1960 年）、《认知成长研究》（1966 年）、《对教学理论的探讨》（1966 年）、《教育的适合性》（1971 年）、《超越给定信息：认知心理学研究》（1973 年）、《现实的心智，可能的世界》（1986 年）、《思维的学校》（1993 年）等。

一、教学理论的特征

刺激-反应学说把刺激与反应直接联系起来了，认为学习就是建立刺激与反应之间的直接联系，不存在意识的中介作用，它们的公式是 $S\text{-}R$。完形说认为刺激和反应是以意识为中介的，它们的公式是 S-O-R。

布鲁纳的认知-发现理论起源于完形说。他继承了完形说的观点，否认刺激与反应之间的直接联系，认为学习是通过认知获得意义和意象，从而形成认知结构的过程。布鲁纳认为学习包括三种几乎同时发生的过程：①新知的获得；②知识的改造；③检查知识是否恰当和充分。他主要关心的是人们借以主动选择知识、记住知识和改造知识的手段，认为这就是学习的实质。进而他提出发现是达到目的的最好手段，所以学习的实质在于发现，因而人们把他的理论称为认知-发现说。

布鲁纳没有专门的学习理论专著，他的学习理论大多是和教学理论、课程理论联系在一起的，在他的教育理论和课程理论中蕴涵着学习论的思想。

布鲁纳在《教学理论探讨》一书里提出了四个教学理论的特征。

（1）任一种教学理论都应该说明怎样使每一个学生都倾向于学习，对数学等学科感兴趣，怎样激发学生学习的动机。教学理论也应当说明环境怎样影响学生的学习态度。

（2）教学理论应当说明怎样构造知识以利于学生学习。

（3）教学理论应当说明为了促进学习，应以怎样的方式组织教材，并以最佳的方式呈现给学生。

（4）教学理论应当说明在学习中怎样使用奖励和惩罚。

二、数学学习的原理

布鲁纳对数学学习和数学教学很感兴趣。布鲁纳和他的同事们进行了大量的数学学习实验，从中总结出了四个数学学习的原理。

（1）建构原理。建构原理是指学生开始学习一个数学概念、原理或法则时，要以最合适的方法建构其代表，年龄较大的学生，可以通过呈现较抽象的代表掌握数学概念。但对大多数中学生，特别是低年级的学生，应该建构他们自己的代表，特别应从具体形象的代表开始。例如，讲 $\lim\limits_{n\to\infty}\frac{1}{n}=0$ 这一概念时，可用“要多小有多小”的形象描述让学生更易理解。

（2）符号原理。符号原理表明，如果学生掌握了适合于他们智力发展的符号，那么就能在认知上形成早期的结构体系，数学中有效的符号体系使原理的创造成为可能。例如，当表示方程的符号形成之后，就能学习解多项式方程的一般方法。布鲁纳认为，对于中学低年级的学生，表示函数的最好方法是使用以下的符号：□=2△+3，其中□和△代表自然数。逐渐地用 $y=2x+3$ 来表示函数，最后用 $y=f(x)$ 表示函数。布鲁纳认为，应当用螺旋式的方法来建构数学中的符号体系，这里的螺旋式方法指的是以直观的方式引进每一个数学概念，并使用熟悉的和具体的符号表示数学概念的方法。简言之，符号原理就要根据学生的智力发展水平，达到相应的抽象水平。

（3）比较和变式原理。比较和变式原理表明，从概念的具体形式到抽象形式的过渡，需要比较和变式，要通过比较和变式来学习数学概念。例如，在几何中，比较圆的弧、半径、直径和弦，能使学生对这些概念理解得更清楚。况且有些概念本身就是通过比较来定义的，例如，负数是正数的相反数，不是有理数的那些数称为无理数。布鲁纳认为，比较是帮助学生直观地理解数学概念和发展其抽象水平最有用的方式之一。

（4）关联原理。关联原理指的是应把各种概念、原理联系起来，在统一的系统中学习。在数学教学中，教师不仅要帮助学生发现数学结构间的差别，而且也要帮助学生发现各种数学结构间的联系。布鲁纳认为，要使学生的学习卓有成效，就必须说明和理解数学概念间的联系。

下面来看一个应用这四个原理（七年级学生）学习极限概念的例子。应当指出，这四个原理的应用不是按照上面的顺序进行的，而是根据学生的特点和学习的内容确定的。

1. 直观例子

（1）$\frac{1}{2}$，$\frac{2}{3}$，$\frac{3}{4}$，$\frac{4}{5}$，…，$\frac{n-1}{n}$，… 接近于 1；

（2）1，2，3，4，…，n，… 变得越来越大；

（3）△，□，⬠，⬡，… 接近于圆；

（4）◯，◯，⬯，◯，… 趋向于一点。

2. 较为抽象的例子

（1）$\frac{1}{2}+\frac{1}{4}+\frac{1}{8}+\cdots+\frac{1}{2^n}+\cdots$ 其和接近于 1；

（2）$1+\frac{1}{2}+\frac{1}{3}+\cdots+\frac{1}{n}+\cdots$ 无限的增大。

3. 再抽象一点的例子

（1）1，x，x^2，x^3，…，x^n，… 分别在$|x|>1$，$|x|=1$和$|x|<1$时的情况；

（2）$1-\frac{1}{3}+\frac{1}{5}-\frac{1}{7}+\frac{1}{9}-\frac{1}{11}+\cdots$ 收敛于 $\frac{\pi}{4}$；

（3）$x-\frac{x^3}{3!}+\frac{x^5}{5!}-\frac{x^7}{7!}+\cdots$ 收敛于 $\sin x$。

从中可以看出，即使七年级的学生，也能掌握极限概念，这也说明了布鲁纳的观点：能以适当的形式把任何学科的任何内容教给任何学生。

第九节 斯金纳论教与学

斯金纳（Burrhus Frederic Skinner，1904—1990）美国心理学家、新行为主义的主要代表人、操作行为主义的创始人。他的主要著作有《有机体的行为》（1938 年）、《沃尔登第二》（1948 年）、《科学与人类行为》（1953 年）、《言语行为》（1957 年）、《强化程序》（1957 年）、《教育技术学》（1968 年）、《超越自由与尊严》（1971 年）、《关于行为主义》（1974 年）等。

斯金纳以反射和强化为基础，提出了操作性条件反射理论。操作性条件反射对有机体来说，是做某件事的工具，所以也叫作工具性反射的学习，属于手段学习，它是指以有效的反应作为达到目的的手段。

强化问题在斯金纳的学习理论中具有重要地位。他提出，行为之所以发生变化，是由于强化作用，因而直接控制强化物就是控制行为。他认为凡能增强反应概率的刺激，都称为强化物，而所谓强化就是通过强化物增强某种行为的过程。操作性条件反射是反应的改变或修正，而这一反应的改变或修正是依据反馈原理来强化的，如果某个操作发生之后呈现出一个强化刺激，则强化刺激就增加了。斯金纳认为，越是可能被强化的行为，就越可能发生。

根据斯金纳的操作性条件反射理论，学生要获得有效的数学学习就必须通过“强化”，为了实现这一强化，就数学教学而言，最好的办法是让学生知道自己的学习效果，正确的学习行为得以肯定，错误的学习行为得以纠正。例如，教师问$(a+b)^2$等于什么，若学生回答$(a+b)^2=a^2+b^2+2ab$的话，教师则给予肯定；若答成$(a+b)^2=a^2+b^2$，则给予否定，直到学生见到任意两数和的平方都能回答正确为止。

斯金纳认为，教师的首要任务是安排可能发生强化的事物以促进学习。斯金纳比较赞成个别学习，因为在班级授课制的教学组织形式下，教师是把班级当团体来看待的，因而很难对全班的每一个学生有选择地施行或停止强化。在面对面基础上的强化最为有效，为了给每个学生以恰当的强化，斯金纳提出了程序教学法。程序教学法的程序基于以下五点：

（1）要把教材分成具有逻辑联系的“小步子”；

（2）要求学生做出积极的反应；

（3）对学生的反应要及时地反馈和强化；

（4）学生在学习中可以根据自己的情况自定进度；

（5）使学生尽可能每次都做出正确的反应，把错误降低到最低限度。

把复杂的教材分解成有逻辑联系的“小块”，学习者就能通过这些“小块”的顺序，按照自己的速度进行，而且能立即知道结果。这能使学生按照自己的智能水平获得学习上的成功。

从斯金纳的理论中，至少可以得到以下两点启示：

（1）在数学学习中，对学生的学习效果要及时做出评价，而且要以正面评价为主。通过及时评价，不但能调整其认知行为，而且在感情上也能产生积极的效果。

（2）要把复杂的学习内容分解成几个较为简单的内容，采用“各个击破”的方针进行。当然不同的学生分解的步子是不一样的，学习好的学生步子可以大一些，学习差的学生步子需小一些。

第十节　韦特海默的思想在数学教学中的应用

一、韦特海默简介

马克斯·韦特海默（Max Wertheimer，1880—1943）是德国著名的心理学家、格式塔心理学派的创始人之一，著有《创造性思维》[①]一书。“格式塔”是德文 gestalt 的音译，与“形状”“形式”“完形”同义，指任何一种可被分离的整体。韦特海默生于捷克布拉格，最初就读于布拉格查理斯大学预科，后在该校学习法律和哲学。1902 年入柏林大学，师从心理学家斯顿夫和舒曼，1904 年在心理学家屈尔佩指导下，于符兹堡大学以论

① 韦特海默. 创造性思维[M]. 林崇基，译. 北京：教育科学出版社，1987.

文《侦察罪犯的语词联想方法》获哲学博士学位。1910 年起先后任教于法兰克福大学和柏林大学，1929 年任法兰克福大学教授，1933 年因不满希特勒的统治，受聘赴美国任纽约市社会研究新学院教授，1921 年联合创办完形心理学派的正式刊物《心理学研究》。他的主要学术成就包括以下几方面：

(1)发现似动现象。他在 1910 年产生视见运动方法的灵感，次年在法兰克福大学以苛勒和考夫卡为被试，用速示器进行实验，共同观察到似动现象。他们认为似动是一个整体或完形（或格式塔），而非若干不动的感觉元素的集合。由此反对构造心理学的元素主义和行为心理学的联结主义，并认为心理现象的整体并不等于部分之和，整体先于并决定于各部分的性质。此为建立完形心理学的主要实验根据，以及创建完形心理学派的开端。

（2）提出知觉原则。1923 年韦特海默提出有实验佐证的知觉完形组织原则，如接近性原则（刺激在空间或时间彼此接近时，易组成整体）、相似性原则（互相类似的各部分易组成一个整体）、连续性原则（刺激中能彼此连续成为图形者，即使其间无连续关系，亦倾向于组成一个整体）、闭合性原则(刺激的特征倾向于聚合成形时，即使其间有断缺处，亦倾向于被当作闭合而完满的图形）等。

（3）探讨创造性思维原理。反对强记学习和常规思维的传统，提倡对认知结构的重组和创新。通过对儿童解决几何问题和爱因斯坦提出相对论的思维过程的研究，发现创造性思维是例外而不是常规思维。强调创造性思维不是一种纯智力的操作，而是一种过程，其中态度、情感和情绪也有重要作用。

（4）将完形心理学原理应用于教育心理学。强调教学要树立整体观，反对传授零碎知识和机械记忆，主张教师为学生理解而教。

二、格式塔的知觉原则①

根据格式塔心理学家的观点，对日常世界的知觉被我们主动地组织成连贯的整体。想一想夜空，古人将夜空中的星星知觉在一起，归属于常见类群并加以命名，例如，北斗七星或南十字星座。支配这类知觉经验的组织原则在三部重要作品中得到概括，它们是：考夫卡的《知觉：格式塔学说引论》、韦特海默的《格式塔原理探究》、苛勒的《格式塔心理学的一个方面》。这些组织原则解释如下：

相似原则。相等或相似的元素形成群体或整体，思考图 5-5 中的图形。一般来说，图 5-5（a）队列中的 x 和 o 被知觉为纵向排列，而在图（b）队列中则被知觉为横向排列。人们将相似的元素组成知觉单元——在图 5-5 中，组织为纵列或横列。

(a)	(b)
x o x o x o	o o o o o o
x o x o x o	x x x x x x
x o x o x o	o o o o o o
x o x o x o	x x x x x x
x o x o x o	o o o o o o

图 5-5

接近原则。紧密靠在一起的元素易被组织。在对图 5-6 的观察中，大多数观察者知觉到由三块组成的两组图形（图 5-6）。x 和 o 能够容易地由排列关系而就近分组（图 5-7）。图 5-5（a）的队列常被知觉为三组双列的 x，而图 5-5（b）队列则被知觉为三组双列的 o。在下面队列中的 x 和 o 被就近分组，因此我们知觉到两个长方形（图 5-8）。

① 戴维·霍瑟萨尔. 心理学家的故事[M]. 郭本禹，魏宏波，朱兴国，等，译. 北京：商务印书馆，2015：208-210.

图 5-6

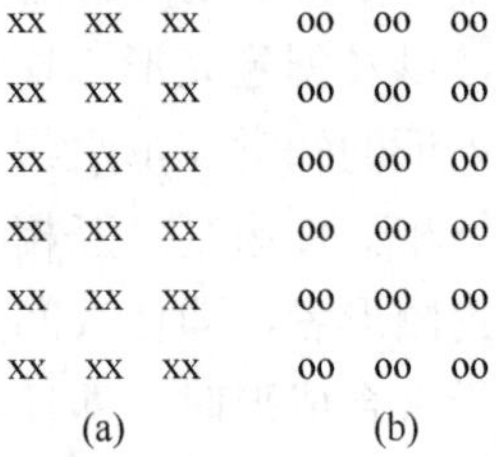

xx xx xx　oo oo oo
xx xx xx　oo oo oo
xx xx xx　oo oo oo
xx xx xx　oo oo oo
xx xx xx　oo oo oo
xx xx xx　oo oo oo
(a)　(b)

图 5-7

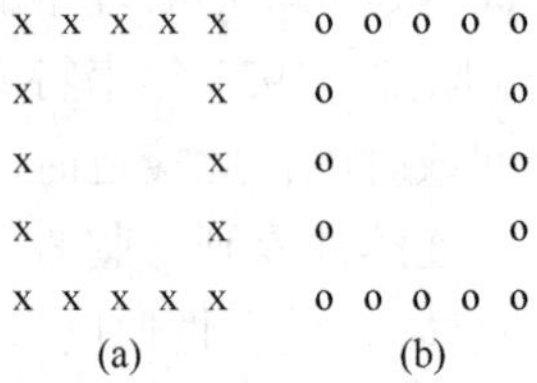

x x x x x　o o o o o
x　　　x　o　　　o
x　　　x　o　　　o
x　　　x　o　　　o
x x x x x　o o o o o
(a)　(b)

图 5-8

闭合与完好格式塔。闭合指我们倾向于将某图形的缺失部分“填满”或完成，以使其被知觉为完好的，能让我们容易做到这一点的图形就是完好格式塔。仔细看下面这些例子（图 5-9）。

图 5-9

在所有例子中，图形都是不完整的——它们没有闭合，而且我们全都清楚，这些几何图形正是完好格式塔的例证。由于有闭合原则的存在，通常只需几条线就足以形成有组织的知觉（图 5-10）。

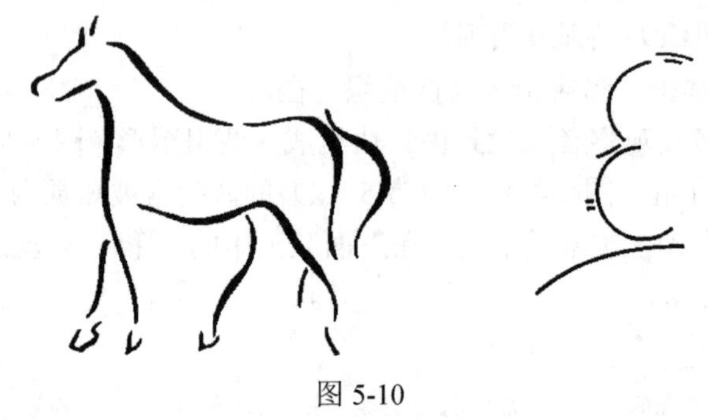

图 5-10

大多数人可以很轻松地从图 5-10 左边这幅毕加索的画中看到一匹马；右图则可能不大让人识别，这是电影导演阿尔弗雷德·希区柯克本人肖像漫画，对于那些熟悉希区柯克样貌的人来说，这个图形可以清晰地看成是完整的希区柯克。这些图形都是完好格式塔，它们具有足够程度的闭合和平衡，无须局部改动来完善它们。

在这些演示中，格式塔心理学家证明知觉经验是动态而非静止的、有组织而非混乱无序的、可预见而非不确定的。鲁道夫·阿恩海姆认为，“感觉经验的世界并非主要由事物构成，而是由动态形式构成的”，这一洞见是 20 世纪艺术心理学领域最重要的发展。为了阐明这类知觉动力，阿恩海姆描述了以下两张人脸简化图形给观察者留下的不同印象（图 5-11）。图 5-11 左边这张脸看起来苍老、悲伤并且吝啬；而右边这张脸看起来年轻又和气，图形中的微小差别可以引起较大的知觉差异。

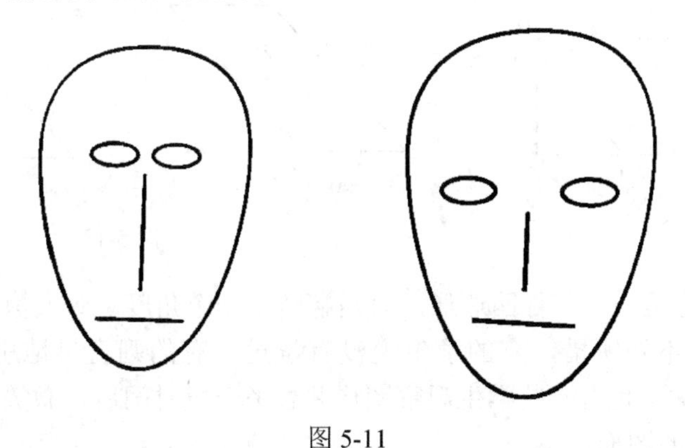

图 5-11

格式塔心理学家认为，知觉组织原则不仅可以解释我们的视知觉，而且还可以解释听知觉、触知觉，以及像记忆这样的高级心理过程。布鲁玛·蔡加尼克、保罗·席勒和罗伊·斯特里特提供了有关这些格式塔原则普遍性的令人印象深刻的证明。

三、韦特海默思想在数学教学案例

格式塔心理学派的完形心理学理论与数学的学习有密切联系，对《创造性思维》进行研究，探讨完形心理学理论在初等数学教学中的应用，便于更加深刻理解格式塔理论的精髓。在初等数学的教与学中恰当地应用其思想，使学生充分地发挥创造性思维。

韦特海默的代表作《创造性思维》包含大量创造性解决问题的例子，例如，以初等数学中的求平行四边形的面积、证明对顶角相等、求级数等为案例，论述其格式塔心理学(完形心理学)观点，并阐述什么是创造性思维和怎样进行创造性思维。韦特海默在该书中得到的相关结论，是以个人经验、实验和对爱因斯坦等杰出的科学工作者的访谈为基础的。他把基于格式塔原理的学习与机械记忆进行对比，他认为，格式塔式的学习是以理解问题的性质为前提，问题的存在引起认知的失衡，问题的解决恢复了认知的平衡，而认知平衡的恢复就是学习者需要的全部强化。学习和问题解决的本身使学习者感到满意，学习者内部的自我强化胜于外部强化。也就是说，人之所以有学习和解决问题的积极性，是学习和解决问题本身使人感到满足，而不是别人或别的事物的强化。这种学习可以迁移到数学以外的其他学科，下面简要介绍《创造性思维》中数学的创造性思维方法在初等数学教学中的应用。

1. 求平行四边形的面积

求平行四边形的面积是一个较为简单的问题，却是典型的创造性思维过程。韦特海默首先举出了一个普通的求平行四边形面积教学活动的例子。在知道学生已学会如何求长方形面积后，教师讲解平行四边形的求法：先引辅助线，如图 5-12 所示。再求出$\triangle ABE \cong \triangle DCF$，然后求出平行四边形面积等于底乘以高。教师还举出一些其他的例子，包括一些不同边、不同角的平行四边形。

到这里这节课看似比较成功，问题好像已经解决了。但是，韦特海默向学生们提出一个问题：如何求出图 5-13（a）所示图形的面积？

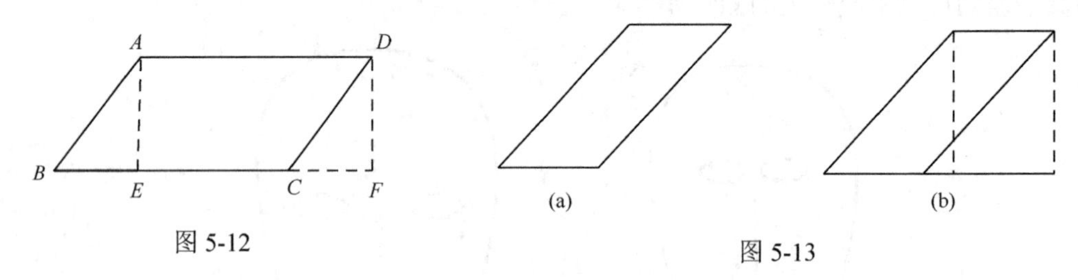

图 5-12　　图 5-13

显然图 5-13 也是一个平行四边形，只是翻转了一个角度。令人惊讶的是不少学生对该图形面积的求法不知所措，有的学生说没有学过，有的则盲目地引辅助线（图 5-13（b）），未能解决问题。也有一些学生观察图形并思考一段时间后，微笑着把图形旋转，发现与图 5-12 是一样的图形。

显然大部分学生还只是机械记忆、单纯的练习，而非真正理解问题的本质，当问题形式略微变换，便束手无策。韦特海默认为，在运用心理联想、死记硬背、训练和外部强化时，的确包含一些学习，但这样的学习通常是零碎的。例如，把某个朋友的名字与其电话号码联想在一起、狗学会因某种声音而分泌唾液等，这类学习在一段时间内不进行强化便会消失。韦特海默认为，令人遗憾的是，大多数学校所强调的正是这种学习。他提倡基于格式塔原理，在理解问题本质的基础上的学习，这样的学习利于长久记忆。

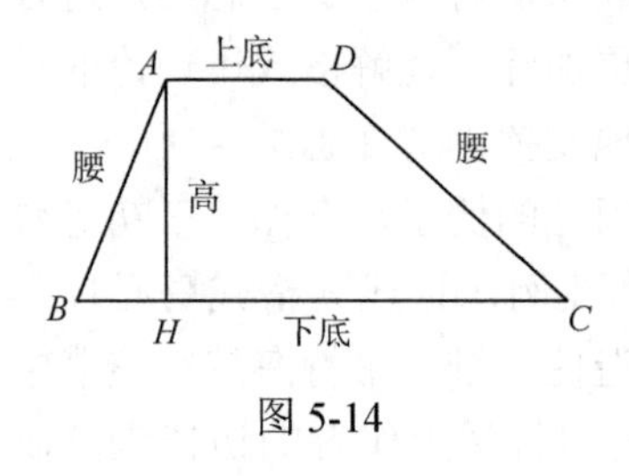

图 5-14

上述例子告诉人们，教师在教学时应该注意引导学生掌握所学内容的本质，而不是无关的细节；尽量使学生做到如郑板桥画竹般“成竹在胸”，而不应仅仅是教师板演，学生依葫芦画瓢式的机械程式化的学习。例如，初中几何教学中梯形的引入，对于梯形各条边的名称定义，教科书（人教版八年级下册 117 页，2012 年）上只是画出图形，在图形中标注如图 5-14 所示。图中所标记的“上底”“下底”，上底在上，下底在下，容易误导学生形成错误概念“梯形的一组平行对边，在上面的称为上底，下面的称为下底”。这就要求教师在教学时候注意列举更多的梯形例子，变换梯形的角度、位置，明确指出无论梯形被如何放置，其中平行对边中较短的称为上底，较长的称为下底。本质在于“长短”，不在于“上下”。

此外，韦特海默还列举了许多求平行四边形面积的成功的例子，并发现这些成功的例子有一些共性：顿悟的过程，不是盲目地回忆或尝试，不是碎片到集合、从下到上的过程；而是从上到下、从整体到局部的进行。在看到整个情境之后，从结构中发现问题、缺口，并设法补救。一言以概之，是从坏的格式塔转变为好的格式塔。

2. 证明对顶角相等

教师在黑板上演示证明：对顶角相等定理，并按下列步骤进行（图 5-15）。

$\angle a+\angle b=180° \to \angle a=180°-\angle b$ ，　$\angle b+\angle c=180° \to \angle c=180°-\angle b$，所以 $\angle a=\angle c$ 。

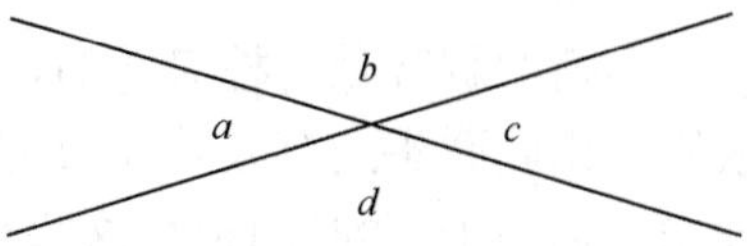

图 5-15

过了几天，教师让一个学生上讲台，在黑板上证明对顶角相等。这个时候会有一种现象出现，学生全部复述教师的证明过程，证明过程所使用的角与教师演示证明的完全相同。但是，这并不能确定学生是在盲目地重复所学的内容还是真正理解了这个问题。有时候有这样的情形：有的学生不能准确地回忆所学的知识，写着

$$\angle a+\angle b=180°，\angle c+\angle d=180°，\text{所以} \angle a=\angle c$$

有的学生则不知所措，或者表现出笨拙、忸怩的表情。可以看出，他们并没有真正理解这个问题。但是也有学生做出很新颖的答案，例如：

$$\angle b+\angle c=180°，\angle c+\angle d=180°，\text{所以} \angle b=\angle d$$

显然这个学生真正掌握了对顶角相等的证明。他理解了对顶角相等证明的性质、结构及内在联系，真正掌握其本质，而不是把一些没有意义的无关角任意地连接在一起。

紧接着，韦特海默归纳了基于格式塔原理的证明过程包含的运算：组合成组，掌握结构，列出等式，发现对称性，找到起相同作用的元素，发现内在联系性的关系，将一定的结构组合在一起，如图 5-16 所示。对应在本例，图 5-15 中虽然标注了两条相交线所构成的四个角，但是不一定要在证明中全部使用，根据需要选出关键角即可，即不考虑所有的项目。因此，“整体”并不意味着“所有”，而是从任务的观点上，选取在结构上彼此有关系的角（项目）。

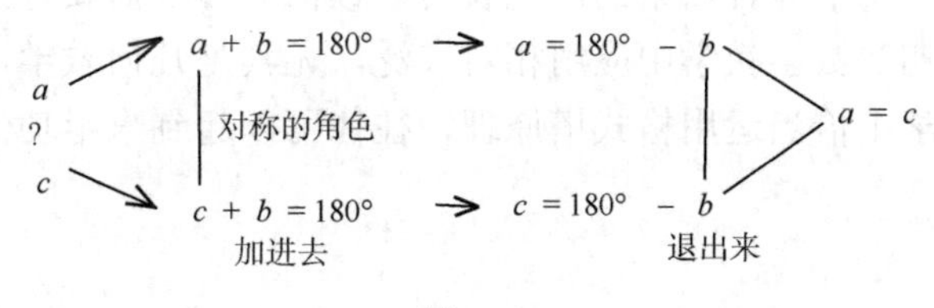

图 5-16

韦特海默还指出，顿悟的过程是从看到全局性质开始，然后把项目看为整体的一部分，思维的线索就是思维的方向。这个例子里，不是项目的连续，而是对称的方向性，每个关键的角都是整体的一部分，而这个整体先加进去一个第三角后才成立，但是这第三角通过对称的运算又随之退出来。

3. 求级数

韦特海默分析的另一个例子是为人熟知的著名数学家高斯的童年经历。高斯的老师要求全班学生计算 1+2+3+…+10，一旦得出结果立即报告。在其他学生刚刚开始思考这个问题时，高斯就举起了手，并正确地报告了计算结果是 55，老师问高斯如何这么快就得出

正确答案，他解释：若对 1 和 2 先求和，得到的结果再与 3 相加，再加上 4，依次到 10，这样算下去会用很长时间，而且容易算错。但是，通过观察发现 1 与 10 相加得 11，2 与 9 相加也得 11，依次计算，一共有 5 对这样的加法，那么 5 乘以 11 等于 55，这样快速得到计算结果。

高斯的解答是一种灵活的、具有创造性的解题方法，而不是生搬硬套标准的、机械的规则。由此联想到有人曾经做过一个实验，给一组学生看写有下列 15 个数字的纸条，并要求他们用 15 秒时间记忆这些数字：

1 4 9 1 6 2 5 3 6 4 9 6 4 8 1

根据仅有的提示，大多数学生尝试在规定的时间内记住尽量多的数字，结果是，他们只能正确地说出不多的几个数字；等到一周之后再次测试，大部分学生一个数字也不记得了。另一组学生试图寻找贯穿这些数字的模式或主题，这组学生中有些认识到这 15 个数字表示数字 1 到 9 的平方，他们发现了一条能应用于这一问题的原理，认识到这个问题的结构本质。那么无论是在实验期间，还是一周之后，他们都能够正确地再现所有数字，甚至一生都能正确地再现这串数字。高斯的经历和上面的这个实验从侧面证明了韦特海默的这一观点：以格式塔原理为基础的学习和问题解决，同机械记忆为基础的问题解决相比，有较大的优势。

四、韦特海默的数学教育思想的局限性

韦特海默用格式塔观点从结构上和整体上去观察事物（如几何图形、数学公式），从而产生创造性思维，顿悟学习的核心是把握事物的本质而非无关的细节。教师在教学时可以引导学生从整体把握结构上的特征，而不是过分强调操练。但要指出的是，他对一些简单创造过程的分析令人信服，但对较复杂的过程的分析有些勉强，比如《创造性思维》中对于伽利略、爱因斯坦的相关理论的阐述显得有些勉强。所以对于他的观点也不能盲从，应针对具体问题进行具体分析。此外，数学的严谨性、抽象性要求我们不可仅从直观角度分析问题，还需严格证明，并且后来的研究表明，顿悟的出现需要有充分的试误经验为基础，故格式塔理论在初等数学教学中应用相对广泛，尤其是几何教学，应当引起广大教师注意。在初等数学教学中恰当运用格式塔原理，往往可以起到事半功倍的效果。

第六章　数学教育评价与测评

阅读要义

1. 数学教育评价是按照数学教育目标，对数学教育活动的效果、达到数学教学大纲要求的程度、学生数学学习成绩和数学能力发展水平进行评价的过程。它包括数学教学目标的评价、数学教学方法的评价、数学学习方式的评价、数学教学手段的评价和数学教学成果的评价。数学教育评价的对象包括与教育活动有关的及在某种意义上参与教育成果的一切内容。

2. 数学教育评价的功能：①反馈功能；②选择功能；③诊断功能；④决策功能；⑤激励功能。

3. 数学教育评价的原则使得数学教育评价有据可依，具有重要的指导意义。它是教育评价客观规律的反映，是教育评价必须遵守的原则，是主观与客观统一的产物。数学教育评价的原则包括要求的统一性、过程的教育性、科学的全面性及实施的可行性等原则。

4. 学习质量的检查与分析在数学教学评价中具有重要的作用。通过它可以及时了解学生的学习情况和教师的教学效果，达到促进教师改进数学教学工作，激励学生努力学习的目的。学习质量的检查与分析主要包括：作业的布置与检查、考查与考试和命题与评分等方面。

第一节　数学教育评价

一、数学教育评价的含义

评价是对事物好坏的价值判断。教育评价是以教学为对象，对其过程与效果给予价值上判断的过程，评价的基准是价值，数学教学是有目标、内容、过程、方法和结果的教学实践活动。数学教育评价是按照数学教育目标，对数学教育活动的效果、达到数学教学大纲要求的程度、学生数学学习成绩和数学能力发展水平进行评价的过程。

作出教学评价之前需要教学测量，测量注重于数量方面的测定，强调数量化与客观性。评价是在测量的基础上进行的，它高于测量的阶段。数学教育评价既注重数量分析，又注重性质分析，强调主观估计和客观测量的统一，是对教育状况解释和判断的综合性活动。它具有层次结构，包括以下五个层次。

（一）数学教学目标的评价

以一节课、一个单元、一个题材的目标为对象，既包括知识教养性目标，也包括情意教育性目标、智能发展性目标。例如，对数学概念与原理、教学方法与学习方法等进行评价。

（二）数学教学方法的评价

数学教学方法能否保证学习过程的基本类型与教学方式灵活有效；数学教学方法是否适应教学目标、教学内容和学生的实际需要；数学教学方法是否体现了教与学的区别，等等。

（三）数学学习方式的评价

在数学教学过程中，数学教学方法能否做到个别-小组-班级的组合与变换；数学教学方法如何考虑因材施教，学习方式能否考虑到学生的情感因素。

（四）数学教学手段的评价

具体的数学教学工作是借助一定的教学设备和手段而展开的。因此，数学教学手段的评价应包括：①是否选择了适合于数学教学内容和学生需要的教学设备与手段；②使用的手段是否适合于数学教学过程；③数学教学手段与设备能否作出若干组合，从而得以利用；④数学教学方法能否最大限度地发挥各种教学手段所具有的功能。

（五）数学教学成果的评价

数学教学成果应从六个方面加以评价：①知识的评价，如对数学基本知识的理解与掌握的评价；②数学方法的掌握，数学知识与方法的应用与变换，知识的系统化；③数学表象的形成，如数学概念的表象化和数学方法的模型化；④情意因素，如兴趣、爱好、态度等；⑤技能，如解决问题等技能；⑥教学手段能否高效、准确地交流与反馈教学信息。

二、数学教育评价的对象和主体

（一）数学教育评价的对象

数学教育评价的对象包括与教育活动有关的以及在某种意义上参与教育成果的一切内容，即教育活动的核心对象为每一个学生、教学计划和教师、潜在地影响着每个学生成长的学校文化环境，包括教师在内的班集体、教师集体、学校的整体情况、学校的环境条件及基本设施、周围社会环境、以学校为构成要素的教育体制等。

（二）数学教育评价的主体

数学教育评价对象的范围非常广泛。那么，究竟谁来对这些教育对象进行评价呢？一般来讲，评价主体必须是能够根据评价结果，为达到改善教育活动及其成果的目的而采取相应措施的人。其包括：教师、学生、全校教职员工、教育行政各部门、家长、当地居民和企业等。

三、数学教育评价的功能

（一）反馈功能

所谓反馈功能是指反映信息输出结果的信息。信息反馈功能是指教育中某种有意识的行为在达到预定目标的过程中，师生通过反馈信息调节教与学的活动，使教学能够始终有效地进行下去所发挥的作用。它有两个方面的作用：第一，对教师教学工作的调节作用，通过反馈信息可以调节教师的教学工作，提高教学效果；第二，对学生以自我控制为目的的调控作用，学生通过反馈信息加深对自我的了解，以便调整自己的学习。

（二）选择功能

所谓教学评价的选择功能是指通过教学评价能对学生在知识掌握和能力发展方面的程度作出区分，从而分出等级，根据一定的目标作出选择的功能。教学评价就是通过对教学活动的调查分析，揭示教育教学所具有的价值与效果。例如，各种升学考试等就是发挥了教学评价的选择功能。

（三）诊断功能

所谓诊断功能是指通过评价发现并确定学生的学习错误，分析产生错误的原因和性质，以便采取补偿性措施方面所具有的作用。在数学教学中，通过评价能够发现数学教学中的不足和存在的问题。数学教学活动是有一定计划、一定目标的教学活动，为了达到教学目标必须进行指导和评价，通过评价才能找到存在的问题，这就是数学教学评价的作用。

（四）决策功能

所谓决策功能是指评价具有为教学决策提供依据的作用。从评价的目的来看，评价的结论是特定的，是直接为教学依据测定服务的。通过系统地收集信息，根据教学目标对教学活动所引起的学生变化进行价值上的判断，从而为教学决策提供依据。

（五）激励功能

所谓教学评价的激励功能是指师生基于某些原因激发起教与学的积极性，积极开展教学活动。它表现在两个方面：一是以师生自身的兴趣和需要为基础的内部动机作用；二是人为地施加的外部动机作用。外部动机作用就是通过教学评价，引起下一步教学活动积极性的变化，这就是教学评价的激励作用。在教学中受到奖赏、肯定、正反馈等好的评价时，师生的教与学的积极性就提高；受到惩罚、否定、负反馈等不好的评价时，师生的教与学的积极性降低，自尊心受到伤害。

四、数学教育评价的分类

数学教育评价大致分三大类：一是根据评价结果适用范围来分，有相对评价、绝对评价和个体内差异评价；二是根据评价的功能来分，有测定性评价、形成性评价、诊断性评价和终结性评价；三是根据评价进行的方式来分，有自我评价和他人评价。

（一）按评价结果适用范围分类

1. 相对评价

所谓相对评价是指在被评价对象的集合中，选取一个或若干个对象所具有的规格或标准作为基准，然后把各个被评价对象与该基准进行比较，或者用某种方法将被评价对象排成一定顺序的评价方法。相对评价的特点是根据被评价对象的整体状态来确定的，其标准只适用于所选定的评价对象集合，对于另外的集合未必适用。也就是说，相对评价是以被测试评价者与他人的测量或评价结果的相对位置来考虑的，而不是就其本身作直接测量评价，相对评价是以所取样本的测试分值按正态分布为依据的。

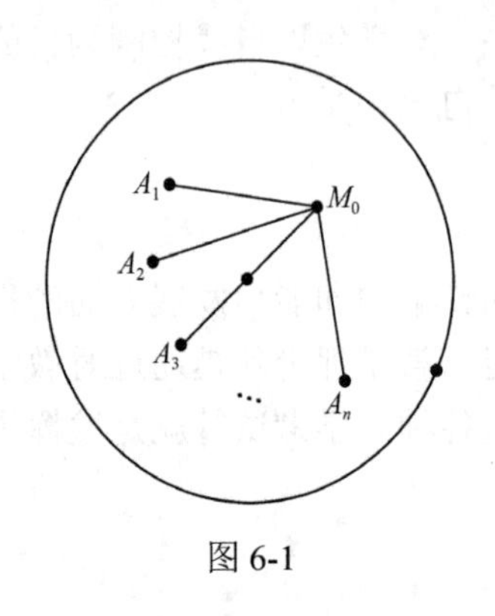

图 6-1

如果设被评价对象集合中的元素是 A_1，A_2，A_3，…，A_n，评价选定的基准是M_0，则相对评价可以用图 6-1 表示。相对评价的缺点：相对评价的着眼点是基准和相对性，故它不能测定学习者学业成绩或能力特征所达到的真正水平和全面的人格发展，缺乏教育性。

2. 绝对评价

绝对评价强调以绝对的教育目标为标准作出评价。它是在被评价对象集合之外，确定一个标准，这种标准称为绝对标准。在评价时，要求把被评价对象与绝对标准进行比较。绝对评价的特点是，不照顾被评价对象集合的整体状态，而只按照绝对标准来进行评价。

如果设被评价对象集合中的元素是 A_1，A_2，…，A_n，客观标准是 M_0，则绝对评价可以用图 6-2 表示。绝对评价的标准是比较客观的，但是，绝对评价也有客观标准很难做到客观的缺点。

3. 个体内差异评价

个体内差异评价是把被评价集合中各个元素的过去和现在相比较，或者一个元素的若干个侧面相互比较，设被评价集合中的元素是 A_1，A_2，…，A_n，元素过去的状态用 A_1'，A_2'，…，A_n'来表示，则个体内差异评价可以用图 6-3 表示。

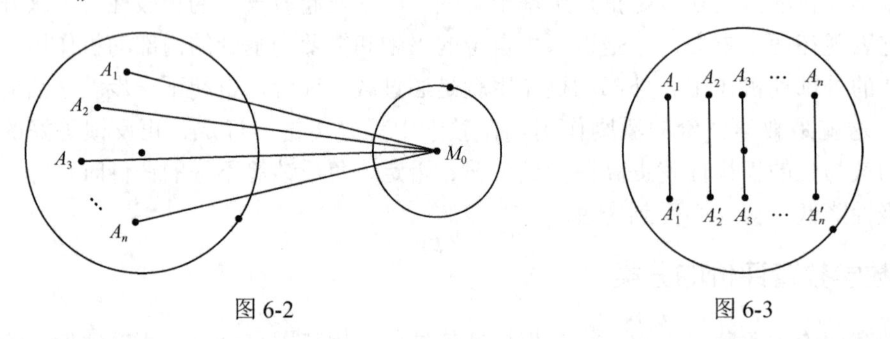

图 6-2　　图 6-3

个体内差异评价在运用时有两种情况，一种是把被评价对象的过去和现在进行比较，另一种情况是把被评价对象的某几个侧面进行比较，考察其所长或所短。这种评价方法充分照顾了学生的个性差异，在评价过程中不会给被评价者造成压力。但是，它也有缺点。首先，由于个体内差异评价不与客观标准比较，又不与其他被评价者比较，很容易使被评价者自我满足。其次，评价是按一定的价值原则进行的判断，没有标准很难令人相信是一种评价。所以一般地，个体内差异评价常常与相对评价结合起来使用。

（二）按评价的功能分类

1. 测定性评价

测定性评价是在承担某门课的教学任务之前进行的，目的是了解学生的基础。它通常有两种情况：一种是摸清学生对该门课程的准备状况，即是否具有接受该课程的预备性知识和技能，通常采用难度较低的掌握性测验；另一种是摸清课程计划对班级的适合程度，通常采用难度水平为中等的检查性测验。

2. 形成性评价

形成性评价是过程评价。它以提问、测验、口答等各种检查的形式，对被评价对象在达到终极目标的教学过程中，不断地明确学生达标的程度，通过反馈信息，及时发现学生在学习过程中存在的问题和缺陷，从而随时修正和调节教与学的活动。它的目的是了解教学进展情况，向教师或教学研究人员提供反馈信息，它能强化正确的教学措施，指出需要改进的地方。

3. 诊断性评价

诊断性评价一般在形成性评价之后进行，其目的是了解产生问题的原因，一般是针对教学过程中所出现问题的性质来编制测试方案，测试限于有限范围，试题难度较低。

4. 终结性评价

终结性评价一般是在教学进行到某阶段结束时进行的，目的主要是用来对某项教学措施或对某门课程性质作出鉴定或分级，了解教学目标达到的程度，评价教学措施或课程的有效性，它是在教学中某一单元或某一章、某一学期、某一学年结束后，对其结果的评价。

（三）自我评价和他人评价

1. 自我评价

自我评价是指被评价者本身就是评价者。

2. 他人评价

他人评价是指评价者对被评价者的评价。在教学评价中，它一般是教师对学生、学生对学生、学生对教师、领导对教师、教师对教师等的评价。

五、数学教育评价的原则

数学教育评价原则是教育评价客观规律的反映，是教育评价必须遵守的原则，是主观与客观统一的产物。数学教育评价主要有以下原则。

（一）要求的统一性

我国社会主义教育目的的有关规定和数学教学大纲对中小学数学教育和教学目标都作

了统一的要求，这一要求的统一性是指将数学教学和数学教学评价的要求标准与培养目标和教育目的的要求统一起来，统一按一个客观标准进行教育评价。

（二）过程的教育性

教育评价的出发点是通过评价教育实践活动的社会价值和总体效应，以寻求教育的最优化方式，提高教育质量，达到教育活动预定的目标，这也是教育评价的最终目的。

教育评价是一种管理手段，每一次评价就要做一次调控。所以教育评价一定要有计划、有目的，行动必须考虑教育实践过程中与评价目标有联系的各个方面，选择其中与教育目标和评价目标相关性强的部分进行评估。

评价的目的决定着采用什么样的评价标准和评价方法。

（三）科学的全面性

教育评价的手段、方式、程序必须遵循科学规律，采取实事求是的科学态度，从客观实际出发，全面考虑制约评价的各个要素，把定量分析和定性分析的方法综合起来，进行科学分析，得到切合实际情况的评价。

（四）实施的可行性

教育评价是实践性很强的科学，它的价值在于可实施和可操作。可行性原则要求在对学生进行教育评价时，其内容和标准应明确具体，不能含糊不清或模棱两可；要有统一的评价指标，保证评价内容的可测性；要简化评价程序，使广大教师都能使用，保证实施方法的实用性。

阅读材料

IEA的国际数学教育调查

IEA 是成立于 1960 年的国际教育成就评价协会（International Association for the Evaluation of Educational Achievement）的缩写。IEA 由联合国教科文组织（United Nations Educational，Scientific and Cultural Organization，UNESCO）设在汉堡的教育科学研究所出面筹建，总部就设在汉堡（后迁至比利时列日），在斯德哥尔摩设有协作中心（Coordination Center）。IEA 的任务是在不同语言和文化的国家，借助相同的手段和仪器进行教育测评，并根据相同的方法对测评的结果进行解释。至 1981 年世界上已有 37 个国家和地区参加了 IEA。1988 年，中央教育科学研究所代表我国正式加入 IEA。

1964 年及 1980 至 1982 年，IEA 进行了两次国际数学教育调查，这两次调查被普遍认为是对数学教育现状和成就进行定量研究的典范，其结果曾在各国政府发表的教育报告中广泛引用，成为人们评价数学教育的成败和审视数学教育对策的重要依据。

第一次国际数学教育调查（First International Mathematics Study，FIMS）的研究项目是识别和评估家庭背景和学校因素对数学成绩的影响。参加调查的有比利时、英国、芬兰、法国、联邦德国、以色列、荷兰、瑞典、日本、美国、澳大利亚和英国苏格兰共 12 个国家和地区，调查对象是 13 岁学生和高中毕业班学生。

IEA选择数学学科作为首次调查对象，是因为数学是一个统一因素较多的学科：①面对世界范围内科学技术迅猛发展的情况，作为科学基础的数学在教育方面应如何适应时代的要求，这是当时多数国家所面临的紧迫课题；②各国正在积极地进行数学教育改革的尝试，“新数运动”已不同程度地影响着各国的教学大纲；③数学的概念、用语和符号在世界各国几乎完全一致，并且各国的教学要求也很相近。

自FIMS之后，世界各国的教育状况发生了很大变化，其中最突出的是后期中等教育的普及和数学教学大纲的改革。为了了解数学教育的发展和动向，正确认识和评价“新数运动”在各国的发展情况和效果，IEA又进行了范围更广的第二次国际数学教育调查（简称为SIMS）。参加这次调查的有澳大利亚、比利时（法语地区、弗拉芒语地区）、加拿大（安大略省、不列颠哥伦比亚省）、智利、英国、芬兰、法国、中国香港、匈牙利、爱尔兰、以色列、象牙海岸、日本、韩国、卢森堡、荷兰、新西兰、尼日利亚、英国苏格兰、西班牙、瑞典、斯威士兰、泰国和美国，共26个国家和地区。

SIMS在考虑到参加国和地区的数学课程设置及教学方法运用各异的前提下，用统一的题目进行测试。调查题目全部采用选择题，分8组，每组17题，每组测试时间为50分钟。

这次调查在认知领域方面的目标分类如下。

计算：运用学过的法则对问题的要素进行具体演算的能力，关于特定事实和用语的知识，以及算法的实际应用能力。

理解：概念、原理、法则、通则的掌握，以及对问题作各种转换的能力。

应用：比较、分析数据的能力，分辨同构的和对称的数学模型的能力，以及用常规方法解题的能力。

分析：非常规方法的运用能力，发现模式、评论证明及批判的能力。

对于认知领域的调查，IEA特别注意分清预期的课程（国家规定的大纲、教科书、教学指导书）、实际的课程（学校教室里进行的课程）和达成的课程（学生学得的课程）的区别，并根据其差异进行分析。通过对学生学习达成度的研究了解自FIMS以来在成绩上变化的情况，进而明确产生这些变化的主要原因。当然IEA的调查并不局限于认知领域，例如，学生的年授课日数、每周家庭作业时间、使用电脑的状况、班级学额、教师的年龄，以及学生对数学课的关心态度等都在调查之列。

——张奠宙主编：《数学教育研究导引》，南京：江苏教育出版社，1994年。

第二节　学习质量的检查与分析

一、作业的布置与检查

数学课的作业一般分为课堂作业和课外作业（或叫作家庭作业）两种。课堂作业就是学生在课堂上用少量时间完成的作业，这类作业，主要是为了检查学生对该堂课所授知识掌握的情况。因此，这种作业题应紧扣该课内容，并当堂检查，判断正确与错误，错了可立即改正。课外作业是课后完成的一种经常性的作业。其目的主要是巩固和加深学生所学的知识，发展他们的思维，提高他们独立分析问题和解决问题的能力，并培养他们运用所学知识解决具体问题的技能和技巧。

（一）课外作业形式

1. 研究当天所学过的内容

学生在自学时，把课本上当天学过的内容参照笔记仔细地进行复习研究，对于书中定理的证明及作图的方法等，自己先寻求证法和做法，然后再看书并比较证法和做法的异同。对于书中重要的定义、定理、公式、法则等，要在理解它们意义的基础上用自己的语言表述出来，在真正理解了本质的基础上记住它们。这种作业要求学生自觉地经常地进行，即使老师没有布置，学生也应坚持这样做。课堂上，教师可采用提问的方式检查学生做得怎样。

2. 独立解题

这是一种必不可少的课外作业，要使学生深刻地理解和完整地掌握所学的知识，不断提高分析问题和解决问题的能力，必须让学生在课外解答一定数量的习题。为使题目布置的合适恰当，教师应当先对课本中的习题进行全面的研究，以便有目的、有计划、有步骤地配合教材内容，安排好学生的课外作业。布置作业时，首先应选学生能理解的，经过认真思考可以解答出来的题目。其次应根据学生的实际情况，收集资料，自编一些联系实际的习题，以提高学生运用所学知识解决实际问题的能力。总之，在选择习题时，每选一道题，都要有的放矢，都应对提高学生的学习质量起一定的促进作用，坚决反对无谓地加重学生负担的“题海战术”。

对学生的课外作业，教师必须进行检查和批改。这一工作是检查学生学习质量和教师教学质量的重要手段。对学生来说，能够了解自己的学习情况，及时发现和纠正存在的问题和错误，加深对所学知识的理解和巩固。同时教师批改作业还能起到督促作用，特别对于低年级学生，具有教学管理的功能，这是由学生的年龄特点和自觉程度决定的。学生确实会因自己的作业得了好评而受到鼓励。对教师来说，学生的作业是自己获取教学反馈信息的主渠道，通过批改作业，可以了解学生掌握知识技能的情况，以便发现问题及时纠正、弥补，为改进教学提供依据。这样，既有利于开拓学生的思维，又可激发学生学习的积极性。至于作业的批改是采用全批全改、部分批改、精批细改等哪一种方式，教师可以根据学生的实际情况作出适当的决定。

3. 预习新课

要求学生预习将要学习的新内容，为讲授新课作准备，这也是教师经常布置的一种作业形式，这种作业有利于学生理解和掌握新知识。对于学生预习新课，老师一般要提出要求。例如，可以给学生提出一些新课中的问题，让学生通过预习寻求解决方法，也可以要求学生阅读后，弄清这部分讲了哪几个问题，哪些地方自己还看不懂，还不能理解等。这样在上新课时，学生就能集中注意力听老师讲解，把自己不懂的地方弄懂，收到事半功倍的效果，提高课堂教学质量。

（二）考查与考试

为了及时了解学生的学习情况和教师的教学效果，改进数学教学工作，教师需要在教学过程中定期检查各阶段数学教学情况。常用的检查方法有考查和考试两种，其中，考查是指在教学开始或教学过程中的阶段性检查工作，其目的主要是检查和了解学生的学习基础或近期学习情况；而考试是指期末、学年结束或毕业时对学生所学的知识和技能掌握情况进行全面的、总结性的检查，它是评价学生数学成绩的主要依据。

1. 考查与考试的目的和作用

（1）考查与考试是激励学生不断进取、激励学生努力学习的一种手段。它能促使学生对所学知识进行经常性的认真复习和小结，从而起到巩固和加深所学知识和技能的作用，同时还能使学生获得学习效果的反馈信息和做出自我评价。

（2）考查与考试是促进教师改进教学工作，提高教学质量的一种手段。通过考查与考试，教师可以及时取得教学的反馈信息，掌握学生的学习情况、存在的问题与困难，了解教学效果，分析教学中的症结所在，作出相应教学评价，对教学进行调整，提高教学质量。

（3）考查与考试是学校考核和鉴定教学效果、获得信息反馈的一种手段。通过对各班级各学科考查与考试信息资料的分析和研究，学校领导便于从教与学两方面总结经验，找出存在的问题，作为制定提高教学质量的参考。

（4）考查与考试也是家长了解子女学习情况的一种手段。考查与考试可以使家长及时了解子女的学习情况，以便更好地和学校、教师配合，共同帮助学生提高学习成绩。

2. 成绩考核的方式

数学成绩考核分为考查和考试两种基本方式。

（1）考查。数学考查的方式一般包括检查作业、口头考查和书面检测等方式。检查学生作业，是检查学生学习质量的重要方面。检查作业完成的数量和质量是否达到要求，是否有错误或问题，是偶然性错误还是原则性错误。教师除了订正错误外，最好进行必要的记录。口头考查一般在课堂中进行，教师通过有准备的提问或让学生板演，对正确的给予肯定，对错误的或不完善的进行改正或补充，并进行评分，这也是学生平时成绩的组成部分。书面检测具有阶段性，往往在章、节教学结束时进行，次数不可太多。书面检测能较全面地检查在一段时间内学生掌握知识的情况和教师的教学质量，它也是学生平时成绩的组成部分。

（2）考试。考试的方式是多种多样的，而数学教学中的考试一般采用书面、闭卷的方式进行。根据考试的内容和目的，也可采取口试或开卷方式进行。一般来说，闭卷用于考查基础知识，考再现因素多的内容；开卷用于考察能力，考创造因素多的内容。考试一般以每学期进行一、二次为宜，分为期中考试、期末考试、学年考试和毕业考试等。

进行考查和考试时，为了使检查结果真实，应要求学生各自独立完成解答。

（三）命题与评分

1. 命题

命题是进行书面测验和考试的一个重要环节。命题是否恰当，是关系到能否真实反映学生学习质量的决定因素，教师必须十分重视。中学数学命题中定性方面的要求为：注重基础，构思严谨，敞开思路，不落俗套。定量方面的要求为：坡度平缓，层次分明，覆盖全面，重点突出，难度适中，区分度强，信度要高，效度要好。

命题时应注意以下几点：

（1）明确考试的目的及不同类型考试的具体要求。在着手命题前，首先要明确考试的目的。不同类型的考试，其目的各异，命题的方式和要求也不同，例如，摸底考试与期末考试的命题在难度、区分度以及知识的覆盖面等方面都是不同的。明确考试目的才能有的放矢。另外对不同班级、年级、不同类型学校等都有不同的教学要求，只有明确了考试的具体要求，命题才能有所依据。

（2）要根据教学大纲和基本要求来命题。命题既要考查学生理解和掌握数学基础知识、基本技能的情况，又要考查学生的能力，包括解决实际问题的能力。

（3）试题的难易度要适当。题目不应当过难，以免大多数学生束手无策，从而挫伤学生学习的积极性。当然题目也不能过于简单，以免拉不开档次，使得有的学生对自己的水平产生过高估计，从而放松对自己的要求。题目要难易适当、有合理的梯度，既有基本要求，又有较高要求，这样才能检查出教学的真正效果。

（4）试题的分量要适当。题目的多少一般应根据估计学生能有较充裕的时间完成解答及检查而定，使学生不致于因时间不够而导致成绩反映不出其真实水平，一般按教师解题时间与学生解题时间之比为 1∶2.5 或 1∶3 掌握比较合适。

（5）试题安排顺序要得当。一般在试题的编排上，最好由浅入深、由易到难、由简到繁。要避免把繁难的试题排在前面，给学生造成心理上的压力，使其丧失考试的信心，影响学生水平的发挥。同时还应注意每一道题的相对独立性，这样可避免因不会解前一道题而影响后一道题解答的情况发生，也可避免形成暗示，影响检查教学质量。

2. 评分

评分是考试的一项重要而又十分严肃认真的工作。准确地评定学生的考试分数，这对教师正确鉴定教学效果，找出教学或学习上的不足之处，以及改进教学方法和学习方法都将有很重要的意义。因此，应事先根据试题做好标准答案和拟好评分标准，以便按统一的标准和要求评定成绩。在评阅试卷时，教师要仔细考虑学生对各题解答的情况，不仅要注意错误的多少，而且要分析错误的性质，区分细小的错误（或缺点）和重大的错误。评阅试卷时还应从质和量两方面仔细考虑学生各题的解答情况。要注意解题的思维过程，对学生有创见的解答可在试卷讲评时给予充分肯定；而对因概念不清，对定理、公式、法则理解有误而造成的原则错误要指正。总之，评分要客观公正，要鼓励创造精神。

阅读材料 »»

IAEP 国际数学教育调查

1989 年，中央教育科学研究所参加了美国教育测试中心（ETS）组织的第二次国际教育成就评价（International Assessment of Education Progress，IAEP），共有 19 个国家和地区的 21 个总体参加评估。

我国（除港澳台外）仅参加 13 岁学生（相当于初一、初二学生）的数学和科学的卷面测试，共有 20 个省市，涉及 8.7 亿人口的地区投入抽样调查，样本大小为 1500 人。

第二次国际教育成就评价课题测试结果：第二次国际教育成就评价课题各总体于

1991 年 3 月完成正式测试和问卷调查，数据处理和统计的结果表明我国大陆 13 岁学生数学答题正确率为 80%，远高于其他国家，较之居第二位的韩国和我国台湾地区也高出 7 个百分点。但我国科学测试平均正确率为 67%，在 20 个总体中居 15 位，成绩偏低。总体说来，各总体数学成绩差异比较大，科学成绩差异比较小；我国数学测试成绩最好，而科学测试成绩较差。

测试结果的国际比较和分析：

（1）数学测试的内容分为五部分：数和运算；度量；几何；数据分析、统计和概率；代数。

我国学生数学成绩好的原因主要是：中小学数学教学内容多，且系统性较强；注重能力培养，数学作业较多；我国学生计算能力最强，这可能与我国小学不准使用计算器而要求学生笔算有关。

（2）我国学生科学测试水平偏低。科学测试的内容包括四个部分：生活科学；物理科学；地球科学；科学本质。其中，我国学生的生活科学成绩最差。根据分析，我国科学课程的教学内容在联系实际生活方面较差，科学课程教学时间比数学教学时间少，这是成绩差的主要原因。此外，科学教师的素养劣于数学教师素养，科学课程试验设备条件较差，也是成绩较低的重要原因。

教学环境对学生成绩的影响：

一般来说，影响学生学习成绩的因素主要有学校和教师、校外活动和家庭背景三方面。

（1）学校教学条件和教师水平是影响学生学习成绩最重要的因素。

（2）校外活动中影响学生学习成绩最重要的因素是课外作业和看电视时间的长短。

（3）学生家庭背景情况对于学习成绩具有重要的作用，其中最重要的因素是家里兄弟姐妹人数和家庭的藏书数量。

——张奠宙主编：《数学教育研究导引》，南京：江苏教育出版社，1994 年。

二、试卷分析

为了充分发挥考试对教学的促进作用，经过考试评分后，教师还必须对试卷进行认真的分析，以便总结学生学习质量检查的结果，找出师生双方存在的问题和不足，采取有效措施加以改进。试卷分析包括定量分析和定性分析两个方面。

（一）定量分析

成绩的定量分析一般可以通过以下的统计表进行。

1. 学生的成绩登记表

登记书面测验和考试的成绩，期末可按一定权重求得加权平均值，作为学生的学期成绩。

2. 各题得分情况统计表

这种表格用来统计各题的应得分总数、得分率、得零分人数、得部分分人数、得满分人数。它可以反映全班学生对某项具体的基础知识或基本技能的掌握情况，同时又可作为衡量某试题是否恰当的重要依据，得分情况呈正态分布的题，区分度较好。此外，它还能反映学生出现错误的类型和性质。

3. 学生成绩分布状况统计表

把学生成绩分成若干分数段，得出各段人数占总人数的百分比，登记及格率和优秀率。它能反映出全班学生一次考试中所获成绩的总体分布状况。

（二）定性分析

定性分析是在定量分析的基础上进行的。它主要是总结成绩，指出存在的主要问题，分析产生这些问题的原因，提出今后学习中应注意的事项。在总结成绩时，要特别注意对具有独创精神的解法或最合理的简便解法给予高度评价，对后进生的进步要加以肯定和鼓励。在分析错误原因时，应结合平时教学工作及对学生的日常考查表现进行，按基本概念、思维训练、运用技能、语言表达、书写规范等方面进行归类整理。这为改进教与学提供方向，使师生更好地配合，共同努力提高教学质量，真正发挥考试的作用。

第七章　逻辑基础与数学教学

阅读要义

1. 数学是研究现实世界空间形式和数量关系的科学。数学概念是反映现实世界空间形式与数量关系本质属性的思维形式，概念是由概念的内涵和外延构成的，概念的内涵是指概念所反映的一切事物的本质属性，概念的外延是指概念所反映的事物的范围（集合），概念的内涵和外延之间有反变关系。给数学概念下定义就是揭示它的空间形式或数量关系的本质属性，定义概念 7 种方式和 4 条原则。

2. 判断是对思维对象及其属性有所肯定或否定的思维形式，数学中的判断语句叫作数学命题。数学命题，通常分为简单命题和复合命题两大类：简单命题包括性质命题、关系命题。数学命题的四种形式：原命题：$P \to Q$；逆命题：$Q \to P$；否命题：$\overline{P} \to \overline{Q}$；逆否命题：$\overline{Q} \to \overline{P}$。原命题和逆否命题之间有等价关系，原命题和其他命题之间的关系是不确定的。命题的充分和必要条件：

（1）若命题“$P \to Q$”为真，“$\overline{P} \to \overline{Q}$”为假，则 P 就称为使 Q 成立的充分非必要条件；

（2）若命题“$P \to Q$”为假，“$\overline{P} \to \overline{Q}$”为真，则 P 就称为使 Q 成立的必要非充分条件；

（3）若命题“$P \to Q$”和“$\overline{P} \to \overline{Q}$”皆真，即命题“$P \leftrightarrow Q$”为真，则 P 就称为使 Q 成立的充分且必要条件，简称充要条件。

命题的同一原理。若一个命题的条件和结论双方所指的对象是同一关系，则原命题与逆命题等价。分断式命题：把 n 个命题总合起来叙述成一个命题 N，而该 n 个命题的前提和结论所含事项双方都面面俱到且互不相容，那么这个命题 N 称为分断式命题。

3. 形式逻辑有四条基本规律：同一律、矛盾律、排中律和充足理由律。

4. 一般地，从一个或几个已知的判断得出一个新判断的过程称为推理。已知的判断叫作推理的前提，新判断叫作推理的结论。推理有归纳推理（不完全归纳推理和完全归纳推理）、类比推理和演绎推理三种。演绎推理的基本形式为三段论。

5. 数学证明是指用某些真实的数学概念和判断确定另一个数学判断真实性的思维过程，证明由论题、论据和论证三个部分组成。证明方法有：①直接证法。②间接证法，它包括反证法和同一法，反证法的逻辑基础为形式逻辑基本规律之矛盾律和排中律。③数学归纳法。④分析法与综合法。

第一节　数学概念及其教学

一、数学概念

（一）数学概念及其产生

数学概念是数学思维的基本单位，离开概念就不能产生数学思维，因此对学生数学思维能力的培养而言，数学概念的学习具有重要意义。正如数学家所指出：“数学是一门理性思维的科学。它是研究、了解和知晓现实世界的工具。复杂的东西可以通过这一工具以简单的措辞去表达，从这一意义上说，数学可以被定义为一种连续地用较简单的概念去取代复杂概念的科学。”①

数学是研究现实世界空间形式和数量关系的科学。数学概念是反映现实世界空间形式与数量关系本质属性的思维形式。数学概念的产生与发展有各种不同的途径，有些是直接从客观事物的空间形式或数量关系反映而得到的，如自然数概念是由事物排列的次序抽象概括而来；几何中的点、线、面、体、圆、柱、锥、台、球、平行、垂直等概念是从大小、形状及位置关系抽象出来的；有些是在已有数学概念的基础上，经过多层次的抽象概括而形成的，如复数的概念是在实数概念的基础上产生的，而实数的概念又是在有理数概念的基础上产生的。现代数学中的许多概念，如映射、群、环、域、向量空间等的产生和发展过程就更加复杂了。数学概念的形成不论如何复杂抽象，它们总是在一定的感性认识的基础上或在一定理性认识的基础上产生并逐步发展的。

一个数学概念通常用一个词（名称）或符号来表示，如用 **N**，**Z**，**Q**，**R** 分别表示自然数集、整数集、有理数集和实数集。

（二）数学概念的结构

每一个数学概念都反映某一数学对象的本质属性，因而它有客观的内容。同时，人们通过它所反映的属性去指称具有该属性的数学对象，即它又有反映的对象。这两方面分别构成了数学概念的内涵和外延，每一数学概念都是由概念的内涵和外延两方面构成的。

概念的内涵是指概念所反映的一切事物的本质属性，它是概念质的方面的规定，说明概念所反映的事物是什么样的。概念的外延是指概念所反映的事物的范围（集合），它反映了概念量的方面，说明了概念所反映的对象是哪些。例如，“平行四边形”这个概念，它的内涵是“有四条边”“对边平行”“对角相等”“同旁内角互补”“对角线相互平分”等；而外延是“所有的平行四边形”。又如，“奇数”这个概念，它的内涵是“整数”“被 2 除余 1”，而外延是 $\{x \mid x = 2n-1, n \in \mathbf{Z}\}$。一般地，当集合 $\{x \mid \phi(x)\}$ 表示一个概念的外延时，那么 $\phi(x)$ 就表示这个概念的内涵。

概念的内涵和外延之间有着密切的联系：概念的内涵扩大，它的外延就缩小；反之，概念的内涵缩小，它的外延就扩大。内涵和外延的这种变化关系，通常称为概念内涵和外延的反变关系。例如，在平行四边形的内涵中，再增加“邻边相等”的条件(内涵扩大)，

① 莫里兹. 数学家言行录[M].牛剑英，译. 南京：江苏教育出版社，1990：4.

就得到菱形的概念，其外延就缩小了；在菱形的概念中减少“邻边相等”的条件，就得到平行四边形的概念，其外延就扩大了。

二、数学中的定义

（一）定义

数学概念是用定义叙述的。给数学概念下定义就是揭示它的空间形式或数量关系的本质属性。例如：

（1）等边三角形是三边相等的三角形；

（2）仅被 1 和其本身整除大于 1 的正整数称为素数。

任何定义都是由被定义项、定义项和定义联项三部分组成的。被定义项是需要加以明确的概念。（1）中的“等边三角形”、（2）中的“素数”，分别是这两个定义的被定义项。定义项是用来明确被定义项的概念，（1）中“三边相等的三角形”、（2）中“仅被 1 和其本身整除的正整数、大于 1 的正整数”，分别是这两个定义的定义项。定义联项是用来联结定义项和被定义项的词语。一般常用的定义联项有“是”“就是”“指的是”“叫作”“称为”等。

（二）数学中常用的几种定义方式

1. 属加种差定义方式

这种定义方式由如下公式表示：

被定义项 = 邻近的属概念 + 种差

例如：

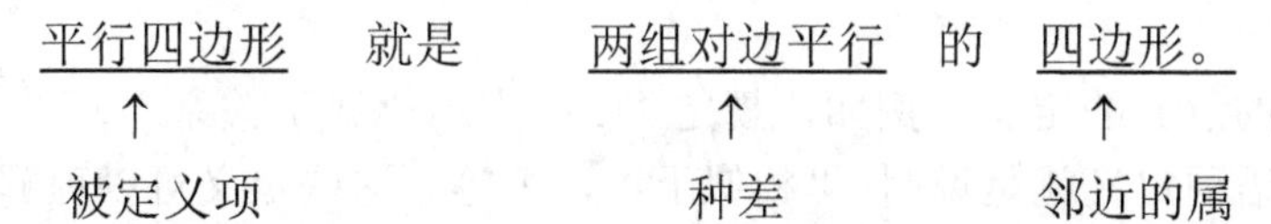

在这个定义中，“平行四边形”是被定义项，“四边形”是“平行四边形”最邻近的属概念。“平行四边形”不仅具有“四边形”的本质属性，同时还具有“两组对边平行”这一属性，这是用以区别“平行四边形”与“四边形”这个属概念下的其他种概念的属性。这样的属性称为该概念的种差。

又如：

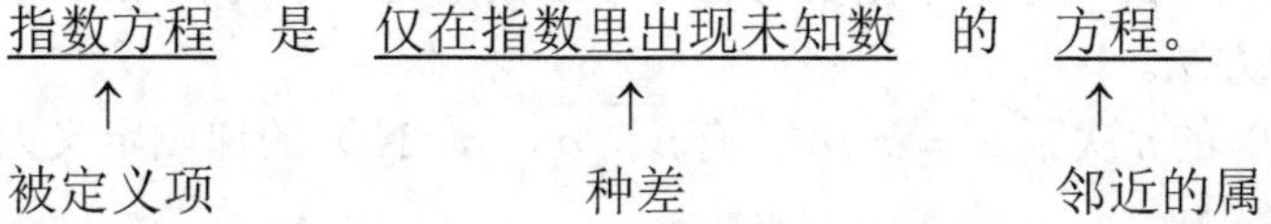

用这种方法给概念下定义要解决两个问题：①找出被定义项的概念的最邻近的属概念；②要指出它区别于这个属概念下其他种概念的属性，即种差。这里特别指出：对于同一个概念，选择同一个属的不同种差，可以作出不同的定义。例如，两组对边分别平行的四边形叫作平行四边形；两组对边分别相等的四边形叫作平行四边形；两条对角线互相平分的四边形叫作平行四边形。选择的属都是“四边形”，但种差不同。

2. 发生定义方式（又称构造定义方式）

发生定义是属加种差定义方式派生出来的一种特殊形式，是用一类事物产生或形成情况作为种差所作出的定义。例如，代数式的值的定义：用数值代替代数式里的字母，计算后所得的结果，叫作代数式的值。这是一个关于代数式值的定义，其种差是如何计算代数式的值的情况。

发生定义指出了概念的发生和形成的过程，语言叙述一般都比较长，但形象生动，有时还可用图形直观地表示出来，如数轴、直角坐标系、极坐标系、螺旋线、双曲线、抛物线、二面角、二面角的平面角、异面直线所成的角、圆柱、圆锥、圆台、球等概念的定义，都采用了发生定义方式。

发生定义按概念产生的过程，给出了构造程序，故又称为构造定义。

3. 外延定义方式（又称概括定义方式）

外延定义是通过列举概念的全部对象来下的定义。在外延定义中，被定义项是属，定义项是几个属的并集。例如，实数的定义："有理数和无理数统称为实数。"这是一个关于实数的外延定义，这里被定义项是实数，定义项是有理数集和无理数集的并集，即实数＝有理数∪无理数。

4. 关系定义方式

关系定义是以事物间的关系作为种差的定义方式，它指出这种关系是被定义事物所具有而其他事物所不具备的本质属性。例如，偶数的定义："偶数是能被 2 整除的数"，就是关系定义。又如"不为零的整数 b 整除 a，就是有一个整数 c 存在，使得 $a=bc$"，也是关系定义。

5. 语词定义方式

规定语词或词组的意义的定义。例如，规定"$\in$"表示"属于关系"；"$\sum$"表示"和"；"$\backsim$"表示语词定义就是说明 "相似于"，等等。这些定义可以理解为规定了新符号"$\in$""$\sum$""$\backsim$"的意义，也可以理解为给出了"属于关系""和""相似于"的简称或略语。

6. 递归定义方式

当被定义项与自然数的性质直接有关时，应用递归公式给出的定义，递归定义适用于与自然数的性质有直接关系的对象。下定义时首先给出被定义对象的初始意义，然后明确对象从 n 过渡到 $n+1$ 的方法。

例如，实数 $a\ (a\neq 0)$ 的 n 次幂 $a^n=a\cdots a$（有 n 个 a，$n\in\mathbf{N}$）的递归定义为：$a^0=1$；$a^1=a$；$a^{k+1}=a^k\cdot a\ (k\in\mathbf{N})$。

由于递归定义可以把 a^n 的表达式中省略号"…"的含义确切地表达出来，因此显得更为严谨。

7. 公理定义方式

公理定义就是用一组公理来描述被定义项概念的本质属性的定义方式。例如，意大利数学家G·佩亚诺（G. Peano）在19世纪末给出自然数的定义：

（1）1是自然数；

（2）1不是任何其他自然数的后继；

（3）每一个自然数a都有一个后继；

（4）如果a与b的后继相等，则a与b也相等；

（5）如果由自然数组成的集合S含有1，且当S含有任一数a时，它一定也含有a的后继，则S含有全部自然数。

在数学中，有一些基本概念，如点、直线、平面等虽然可以用公理化方法定义，但在中学数学中一般采用描述的方法来说明这些概念。

（三）定义的规则

要下好一个定义，除了对需要定义的概念要有深刻的了解外，还必须遵守定义的规则。

规则1　定义必须是对称的。

定义必须是对称的是指定义项概念的外延与被定义项概念的外延应当相等。例如，如果把无理数定义为“有理数开不尽的方根”，则这里定义项的外延小于被定义项的外延，犯了定义过窄的逻辑错误；如果把无理数定义为“无限小数”，则定义项的外延大于被定义项的外延，犯了定义过宽的逻辑错误。

规则2　定义不能循环。

定义不能循环是指不能借助甲概念来定义乙概念，而乙概念又借助于甲概念来定义。例如，若用两直线垂直来定义直角，又用两直线成直角来定义垂直，则犯了循环定义的逻辑错误。

规则3　定义一般不用否定形式。

给概念下定义应表示被定义项具有某种属性，用肯定形式而不用否定形式。例如，把无理数定义为“不是有理数的数”，把圆定义为“不是方的几何图形”等。这样不能揭示出无理数和圆的本质属性，也无法确定它的外延，达不到下定义的目的。

规则4　定义要确定、简明。

定义要确定、简明是指定义不能有含糊不清的词句。例如，“一个多边形的顶点在圆周上，那么这个多边形叫作圆的内接多边形”这个定义就含糊不清。因为它既没有指明是多边形的各个顶点在圆周上，又没有指明是在同一圆周上。定义还要简明，又如，把平行四边形定义为“两组对边分别平行的平面四边形”，这里“平面”一词是多余的。

三、数学概念的教学

数学概念是数学知识的细胞，也是数学思维的单位，是学生学习数学时赖以思维的基础。因此，数学概念的教学既是数学教学的重要环节，又是数学学习的核心。其根本任务是准确地揭示概念的内涵与外延，使学生思考问题及推理证明有所依据，能有创见地解决问题。在数学教学中要自始至终抓住数学概念的本质属性及其内部联系，就要了解概念的体系，注意概念的引入，剖析概念的本质，掌握概念的符号，重视概念的巩固，善于对概念进行总结。

（一）了解数学概念的体系

布鲁纳指出“获得知识，如果没有完满的结构把它联系在一起，那是一种多半会遗忘的知识，一连串的不连贯的论据在记忆中仅有短促可怜的寿命”，这说明人们认识事物的本质特征通常不可能一次性独立地完成。因此，数学概念的教学，要弄清楚学习这个概念需要怎样的基础，分析这个概念以后有何用处，它的地位和作用如何。这样，教师在授课时就能主次分明、轻重得当，既学习巩固已学过的概念，又为后续概念作恰当的潜伏。例如，“绝对值”是贯穿整个中学教学的重要概念，先是在有理数中引入，接着在算术根中出现了$\sqrt{a^2}=|a|$，把绝对值的概念拓展到实数范围，最后，在复数中，绝对值的概念扩展成了复数的模$|a+b\mathrm{i}|=\sqrt{a^2+b^2}\ (a,b\in\mathbf{R})$。

（二）注意数学概念的引入

1. 用实际事例或实物、模型进行介绍

形成准确概念的首要条件，是使学生获得十分丰富而且合乎实际的感性材料。因此，在教学中要密切联系数学概念，多用实际事例或实物、模型进行介绍，使学生从实际事物中获得对于研究对象的感性认识，在此基础上逐步认识它的本质属性，并提出概念的定义，建立概念。这些实际事物可取自日常生活中接触过的事物，也可以是图形、图表、模型和教材中列出的实际问题。例如，“正负数”概念可以从具有相反意义的量引入（如“前进”“后退”；“增加”“减少”；“收入”“支出”）；“射线”可以用手电筒、探照灯发出的光为例引入；“平面坐标”可用电影票上的排号座号为例引入等。

由实例引入概念，反映了概念的物质性、现实性，符合认识规律，给学生留下的印象比较深刻持久，同时使学生认识到数学概念是从客观现实中抽象出来的，从而对学生进行辩证唯物主义观点的教育，但要注意它的片面性、局限性。

2. 从数学的内在需要引入概念

例如，在实数范围内，方程$x^2+1=0$没有解。为了使它有解，就引入了一个新数 i，i 满足$\mathrm{i}^2=-1$，它和实数在一起可以按照通常的四则运算法则进行计算，由此再引入复数的概念，于是方程$x^2+1=0$就有解了。

3. 在学生原有概念的基础上引入新概念

例如，在已学了“平行四边形”概念的基础上引入“矩形”“菱形”“正方形”；在学了“等式”之后就可以给出“方程”的定义；在学了“线段”的定义后，就可以介绍“弦”“直径”等概念。在概念的属种关系中，种概念的内涵在属概念的定义过程中已经部分地揭示了，只要抓住种概念的本质特征(种差)进行讲授，便可使学生建立新的概念，这实际上是一种同化。所谓同化，就是把新的知识纳入原有的认知结构中，从而产生理解。

4. 用类比的方法引入或区别概念

类比不仅是思维的一种重要形式，而且是引入新概念的一种重要方法。例如，分式可类比分数引入；平面与平面的位置关系可类比平面上直线与直线的位置关系引入；不等式

概念可类比方程概念引入等。

（三）剖析概念的本质

概念在人们头脑中的形成，仅是人们对概念认识的开始，只有对某一类事物的本质属性有了完整的反映时，才能形成这一类事物的概念，因此对概念认识的深化必须从概念的内涵和外延两个方面做深入的剖析。剖析概念的内涵就是抓住概念的本质特征，例如，正弦函数 $\sin\alpha = \frac{y}{r}$ 的概念，涉及比值的意义、角的大小、点的坐标、距离公式、相似三角形、函数的概念等知识。“比值”是这一概念的本质特征。为了突出这个“比值”，可以这样分析：正弦函数的本质是一个“比值”，它是角 α 的终边上任意一点的纵坐标 y 与这一点到原点的距离 r 的比值，所以这个比值不超过 1。这个比值与点在角的终边上异于原点的位置无关，这可用相似三角形的原理来说明；这个比值的大小，随着角 α 的变化而变化，当 α 取某个确定的值时，比值也有唯一确定的值与之对应。如此以函数概念为基本线索，从中找出自变量、函数及对应法则，这样对正弦函数概念的理解就比较深刻了。

在数学中，有的概念叙述简练，寓意深刻。对这些概念，必须充分揭示概念中关键词的真实含义。另外对一些容易混淆或难以理解的概念，运用分析比较的方法指出它们的相同点和不同点，有助于学生抓住概念本质。

（四）掌握概念的符号

数学中的概念常用符号表示，这是数学的特点，又是数学的优点。符号是概念的外壳和代表，从某种意义上来说更是概念的抽象，因而在概念教学中掌握概念符号的意义显得尤为重要。在实际教学中要防止两种脱节：一是概念与实际对象脱节；二是概念与符号脱节，后一种脱节很容易使概念与所反映对象的内容脱节而产生错误。例如，学生往往将对数函数的符号“lg ”看成一个数，从而得出如下错误等式：

$$\lg(x+y) = \lg x + \lg y$$

在教学中，始终要给形式符号以具体的内容，时刻提醒学生注意符号的意义以及使用符号的条件。

学生理解数学符号的另一个主要困难是理解数学符号与运算的关系，只有把数学符号与运算及其法则结合起来，数学符号系统才能真正发挥作用。例如，$\frac{\frac{x}{y}}{a}$ 与 $\frac{x}{\frac{y}{a}}$，$\sqrt{x-y}$ 与 $\log_a\sqrt{x}-y$，$\lg a^{x+1}$ 与 $\lg a^x+1$ 等，类似这些式子的区别学生很容易忽视。

还有，在几何教学中，除注意符号外，还得注意图形的教学。要排除“标准”图形妨碍学生正确掌握概念，要变更图形，排除可能引起的误解。

（五）重视概念的巩固

由于概念具有高度的抽象性，不易达到牢固掌握的程度，而且数学概念数量多，不易记忆，故巩固概念是概念教学的重要环节。

一般可采取如下一些做法：

（1）引入新概念后，让学生及时做一些巩固练习；

（2）注意复习前次概念，进行知识的“返回”“再现”；

（3）注意概念之间的比较；

（4）及时地进行总结；

（5）通过解题及反复应用巩固概念。

概念的应用要注意递进的过程，即由初步的、简单的，逐步发展到较复杂的应用。要注意引导学生在判断、推理、证明中运用概念，在日常生活、生产中运用概念，以加深对概念的理解，达到巩固概念的目的。例如，讲授对数的概念时，应指出对数的实质是对应于已知幂的指数，为了巩固对数$\log_a N=b$的概念，可以通过以下四类练习题来进行。

第一类，使学生习惯于对数符号$\log_a N=b$的运用，把“对数”与“对应的指数”联系起来，如把$2^5=32$，$20^x=400$等改写成对数式；把$\log_4\dfrac{1}{32}=-\dfrac{5}{2}$，$\log_{10}\sqrt{6}=x$，$\log_7 N=z$等改写成指数式。

第二类，使学生了解对数、真数、底数三者之间的关系。如求对数：$\log_7 49$，$\log_{\frac{1}{10}}2$，$\log_{\sqrt{2}}2$；求真数：$\log_8 x=\dfrac{1}{3}$，$\log_{\sqrt{2}}x=4$，$\log_a x=5\ (a>0,a\neq 1)$；求底数：$\log_x 216=3$，$\log_x 4=\dfrac{1}{2}$，$\log_x 2=-\dfrac{1}{2}$。

第三类，使学生对底数a和真数N的取值有清晰的认识。如判断下列各式是否成立：$\log_1 2=a$，$\log_{(-2)}16=4$，$\log_4(-20)=b$；已知：$\log_x 9=2$，$\log_{(x+2)}(x^2-2x-2)=0$，求x。

第四类，通过恒等式$a^{\log_a N}=N\ (a>0,a\neq 1)$的证明，使学生深刻地理解对数的定义。

通过这些练习，可以使学生逐步学会运用对数概念进行判断、推理和证明，并在运用过程中加深对对数概念的理解。

（六）善于对概念进行总结

在学习完某一节、某一章或某一单元后，要善于引导学生进行概念的关系、概念之间的区别及联系等方面的总结，一般可采用概念之间的关系图、表格等形式进行。这样能使学生的概念知识系统化、条理化。

第二节 数学命题及其教学

一、判断与命题

判断是对思维对象及其属性有所肯定或否定的思维形式，判断有两个基本的逻辑特征：①对事物有所断定。其方式有两种：肯定或否定。②判断的真假。若判断如实反映了客观事物的情况，就是真判断；否则，就是假判断。例如，“正数都大于零”“负数都小于零”“$\sqrt{3}$是无理数”等都是真判断，而“任意两个无理数的和是无理数”却是一个假判断。因为两个无理数的和不一定是无理数，如 $\lg 2$ 与 $\lg 5$ 都是无理数，但它们的和 $\lg 2+\lg 5$ 却是有理数。

判断作为一种思维形式，不能离开语句而单独存在。语句是判断的外壳和语言表达形式，而判断则是语句所表达的思想内容。二者有联系，也有区别，但并非一一对应。这里要注意：①同一个判断可以用不同的语句表达，如“一切平行四边形对角相等”“绝不会有对角不等的平行四边形”等。它们的区别仅仅是语言风格的不同，而实质是一样的。②不是所有的语句都表示判断。例如疑问句就不是判断：“三角形是多边形吗？”就不是判断。

数学中的判断语句通常称为数学命题，表达真判断的语句称为真命题，表达假判断的语句称为假命题。一个命题不是真的就是假的，不能又真又假。

数学命题常用符号、算式来表达，例如，$15+4=19$，$\triangle ABC \sim \triangle A'B'C'$，$(a-b)^2=a^2-2ab+b^2$ 等，都是数学命题。

在命题逻辑中，通常用 P，Q，R 等表示命题，称为命题变量或命题变项。命题变量只能取“真”“假”二值。为了书写方便，常用“1”表示“真”，用“0”表示“假”。如果命题 P 是一个真命题，就说 P 的值等于 1，记作 P=1；如果命题 Q 是一个假命题，就说 Q 的值等于 0，记作 Q=0。

数学命题，通常分为简单命题和复合命题两大类。

二、简单命题

简单命题是由简单判断构成的，即不包含其他命题的命题，简单命题又分为性质命题和关系命题两种。

（一）性质命题

性质命题就是判定某事物具有（或者不具有）某种性质的命题。

例 7.1　（1）一切正方形都有外接圆。

（2）任何一个圆都不是直线形。

（3）有些一元二次方程没有实数根。

（4）自然数都不是无理数。

一般来说，性质命题由主项、谓项、量项和联项四部分组成。主项表示判断的对象，逻辑学上通常用“S”表示，如例 1 中的“正方形”“圆”“一元二次方程”“自然数”分别为四个命题的主项。谓项表示主项具有或者不具有的性质，常用“P”表示，如“外接圆”“直线形”“实数根”“无理数”分别是四个命题的谓项。量项表示主项的数量，反映命题的量的差别。表示对象全体的叫全称量项，常用“所有”“一切”“任何”“每一个”“凡”等全称量词来表达。表示对象一部分的叫作特称量项，常用“有些”“至少有一个”“存在”“某些”等存在量词来表达。特称量项的语言标志在命题中不能省略，而全称量项的语言标志在命题中可以省略。联项表示主项与谓项之间的关系，反映命题的质的差异，通常用“是”“有”“能”表示肯定联项；用“不是”“没有”“不能”表示否定联项。

例如：

一切　正方形　都有　外接圆

量项　主项　联项　谓项

根据量项的“全称”或“特称”的量，以及联项的“肯定”或“否定”的质，性质命题可以分为四种形式：

（1）全称肯定命题（A）。表示为“SAP”，逻辑形式是：“所有的S都是P。”

（2）全称否定命题（E）。表示为“SEP”，逻辑形式是：“所有的S都不是P。”

（3）特称肯定命题（I）。表示为“SIP”，逻辑形式是：“有的S是P。”

（4）特称否定命题（O）。表示为“SOP”，逻辑形式是：“有的S不是P。”

全称命题和特称命题，其主项 S 和谓项 P 之间有且只有下面五种情形：①$S=P$；②$S\subset P$；③$S\supset P$；④$S\neq P$且$S\cap P\neq\varnothing$；⑤$S\cap P=\varnothing$。关于A，E，I，O之间的真假关系见表 7-1。

表 7-1　真假关系表

	$S=P$	$S\subset P$	$S\supset P$	$S\neq P$ 且 $S\cap P\neq\varnothing$	$S\cap P\neq\varnothing$
SAP	1	1	0	0	0
SEP	0	0	0	0	1
SIP	1	1	1	1	0
SOP	0	0	1	1	1

由表 7-1 可以看出：SAP和SEP可以同假，但不能同真，这种关系叫作反对关系；SIP和SOP可以同真，但不能同假，这种关系叫作下反对关系；SAP和SOP、SEP和SIP不能同真也不能同假，这种关系叫作矛盾关系；SAP和SIP、SEP和SOP之间，若全称命题为真，则特称命题必真；若全称命题为假，则特称命题真假不定；若特称命题为假，则全称命题必假；若特称命题为真，则全称命题真假不定。这种关系叫作等差关系。

上述四种关系可用图 7-1 表示，通常称为逻辑方阵。利用逻辑方阵，在一定的情况下可以由一种命题的真假判定其他命题的真假。

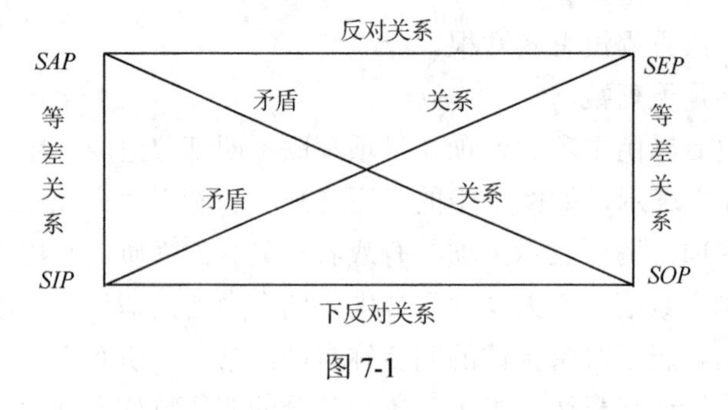

图 7-1

（二）关系命题

关系命题就是判定事物与事物之间关系的命题。“关系”可存在于两个或两个以上事物之间，因此，其对象必有两个或两个以上，即指关系命题的主项一般有两个或两个以上。

例 7.2　$\triangle ABC \sim \triangle A'B'C'$；直线 a // 直线 b。

关系命题由主项、谓项和量项三部分组成。主项又称为关系项，是指存在某种关系的对象。例 2 中的“$\triangle ABC$”与“$\triangle A'B'C'$”“直线 a”与“直线 b”分别是两个命题的主项。其中“$\triangle ABC$”“直线 a”在前面，称为“关系前项”；“$\triangle A'B'C'$”“直线 b”在后面，称为关系后项。谓项又称为关系，是指各个对象之间的某种关系。例 2 中的“～”“//”分别是两个命题的谓项。量项表示主项的数量。每个关系命题，都是有量项的。同性质命题一样，关系命题的量项也有单称、全称与特称三种。

例如，有某几条　直 线　垂直于　一 条　直线 a。

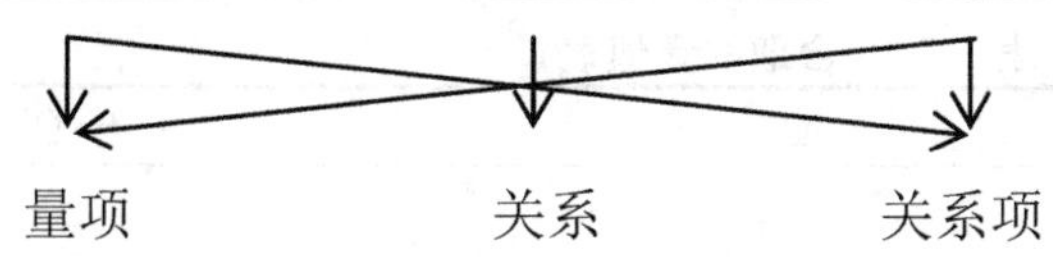

量项　　关系　　关系项

具有两个关系项的关系命题可用公式 aRb 表示，a，b 为关系项，R 表示“关系”，读作“a 与 b 有 R 关系”。

数学中常用的关系有下面三种：

（1）自反关系。指某一事物与其自身所具有的某种关系，即 aRa，例如，“全等关系”。

（2）对称关系。若 aRb 成立，可得 bRa 成立，则关系 R 是对称关系，例如，“全等关系”“相似关系”“平行关系”“垂直关系”等。

（3）传递关系。若 aRb 成立，且 bRc 成立，可得 aRc 也成立，则关系 R 称为传递关系，例如，“包含关系”“等于关系”“大于关系”“小于关系”等。

三、复合命题

（一）逻辑联结词

复合命题是两个或两个以上简单命题由逻辑联结词结合起来构成的命题。常用的逻辑联结词有否定、合取、析取、蕴涵、等价等五种。

1. 否定（非）

命题 $n \in Z$ 的否定命题记作 $\overline{P}$，读作 P 的否定，$\overline{P}$ 称为 P 的逻辑非（或负命题）。显然 P 与 $\overline{P}$ 有如下关系：若 $P=1$，则 $\overline{P}=0$；若 $P=0$，则 $\overline{P}=1$。即若 P 为真，则 $\overline{P}$ 为假；若 P 为假，则 $\overline{P}$ 为真。这个关系可用表 7-2 表示。

表 7-2　否定的真值表

P	$\overline{P}$
1	0
0	1

一个命题与它的否命题不可能同真或同假。例如，P 表示命题“15 能被 3 整除”是真

命题，那么$\overline{P}$就表示“15不能被3整除”是假命题。

2. 合取（与、且）

给定两个命题P，Q，用“与”联结起来，构成复合命题“P与Q”，记作$P\wedge Q$，读作P与Q。若P，Q全为真，则$P\wedge Q$为真；若P，Q中至少有一个为假，则$P\wedge Q$为假。命题$P\wedge Q$称为命题P，Q的逻辑积。其真值见表7-3。例如，用P表示“$\triangle ABC$为等腰三角形”，Q表示“$\triangle ABC$为直角三角形”，那么“$\triangle ABC$为等腰直角三角形”可表示为$P\wedge Q$。

一般日常语言中的“并且”“以及”“和”“不仅……，而且……”等都为合取词。

表7-3　合取的真值表

P	Q	$P\wedge Q$
1	1	1
1	0	0
0	1	0
0	0	0

3. 析取（或）

给定两个命题P，Q，用“或”联结起来，构成复合命题“P或Q”，记作$P\vee Q$，读作P或Q。若P，Q中至少有一个为真，则$P\vee Q$为真；若P，Q同时为假，则$P\vee Q$为假。命题$P\vee Q$称为命题P，Q的逻辑和，其真值见表7-4。例如，用P表示命题“2>2”，这是个假命题。用Q表示命题“2=2”，这是个真命题。那么，“2⩾2”可表示为$P\vee Q$。

表7-4　析取的真值表

P	Q	$P\vee Q$
1	1	1
1	0	1
0	1	1
0	0	0

4. 蕴涵（若……，则……）

给定两个命题P，Q，用“若……，则……”联结起来，构成复合命题“若P则Q”，记作$P\to Q$，读作P蕴涵Q。若P真Q假，则$P\to Q$为假。

在P，Q的其余情况下，$P\to Q$为真。具体的$P\to Q$的真值见表7-5，例如，设$n\in\mathbf{Z}$，P表示“n^2是偶数”，Q表示“n是偶数”，“若n^2是偶数，则n是偶数”可表示为$P\to Q$。

表 7-5 蕴涵的真值表

P	Q	$P \to Q$
1	1	1
1	0	0
0	1	1
0	0	1

5. 等价

给定两个命题 P，Q，若有 $P \to Q$ 且 $Q \to P$，那么 P 和 Q 称为是等价的，记作 $P \leftrightarrow Q$，读作 P 等价于 Q。由等价的意义可知，当且仅当 P，Q 同真同假时，$P \leftrightarrow Q$ 为真。其真值见表 7-6。

表 7-6 等价的真值表

P	Q	$P \leftrightarrow Q$
1	1	1
1	0	0
0	1	0
0	0	1

两个命题等价常用的逻辑联结词有“当且仅当”“必须且只需”“有且仅有”“相当于……”等。例如，如果 P 表示“四边形的两组对边相等”，Q 表示“四边形为平行四边形”，那么 $P \leftrightarrow Q$ 就表示“当且仅当四边形的两组对边相等时，这个四边形为平行四边形”。可见，两个命题等价，就是两个命题互为充要条件。

（二）命题的演算法则

利用真值表 7-3—表 7-6 容易证明下列法则成立：

（1）交换律：$P \wedge Q \equiv Q \wedge P$；$P \vee Q \equiv Q \vee P$。

（2）等幂律：$P \vee P \equiv P$；$P \wedge P \equiv P$。

（3）结合律：$(P \vee Q) \vee R \equiv P \vee (Q \vee R)$；$(P \wedge Q) \wedge R \equiv P \wedge (Q \wedge R)$。

（4）分配律：$P \vee (Q \wedge R) \equiv (P \vee Q) \wedge (P \vee R)$；$P \wedge (Q \vee R) \equiv (P \wedge Q) \vee (P \wedge R)$。

（5）吸收律：$P \vee (P \wedge Q) \equiv P$；$P \wedge (P \vee Q) \equiv P$。

（6）德·摩根律：$\overline{P \wedge Q} \equiv \overline{P} \vee \overline{Q}$；$\overline{P \vee Q} \equiv \overline{P} \wedge \overline{Q}$。

（7）双否律：$\overline{\overline{P}} \equiv P$。

（8）幺元律：$P \vee 0 \equiv P$；$P \wedge 1 \equiv P$。

（9）极元律：$P \vee 1 \equiv 1$；$P \wedge 0 \equiv 0$。

（10）互补律：$P \vee \overline{P} \equiv 1$；$P \wedge \overline{P} \equiv 0$。

四、数学命题的四种形式

（一）数学命题的四种形式

通常把 $P \to Q$（若 P 则 Q）的命题称为条件命题，又称为假言命题，它的四种形式是：

（1）原命题：$P \to Q$；

（2）逆命题：$Q \to P$；

（3）否命题：$\overline{P} \to \overline{Q}$；

（4）逆否命题：$\overline{Q} \to \overline{P}$。

原命题和逆命题是互逆的，否命题和逆否命题也是互逆的；原命题和否命题是互否的，逆命题和逆否命题也是互否的；原命题和逆否命题是等价的，逆命题和否命题也是等价的。这四种命题之间的关系，还可以用图解来表示（图 7-2）。

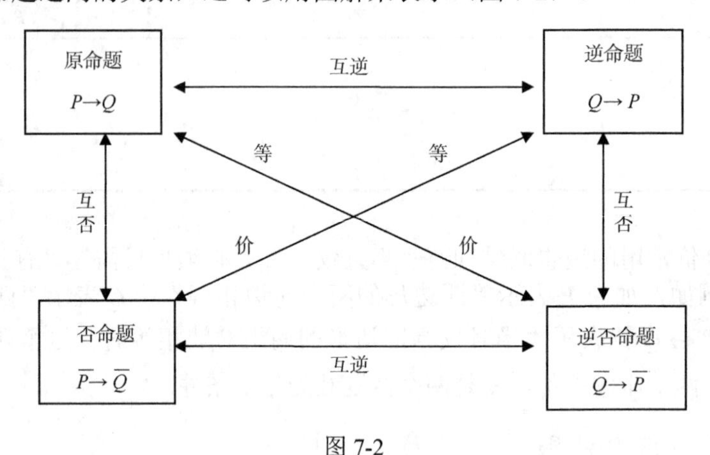

图 7-2

如果一个命题的前提和结论都是简单命题，则其逆命题、否命题、逆否命题都是容易确定的。如果原命题的前提或结论是复合命题，那么在制作与它相关的三种命题时，必须把前提和结论看成一个整体，利用常用的等价式确定其具体内容。

例 7.3　试作出命题“若 a 和 b 都是偶数，则 $a+b$ 也是偶数”的逆命题、否命题和逆否命题。

解　原命题即为（a 是偶数）$\wedge$（b 是偶数）$\to$（$a+b$ 是偶数）；所以，逆命题为（$a+b$ 是偶数）$\to$（a 是偶数）$\wedge$（b 是偶数），即“若 $a+b$ 是偶数，则 a 和 b 都是偶数”。

$$\text{否命题为}\overline{(a\text{是偶数})\wedge(b\text{是偶数})} \to \overline{(a+b\text{是偶数})}$$

由德·摩根律，有

$$\overline{(a\text{是偶数})\wedge(b\text{是偶数})} \equiv \overline{a\text{是偶数}} \vee \overline{b\text{是偶数}} \equiv (a\text{不是偶数}) \vee (b\text{不是偶数})$$

所以，其否命题可改写为（a 不是偶数）$\vee$（b 不是偶数）$\to$（$a+b$ 不是偶数），即“若 a 不是偶数或 b 不是偶数，则 $a+b$ 不是偶数”。

$$\text{逆否命题为}\qquad \overline{(a+b\text{是偶数})} \to \overline{(a\text{是偶数})\wedge(b\text{是偶数})}$$

或（$a+b$ 不是偶数）$\to$（a 不是偶数）$\vee$（b 不是偶数），即“若 $a+b$ 不是偶数，则 a 不是偶数或 b 不是偶数”。

（二）逆否律

互逆或互否的两个命题的真实性并非一致，可以两个都真，可以两个都假，也可以一真一假。而互为逆否的两个命题同真或同假，这一性质通常称为逆否律，用符号表示就是 $P \to Q \equiv \overline{Q} \to \overline{P}$；$Q \to P \equiv \overline{P} \to \overline{Q}$。下面用真值表证明，得表 7-7。

表 7-7　命题四种形式的真值表

P	Q	$\overline{P}$	$\overline{Q}$	$P \to Q$	$Q \to P$	$\overline{P} \to \overline{Q}$	$\overline{Q} \to \overline{P}$	$\overline{P} \vee Q$
1	1	0	0	1	1	1	1	1
1	0	0	1	0	1	1	0	0
0	1	1	0	1	0	0	1	1
0	0	1	1	1	1	1	1	1

所以 $P \to Q \equiv \overline{Q} \to \overline{P}$，$Q \to P \equiv \overline{P} \to \overline{Q}$。

也可用等价式推论，得

$$P \to Q \equiv \overline{P} \vee Q \equiv Q \vee \overline{P} \equiv \overline{\overline{Q}} \vee \overline{P} \equiv \overline{Q} \to \overline{P}$$

同理可证，$Q \to P \equiv \overline{P} \to \overline{Q}$。

由逆否律，对于互为逆否的两个命题，在判定其真假时，只要判定其中的一个就可以了。

五、命题的条件

数学中的命题条件分为充分条件、必要条件和充要条件。

如果有了条件 P，可以保证结论 Q 的成立，我们就说条件 P 对于结论 Q 是充分的。如果没有条件 P，就不能有结论 Q，我们就说条件 P 对于结论 Q 是必要的。

于是可知：命题“若 P 则 Q”成立，指出了 P 是 Q 的充分条件；否命题“若 $\overline{P}$ 则 $\overline{Q}$”成立，指出了 P 是 Q 的必要条件。而“若 $\overline{P}$ 则 $\overline{Q}$”的逆否命题“若 Q 则 P”，于是有“若 Q 则 P”成立，那么 P 是 Q 的必要条件。

在教学中必须严格区分三种类型的条件：

（1）充分非必要条件。

若命题“$P \to Q$”为真，“$\overline{P} \to \overline{Q}$”为假，则 P 就称为使 Q 成立的充分非必要条件。

（2）必要非充分条件。

若命题“$P \to Q$”为假，“$\overline{P} \to \overline{Q}$”为真，则 P 就称为使 Q 成立的必要非充分条件。

（3）充分必要条件。

若命题“$P \to Q$”和“$\overline{P} \to \overline{Q}$”皆真，即命题“$P \leftrightarrow Q$”为真，则 P 就称为使 Q 成立的充分且必要条件，简称充要条件。

在数学中，“P 是 Q 的充要条件”，常常表示为“Q 当且仅当 P”“Q 必要且只要 P”或“Q 必须且只需 P”。这里，“当”“只要”“只需”是指 P 为 Q 的充分条件；“仅当”“必要”“必须”是指 P 为 Q 的必要条件。充分条件和必要条件揭示了条件与结论的内部联系，可以用来指导数学的证明。

六、同一性命题和分断式命题

（一）同一性命题

先看一例：“北京是中华人民共和国的首都”这句话是正确的，它的逆命题“中华人民共和国的首都是北京”也完全正确。其原因是中华人民共和国的首都只有一个，称为北京的城市也只有一个，“北京”和“中华人民共和国的首都”这两个概念是同一关系。又如，“武汉是中华人民共和国的城市”是正确的，但其逆命题“中华人民共和国的城市是武汉”就不对了。这是因为“武汉”和“中华人民共和国的城市”这两个概念是属种关系而不是同一关系。

同一原理：若一个命题的条件和结论双方所指的对象是同一关系，则原命题与逆命题等价。

例如命题：“等腰三角形顶角的平分线是底边的中垂线”与其逆命题“等腰三角形底边的中垂线是顶角的平分线”皆是正确的。因为这里条件所指的对象“等腰三角形顶角的平分线”和结论所指的对象“等腰三角形底边的中垂线”是同一关系的概念。

综上所述，凡是符合同一原理的命题，该命题与其逆命题等价，这个命题被称为同一性命题。

（二）分断式命题

把n个命题总合起来叙述成一个命题N，而该n个命题的前提和结论所含事项双方都面面俱到且互不相容，那么这个命题N称为分断式命题。分断式命题是由若干命题组成的复合命题。例如，在同圆和等圆中，等弦的弦心距相等；不等弦的弦心距不等，大者距离较近，小者距离较远。其中前提把两弦的大小关系“等于”“大于”“小于”一一道尽；而结论部分也把比较两弦距圆心远近的所有可能的三种关系“等远”“较近”“较远”一一说完，而且这些关系又互不相容，所以这个命题是分断式命题。

一个分断式命题，如果原命题为真，那么其逆命题也必为真。

事实上，设原命题$P_i \to Q_i$ $(i=1,2,\cdots,n)$为真，从中取出$n-1$个，如$P_j \to Q_j$ $(j=2,3,\cdots,n)$依分断式命题的定义，这$n-1$个蕴涵式联立起来，实质上就是说$\overline{P_1} \to \overline{Q_1}$为真。由此，依逆否律$Q_1 \to P_1$为真。同理$Q_k \to P_k$ $(k=2,3,\cdots,n)$为真。因此，逆命题$Q_i \to P_i$ $(i=1,2,\cdots,n)$为真。

七、数学命题的教学

数学中的定义、法则、定律、公式、性质、公理、定理等都是数学命题。因此，数学命题的教学基本任务是使学生认识命题的条件和结论，掌握命题推理过程或证明方法，运用所学的命题进行计算、推理或论证，提高数学基本能力，解答实际问题。并在此基础上使学生熟悉基本的数学思想和数学方法，弄清数学命题之间的关系，把学过的命题系统化，形成结构紧密的知识体系。

（一）公理的教学

数学公理是数学命题的出发点，是无条件承认的相互制约的规定，是一些不证自明的命题。在中学数学中，公理这个名称首次出现于初中几何，是在学生学习了直线、相交线和平行线之后，在学生初步掌握推理方法的基础上提出来的。因此，教学时可以引导学生回忆前面一些定理的证明过程，使学生认识到定理的证明是以它前面的一些定理为依据的。在此基础上可以提出这样的问题："如果每一个定理都依据它前面的定理来推证，那么怎样来证明第一个定理呢？"由此，让学生体会到每一数学体系内，必定存在着一些作为推理基础且不加证明的原始命题，即数学公理。

在理论形式上，公理是逻辑推理的大前提，它们的真实性不是由逻辑推理来确定的，而是经过人类长久以来的实践直接证实的。因此在教学时，要遵循教学原则尽可能设计从感知材料出发，让学生自己动手探索的教学过程。帮助学生理解公理的具体内容，确信公理的真实性，在理解的基础上予以熟记。例如，讲授"经过两点有一条直线，并且只有一条直线"这一公理时，可以指导学生观察它的现实原型。在此公理中的"有且只有"这一概念难以掌握，可以设计如下的教学过程，让学生根据下列要求画图，并回答问题：

（1）在纸上画一点 A，经过点 A 画直线，可以画多少条？

（2）在纸上画出不同的两点 A 和 B，经过 A，B 画直线，可以画多少条？

（3）在纸上画出不同的三点 A，B，C，经过 A，B，C 三点，可以画几条直线？（一条或一条也不能画）

通过以上问题引导学生明确"有且只有"的含义，进而归纳出直线的基本性质。

（二）定理、公式的教学

定理是经过数学证明的真命题，它是中学数学知识的重要组成部分。定理教学应注意以下几点。

1. 要使学生了解定理的由来

数学定理是进行正确推理的依据，也是论证方法的依据，是从现实世界的空间形式或数量关系中抽象出来的。数学定理的发现过程大致有两种情况，一种是经过观察、分析，用不完全归纳方法、类比方法等得出的猜想，而后再寻求逻辑证明；另一种是从理论推导得出结论。在教学中，一般先不提出定理的具体内容，而尽量先让学生通过对具体事物的观察、测量、计算等实践活动来猜想定理的具体内容。对一些较抽象的定理，可以通过推理的方法来发现。这样做有利于学生对定理的理解。例如，三角形内角和定理、锥体体积公式均可由实验观察使学生发现结论；平行线的性质定理和判定定理，可以通过平行线的作图或者通过度量同位角来发现；又如数的运算定律一般可通过特殊数值的计算，用不完全归纳法去猜想。

2. 要使学生认识定理的结构

要指导学生弄清定理的条件和结论，分析定理所涉及的有关概念、图形特征、符号意义，将定理的已知条件和求证确切而简练地表达出来，特别是要指出定理的条件与结论的制约关系。

例如，平面与平面垂直的性质定理："如果两个平面α，β互相垂直，即$\alpha\perp\beta$，那么在一个平面α内垂直于它们交线m的直线l，必垂直于另一个平面β。"即有三个条件：①$\alpha\perp\beta$，交线为m；②在α内；③$l\perp m$。当且仅当三个条件都具备时才有结论$l\perp\beta$。学生在使用这个定理时往往会遗漏第三个条件而得出错误的结论。

3. 要使学生掌握定理的证明

定理的证明是定理教学的重点。通过证明可以帮助学生弄清事物间的本质联系，加深对数学定理的理解，不仅知其然，而且知其所以然，便于记忆和应用。为此，在教学中应加强分析，把分析法和综合法结合起来使用。一些比较复杂的定理，可以先用分析法来寻求证明的思路，使学生了解证明方法的来龙去脉，然后用综合法来叙述证明的过程。叙述要注意连贯、完整、严谨。特别是在定理教学的入门阶段，要注意对学生进行定理证明规范的训练，逐步培养学生严谨的逻辑思维能力以及思维的灵活性和广阔性。

4. 要使学生熟悉定理的应用

一般说来学生掌握定理是有一个过程的，先懂，再会，后熟。应用所学定理去解答有关的实际问题，是实现这一过程的重要环节。学生是否理解了所讲的定理，要看他是否会应用。事实上，懂而不会应用的知识是极易遗忘的。只有在应用中加深理解，才能真正掌握。在定理的教学中，一般可结合例题、习题教学，让学生动脑、动口、动笔，领会定理的适用范围，明确应用时应注意的事项，把握定理所要解决问题的基本类型。

5. 指导学生整理定理的系统

数学的系统性很强，任何一个定理都处在一定的知识系统之中。要告诉学生弄清每个定理的地位和作用，以及定理之间的内在联系，从而在整体上把握定理的全貌。因此，在定理的教学中，应让学生了解每个定理在知识体系中的来龙去脉，在总结复习时，可运用图示表解等方法，把学过的定理进行系统的整理。例如，在立体几何的复习中可以把线面平行、线面垂直、面面平行、面面垂直的判定定理和性质定理整理成表格形式，加以对照，使之系统化。

公式是一种特殊的数学命题，不少公式也是以定理的形式出现的，如勾股定理、余弦定理、正弦定理、二项式定理等。因此，定理教学的要求，同样也适用于公式教学。但由于公式还具有一些自身的特点，所以在公式的教学中，要重视公式的意义，掌握公式的推导，注意公式的应用范围，加强学生对公式的逆用和变形的应用，分清公式的形式与特点，采用多种方法指导学生记忆公式。

第三节　数学中的推理及其教学

一、形式逻辑的基本规律

上面我们讨论了数学概念和命题，要准确运用这些思维形式进行推理和证明，必须掌握同一律、矛盾律、排中律和充足理由律这四条逻辑思维的基本规律。

（一）同一律

同一律是指在同一时间内，从同一方面，思考或者议论同一事物的过程中，必须始终保持同一认识。也就是说，在同一思维过程中，所用的概念和判断必须确定，必须前后一致。

同一律通常用公式：$A=A$来表示，意即A是A，其中A表示概念或判断。

同一律在思维中的作用，在于保证思维的确定性。在同一思维过程中，如果一个概念已经确定在一定的意义下使用，那么在整个过程中必须保持着同一个意义，不能任意变换，也不能与别的概念混同。违反这一要求就要犯“偷换概念”或“混淆概念”的逻辑错误。但同一律的要求不是无条件的，同一律要求人们使用概念、判断过程中要保持概念、判断的同一，即在同一思维过程中的同一；在同一时间、同一地点、同一关系上对于同一对象而言的同一。例如，“两条直线不平行则相交”在平面几何中是真的，在平面几何（欧氏平面）的推论过程中保持同一认识，而在欧氏三维空间（立体几何）中这个命题就不真实了。

（二）矛盾律

矛盾律是指在同一思维过程中对同一对象的两个矛盾或反对的思想不能同时是真的，其中至少有一个是假的。

矛盾律常用公式：$\overline{A\wedge\overline{A}}$来表示，意即$A$不是$\overline{A}$，其中$A$和$\overline{A}$表示两个互相矛盾的概念或判断。

矛盾律要求一种思想不能自相矛盾，所以又叫作“不矛盾律”。违反这个要求的逻辑错误叫作自相矛盾。例如不能用“方形的圆”表示一个几何图形，否则就把“A”与“$\overline{A}$”自相矛盾的内容同时表现在一种思想中，从而发生内涵的矛盾。在判断方面，对同一事物的两个互相矛盾（或反对）的判断，不能同真，其中至少有一个是假的；互相反对的判断或者都是假的。例如，对两个实数a、b作出的两个互相反对的判断：“$a>b$”和“$a<b$”，可能都是假的，因为还有“$a=b$”存在。

矛盾律是同一律的延伸，是用否定形式来表达同一律的内容。同一律说：“A是A”；矛盾律说“A不是$\overline{A}$”。因此，矛盾律是从否定方面来肯定同一律。

（三）排中律

排中律是在同一思维过程中，两个矛盾的思想必有一个是真的。

排中律常用公式：$\overline{A\vee\overline{A}}$来表示，意即$A$真或$\overline{A}$真。其中$A$和$\overline{A}$表示两个互相矛盾的概念或判断。

排中律要求人们的思维有明确性，避免模棱两可。它是同一律和矛盾律的补充和发挥，进一步指明正确的思维不仅要求确定，不互相矛盾，而且应该明确地表示肯定还是否定，不能模棱两可，不能含糊不清。排中律和矛盾律既有联系又有区别。排中律和矛盾律都不允许有逻辑矛盾，违反了排中律，也就同时违反了矛盾律。所以，两者是互相联系的。它们的区别在于：矛盾律指出两个互相矛盾的判断不能同真，必有一假；排中律则指出两个互相矛盾的判断不能同假，必有一真。排中律是反证法的逻辑基础。当直接证明某判断有困难时，证明与其相矛盾的判断为假即可。

（四）充足理由律

充足理由律是指任何一个真实的判断，必须有充足的理由，即对任何事物的肯定或否定都要有充分的理由和依据。

充足理由律可表示为：B 真，是因为 A 真，并且 A 能推出 B 。这里 A 和 B 都表示判断。在形式逻辑中，A 叫作理由，B 叫作推断。B 是由 A 必然地合乎逻辑地推出来的。

在数学科学体系中，所谓充足理由必须以数学的已知概念和公理以及由此推导出来的定理、公式作为依据进行推理和判断。原始的概念、公理是数学体系中最初的充足理由，它们是经过长期实践而确认的，是推导其他命题的依据。在教学中要使学生明白证明问题必须言必有据，不能想当然。

充足理由律和前面三个规律也有着密切的联系。同一律、矛盾律和排中律是为了保持一个判断（或概念）本身的确定性和无矛盾性；充足理由律则是为了保持判断之间的联系有充分依据和论证性。因此，在思维过程中，违反了前三条规律就必然违反充足理由律。

二、数学中的推理

在数学思维活动中，需要实现由一个或几个互相联系的判断向一个新的判断过渡，而新判断包含了研究对象的新知识，这种过渡就是推理，它是一种高级思维的形式。

一般地，从一个或几个已知的判断得出一个新判断的过程称为推理。已知的判断叫作推理的前提，新判断叫作推理的结论。

按在推理中思维进程方向的不同，数学中常用的推理有归纳推理、类比推理和演绎推理。

（一）归纳推理

归纳推理又称归纳法，它是从一般性较小的前提推演出一般性较大的结论的推理。简单地说，归纳推理是由个别、特殊到一般的推理。

根据归纳对象是否完备，归纳法可分为不完全归纳法和完全归纳法两种。

1. 不完全归纳法

如果归纳推理的前提判断范围的总和小于结论判断范围，这种归纳推理叫作不完全归纳法。

不完全归纳法的推理形式是

S_1 具有（或不具有）P

S_2 具有（或不具有）P

……

$$\frac{S_n\text{具有（或不具有）}P}{S\text{具有（或不具有）}P}$$

其中，S_1，S_2，…，S_n是S的部分对象，S表示事物，P表示属性。

不完全归纳法又分为枚举归纳法和因果归纳法两种。

（1）枚举归纳法。

枚举归纳法是以某个对象的多次重复作为判断根据的推理方法。

例如，$1+8=9$，即$1^3+2^3=3^2=(1+2)^2$。

$1+8+27=36$，即$1^3+2^3+3^3=6^2=(1+2+3)^2$。

$1+8+27+64=100$，即$1^3+2^3+3^3+4^3=10^2=(1+2+3+4)^2$。

由此，我们可以推断得出

$$1^3+2^3+\cdots+n^3=(1+2+\cdots+n)^2=\left[\frac{n(n+1)}{2}\right]^2$$

用数学归纳法可以证明，这个结果是正确的。

又如，1640 年，法国数学家费马对形如$2^{2^n}+1$的数进行计算时，发现当$n=0,1,2,3$时，$2^{2^n}+1$都是素数。于是他进一步验证了$n=4$的情形，结果发现，$2^{2^4}+1=65537$仍然是一个素数。因此他大胆地猜想：所有$2^{2^n}+1$（n为所有自然数）都是素数。

然而，1732 年，欧拉发现$2^{2^5}+1=641\times6700417$，从而否定了费马猜想。

（2）因果归纳法。

因果归纳法是把一类事物中部分对象的因果关系作为判断的前提而作出一般性猜想的推理方法。例如，我们下面研究平面上n条直线最多能把平面分成多少个平面块。

既然有“最多”的情况，因此我们有理由假定这n条直线中任何两条都相交，任何三条都不交于同一点。

设$f(n)$是n条直线把一平面所能分成的最多的块数。

$f(1)=2$。$f(2)=4$，比$f(1)$多了 2 块，即$f(2)=f(1)+2$。其原因在于：当平面内多添一条直线l_2时（图 7-3），l_1和l_2有一个交点，这个交点把l_2分成两段，每一段都把它所在的平面块（被l_1分开的）一分为二，这样就增加了两块平面。

同样，$f(3)=7$（图 7-4），即$f(3)=f(2)+3$。

于是可以作出猜想：$f(4)$应该比$f(3)$增加 4 块。由此作出一般性的猜想：$f(n)$比$f(n-1)$增加n块，即

$$f(n)=2+2+3+4+\cdots+(n-1)+n=1+\frac{n(n+1)}{2}$$

图 7-3　　　　图 7-4

以上分析过程仍然是猜想，但这个猜想的依据不仅是枚举归纳法中所说的那种现象的多次重复，而且在重复之中包含着事物间的某种因果关系。

由上述分析可见，不完全归纳法仅列举了归纳对象中的一小部分，前提和结论之间未必有必然的联系。因此，由不完全归纳法得到的结论是否正确，还需要经过理论的证明和实践的检验。

不完全归纳法的可靠性虽然不是很大，但在科学研究、数学教学和数学解题中，都有着极其重要的作用。具体表现在以下三个方面：

首先，通过不完全归纳法得到的猜想，可以给人们提供一定的线索，作为进一步研究的起点；可以帮助人们发现问题和提出问题，丰富数学研究内容，推动数学的发展。

其次，中学数学教材中有些公式和定理，在学生基础知识有限的情况下，为了让学生暂且接受其真实性，常常用不完全归纳法给出。这样的处理方法，在理论上是有缺陷的，但就教材的整体结构而言是合理的，既合乎学生的认识规律，也有助于学生从具体的事例中发现一般规律。

最后，利用不完全归纳法的基本思想，恰当地考察数学问题的某些特殊情形，常常能给我们一定的信息，帮助我们由特殊性认识普遍性，指明探索方向，发现解题途径。

2. 完全归纳法（完全归纳推理）

根据某类事物中每一个对象都具有某种属性，推出这类事物的全体对象都具有这种属性，这种归纳推理的方法叫作完全归纳法。

完全归纳法的推理形式是

$$\begin{array}{c} S_1\text{具有（或不具有）}P \\ S_2\text{具有（或不具有）}P \\ S_3\text{具有（或不具有）}P \\ \cdots\cdots \\ S_n\text{具有（或不具有）}P \\ \hline S\text{具有（或不具有）}P \end{array}$$

其中，S_1，S_2，S_3，…，S_n是S的全体对象，S表示事物，P表示属性。

例如，要确定 10 以内包含几个素数时，可以对 10 以内的数一一考察。又如，证明三角形三条高共点时，可以分别对直角三角形、锐角三角形和钝角三角形进行论证。

又如，在证明“同一圆或等圆的等弧所对的圆周角等于圆心角的二分之一”时，通常只需考虑三种情况（图 7-5）：首先，圆周角的一边是圆的直径；其次，圆的一条直径在圆周角内；最后，圆的直径不在圆周角内（后两种情况的证明可以归结为前一种情况）。当我们对每一种情况证明了定理以后，就可以认为完整地给出了定理的证明。这时，我们实际上是应用了完全归纳原理。

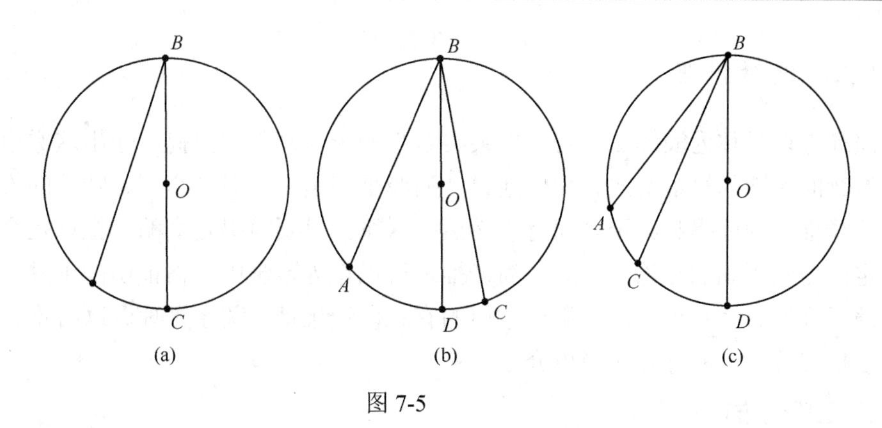

图 7-5

完全归纳法在前提判断中已对结论的判断范围全部作出判断。若前提判断是真实的，则结论是完全可靠的，因此，它可以作为数学的严格推理方法。完全归纳法要求分类完全、面面俱到、不重不漏，它可以培养学生在考虑问题上养成全面周到的缜密思维习惯。

（二）类比推理

类比推理又称为类比法，它是根据两个或两类对象都具有某些相同和类似的属性，且其中一个对象还具有另外某些属性，推出另一个对象也具有这些相同和类似属性的思维形式。它是由特殊到特殊的推理。

类比推理的推理形式是

$$A\text{具有性质}F_1，F_2，F_3，\cdots，F_n，P$$

$$\frac{B\text{具有性质}F_1',F_2',F_3',\cdots,F_n'}{B\text{具有性质}P}$$

其中，A，B 表示事物，事物的性质 F_1，F_2，$F_3,\cdots,F_n$ 与 F_1'，F_2'，$F_3',\cdots,F_n'$ 为相同和类似的属性。

人们为了变未知为已知，在思维活动中经常运用类比方法，把所要研究的对象和熟知的对象，未知的东西与已知的东西相对比。它具有启发思路、提供线索、举一反三、触类旁通的作用，从而扩大认识领域。这种思维形式容易为中学生所接受，所以在教学中常把学习的新旧对象进行类比而引入新知识。例如，由于分数和分式都具有分子、分母这种相同的形式，从而由分数的基本性质推得分式也具有同样的性质。又如，立体几何与平面几何中有许多类似的定理，立体几何中有些定理可视为平面几何中相应定理的扩展（点引申为线，线扩展成面）。立体几何中的面面关系（平行、重合、相交）与平面几何中的线线关系（平行、重合、相交）相类似等。

必须注意，类比推理所得的结论不一定正确，不能作为数学严密的推理方法，它只是给人们建立一种猜想，是学习知识的探索阶段。只有经过证明用类比推理发现的命题是真命题时，类比才获得科学意义。虽然用类比方法得到的结论不一定真实，但在人们认识活动中仍有它的积极意义。科学上有不少重要假说是通过类比法提出来的，数学中也有不少重要的发现是由类比法提供线索的。当代模拟理论、仿生学、控制论等新兴学科都要求对类比做深入的研究。因此，类比法仍不失为一种获取新知识的手段。

（三）演绎推理

演绎推理又称为演绎法，它是以某类事物的一般判断为前提，作出这类事物的个别或特殊事物的判断的思维形式。简单地说，演绎推理是由一般到个别、特殊的推理。

演绎推理的前提和结论之间有着必然的联系。只要前提是真的，推理是合乎逻辑的，就一定能得到正确的结论。因此，演绎推理可以作为数学中严格证明的工具。

演绎推理有多种形式，数学中常用的有三段论推理、关系推理、联言推理、选言推理和假言推理等，下面分别作简单介绍。

1. 三段论推理

三段论推理是由两个性质判断（其中一定有一个一般的判断和一个比较特殊的判断）推出新的性质判断的推理。我们把一般的判断称为大前提，比较特殊的判断称为小前提，推得的新判断称为结论。

三段论推理的结构如下：

$$M—P \quad \text{（大前提）}$$
$$\underline{S—M} \quad \text{（小前提）}$$
$$S—P \quad \text{（结论）}$$

大前提：集合 M 的所有元素具有（或不具有）属性 P 。

小前提：集合 S 包含于 M ，即 $S \subseteq M$ 。

结论：集合 S 的所有元素具有（或不具有）属性 P 。

例 7.4 菱形是平行四边形。

$$\frac{\text{四边形}ABCD\text{是菱形}}{\text{四边形}ABCD\text{是平行四边形}}$$

例 7.5 每一个矩形的对角线相等。

$$\frac{\text{每一个正方形是矩形}}{\text{每一个正方形的对角线相等}}$$

通常三段论推理只能含有三个名词，不能多也不能少，而且大小前提间必须符合上述结构。

2. 关系推理

关系推理是根据对象间关系的逻辑性质而进行推演的推理。它的前提和结论都是关系命题。

（1）对称关系推理。

根据对称关系进行推演的关系推理，称为对称关系推理。它的推理规则为

$$\frac{aRb}{bRa}$$

例 7.6 $\dfrac{\text{平面}\alpha /\!/ \text{平面}\beta}{\text{平面}\beta /\!/ \text{平面}\alpha}$

数学中，等于、平行、垂直、全等、相似、同等等关系，都是各相应集合中的对称关

系，均可用于对称关系推理。

（2）传递关系推理。

根据传递关系进行推演的推理，称为传递关系推理。它的推理规则为

$$\begin{array}{c} aRb \\ bRc \\ \hline aRc \end{array}$$

例 7.7　$a>b$

$$\begin{array}{c} b>c \\ \hline a>c \end{array}$$

例 7.8　$AB/\!/CD$

$$\begin{array}{c} CD/\!/EF \\ \hline AB/\!/EF \end{array}$$

数学中，等于、大于、小于、包含、平行、全等、相似、同解等关系，都是各相应集合上的传递关系。

3. 联言推理

联言推理是根据联言命题的逻辑性质而进行推演的推理。

（1）分解式的联言推理。

由联言命题 $P\wedge Q$ 为真，推演出它的合取项 P 、Q 为真的推理，称为分解式的联言命题。它的推理规则为

$$\frac{P\wedge Q}{P} \text{或} \frac{P\wedge Q}{Q}$$

例 7.9　$\dfrac{\text{等腰直角三角形既是等腰三角形又是直角三角形}}{\text{等腰直角三角形是直角三角形}}$

（2）组合式的联言推理。

由命题 P ，Q 全为真推演出它们的联言命题 $P\wedge Q$ 为真的推理，称为组合式联言推理。它的推理规则为

$$\begin{array}{c} P \\ Q \\ \hline P\wedge Q \end{array}$$

例 7.10　等腰直角三角形是等腰三角形。

$$\begin{array}{c} \text{等腰直角三角形是直角三角形} \\ \hline \text{等腰直角三角形既是等腰三角形又是直角三角形} \end{array}$$

4. 选言推理

选言推理是根据选言命题的逻辑性质而进行推演的推理，它的前提中有一个是选言命题。这里仅给出在数学中用得比较多的一种选言推理：由选言命题 $P\vee Q$ 为真，$\overline{P}$ 为真，推演出 Q 为真的推理。它的推理规则为

$$P\vee Q$$

$$\frac{\overline{P}}{Q}$$

例 7.11　$a \geqslant 0$，

$$\frac{a \neq 0}{a > 0}$$

5. 假言推理

假言推理是根据假言命题的逻辑性质而进行推演的推理，它的前提中至少有一个是假言命题。

（1）肯定式。

肯定式是从肯定假言命题 $P \to Q$ 的前提 P，从而肯定它的后件 Q 的推理。它的推理规则为

$$P \to Q$$
$$\frac{P}{Q}$$

例 7.12　若一个四边形 $ABCD$ 内接于圆，则它的每一组对角的和等于两直角

$$\frac{\text{四边形 } ABCD \text{ 内接于} \odot O}{\angle A \text{ 与 } \angle C，\angle B \text{ 与} \angle D \text{的和等于两直角}}$$

（2）否定式。

否定式是从否定假言命题 $P \to Q$ 的后件 Q，从而否定它的前件 P 的推理。它的推理规则为

$$P \to Q$$
$$\frac{\overline{Q}}{\overline{P}}$$

例 7.13　若 $\angle 1$ 和 $\angle 2$ 是对顶角，则 $\angle 1 = \angle 2$。

$$\frac{\angle 1 \neq \angle 2}{\angle 1 \text{与} \angle 2 \text{不是对顶角}}$$

在这一推理规则中，因为已知：$P \to Q$ 大前提为真，则 $\overline{Q} \to \overline{P}$ 也真，故可换为

$$\overline{Q} \to \overline{P}$$
$$\frac{\overline{Q}}{\overline{P}}$$

这样，就把否定式规则转化成为肯定式规则。

三、数学中的证明

（一）数学证明及其结构

数学证明是指用某些真实的数学概念和判断确定另一个数学判断真实性的思维过程。任何证明都是由论题、论据和论证三个部分组成的。论题是指需要证明其真实性的判断；

论据是指用来证明论题真实性所引用的那些概念和判断；论证是指进行一系列的逻辑推理来证明论题真实性的过程。

数学证明是根据已知确定了真实性的公理、定理、定义、公式、性质等数学命题来论证某一数学命题的真实性的推理过程。数学证明过程往往表现为一系列的推理，它直接关系到学生推理论证能力与逻辑思维能力的培养。

（二）证明规则

要使一个数学证明过程是正确的，除了它所包含的推理都正确以外，还必须遵循如下证明规则。

1. 论题必须确切

所谓论题必须确切，即论题必须是确定的、明白的判断，不能含糊其辞，模棱两可。

2. 论题始终同一

在论证过程中，论题必须始终保持不变。否则就会犯“偷换论题”的逻辑错误。

3. 论据必须真实

论据是确定论题真实的根据，如果论据本身是错误的，那么论题真实性的确定就缺乏根据，因而证明是无效的。

4. 不能循环论证

在证明过程中，论据不能直接或间接地依赖论题，否则就会导致循环论证的错误。例如，下面勾股定理的证明过程犯了循环论证的错误。

如图 7-6 所示，在直角$\triangle ABC$中，$\angle C=90^\circ$，$AB=c$，$BC=a$，$AC=b$。

因为$a=c\cdot\sin A$，$b=c\cdot\cos A$，又$\sin^2 A+\cos^2 A=1$，

$$a^2+b^2=(c\cdot\sin A)^2+(c\cdot\cos A)^2=c^2(\sin^2 A+\cos^2 A)=c^2$$

所以$a^2+b^2=c^2$。

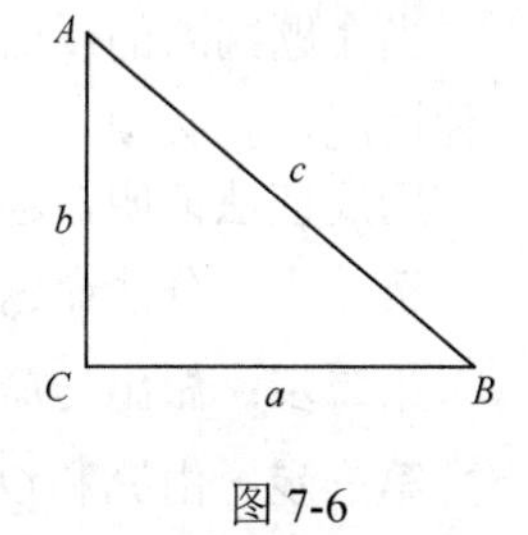

图 7-6

在此证明中，$\sin^2 A+\cos^2 A=1$这一结论是勾股定理的特殊情况，将它当作已知条件来用，导致了循环论证的错误。

5. 论据必须能够推出论题

论据必须能够推出论题，即论题应该是按照推理规则，运用正确的推理形式逻辑地推导出来的结论。

（三）数学证明中常用的证明方法

数学证明方法主要有直接证法、间接证法、数学归纳法、分析法与综合法等。

1. 直接证法

以已知条件和已知的公理、定义、定理、公式、性质等作为论据，利用逻辑推理法则直接推演出论题结论真实性的证明方法叫作直接证法。

直接证法的一般形式是

$$\left.\begin{matrix}\text{本题条件}\\\text{已知定义}\\\text{已知公理}\\\text{已知定理}\end{matrix}\right\}\Rightarrow\cdots\Rightarrow\text{结论}$$

2. 间接证法

在数学证明中，有些命题是不容易直接证明的，我们转而证明它的否命题不真实，或在特定条件之下证明它的逆命题成立，从而间接地证明了原命题成立的证明方法，叫作间接证法。

间接证法有反证法和同一法两种。

1）反证法

假设命题判断的反面成立，在已知条件和“否定命题判断”这个新条件下，通过逻辑推理，得出与公理、定理、题设、临时假定相矛盾的结论或自相矛盾，从而断定命题判断的反面不能成立，即证明了命题的结论一定是正确的，这种证明方法就叫作反证法。

用框图表示如下

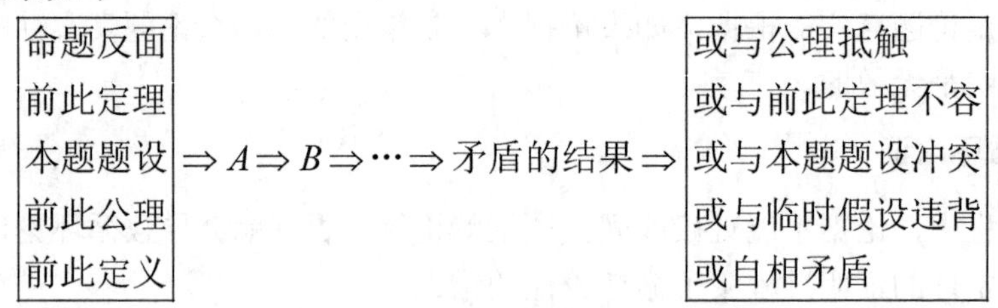

当命题判断的反面只有一种可能，这时的反证法叫作归谬法；若命题判断的反面不止一种情况，就必须将这些情况一一驳倒，这种反证法叫作穷举法。

用反证法证明命题“若 P 则 Q”，一般分为以下四步。

第一步：分清命题 $P\to Q$ 的条件和结论；

第二步：做出与命题结论 Q 相矛盾的假定 $\overline{Q}$；

第三步：由 P 和 $\overline{Q}$ 出发，应用正确的推理方法，推出矛盾结果；

第四步：断定产生矛盾结果的原因，在于开始所做的假定 $\overline{Q}$ 非真，于是原结论 $\overline{Q}$ 成立，从而间接地证明了命题 $P\to Q$ 为真。

一般地，某些起始命题、否定性命题、唯一性命题、必然性命题、结论以“至多……”或“至少……”的形式出现的命题、“无限性”的命题等使用反证法可收到较好的效果。

反证法有以下几个矛盾形式。

（1）与已知条件即题设矛盾。

例 7.14　证明 $\sqrt{2}$ 是无理数。

假设：$\sqrt{2}$ 是有理数，设 $\sqrt{2}=\dfrac{q}{p}$（p，q 均为自然数，且 $(p,q)=1$），所以 $\sqrt{2}p=q$ 两

边平方得 $2p^2 = q^2$。所以 q^2 必是 2 的倍数，故 q 也是 2 的倍数。因为 $(p,q)=1$，所以 p 为奇数，故 $q=2q'$（q' 是自然数），$p = 2p' - 1$（p' 是自然数）。

将上面两个式子代入 $2p^2 = q^2$ 得 $2(2p'-1)^2 = (2q')^2$，即 $2(4p'^2 - 4p' + 1) = 4q'^2$。式子两边除以 2 得 $4p'^2 - 4p' + 1 = 2q'^2$，观察此式可看出等式左边为奇数，右边为偶数，这样出现奇数等于偶数，引出矛盾。故 $\sqrt{2}$ 是无理数。

（2）与假设矛盾。

例 7.15　等腰三角形的两个底角的平分线相等。如果一个三角形的两个角的平分线相等，那么这个三角形是否为等腰三角形？

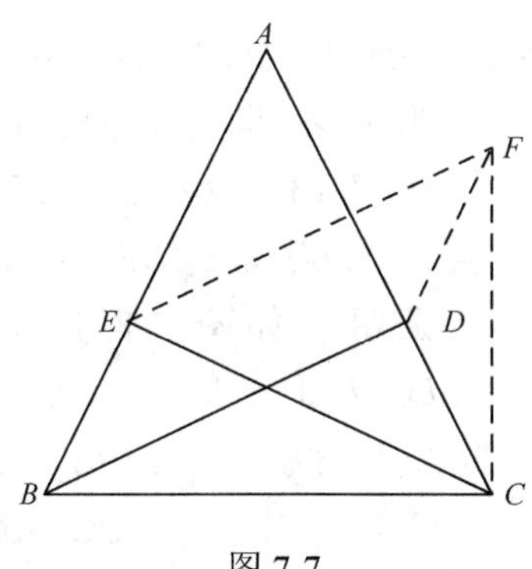

图 7-7

证明　如图 7-7 所示，假设 $\triangle ABC$ 中，角平分线 $BD = CE$。求证 $AB = AC$。

假设 $AB \neq AC$，不妨设 $AB > AC$。于是 $\angle ACB > \angle ABC$，取其一半得 $\angle BCE > \angle CBD$。则在 $\triangle CBD$ 和 $\triangle BCE$ 中，BC 为公共边> $BD = CE$，而夹角不等，故得 $BE > CD$。

现在以 BD，BE 为两边作平行四边形 $EBDF$，则一方面 $EF = BD = CE$，推出

$$\angle ECF = \angle EFC \tag{1}$$

又 $DF = BE > CD$，推出

$$\angle DCF > \angle DFC \tag{2}$$

由(1)，(2)推出 $\angle ECD < \angle EFD = \angle EBD$，二倍之，得 $\angle ACB < \angle ABC$，即 $AB < AC$，与假设 $AB > AC$ 矛盾。

所以，$\triangle ABC$ 为等腰三角形。

（3）与已知定义、公理、定理、性质和公式矛盾，即得出一个恒假命题。

例 7.16　一个三角形中不能有两个直角。

已知：$\triangle ABC$，求证：$\angle A$，$\angle B$，$\angle C$ 中不能有两个直角。

证明　假设 $\angle A$，$\angle B$，$\angle C$ 中有两个直角，不妨设 $\angle A = \angle B = 90^\circ$，则 $\angle A + \angle B + \angle C = 90^\circ + 90^\circ + \angle C > 180^\circ$，这与三角形内角和定理矛盾，所以一个三角形中不能有两个直角。

（4）导致自相矛盾。

例 7.17　求证不定方程 $8x + 15y = 50$ 无正整数解。

证明　假设 $8x + 15y = 50$ 有正整数解 $x = x_0$，$y = y_0$，$x_0, y_0 \in \mathbf{N}$，则 $8x_0 + 15y_0 = 50$，即 $8x_0 = 50 - 15y_0 = 5(10 - 3y_0)$，则 $5 \mid 8x_0$。因 $(5,8) = 1$，故 $5 \mid x_0$，于是 $x_0 \geqslant 5$。

又 $8x_0 = 50 - 15y_0 \leqslant 50 - 15 = 35$，$x_0 \leqslant \frac{35}{8} < 5$，矛盾。原命题得证。

2）同一法

对于符合同一原理的命题当直接证明有困难时，可以改证和它等价的逆命题。只要它的逆命题正确，这个命题就可以成立。这种证明方法叫作同一法。

同一法常用于证明符合同一原理的几何命题。应用同一法证明时，一般可分下面四个步骤。

第一步：作出符合命题的图形；

第二步：证明所作图形符合已知条件；

第三步：根据唯一性，确定所作图形与已知图形相合；

第四步：断定原命题的真实性。

例 7.18　设四边形 $ABCD$ 为正方形，E 为正方形内一点，$\angle DAE = \angle ADE = 15^\circ$，则 $\triangle EBC$ 为正三角形。

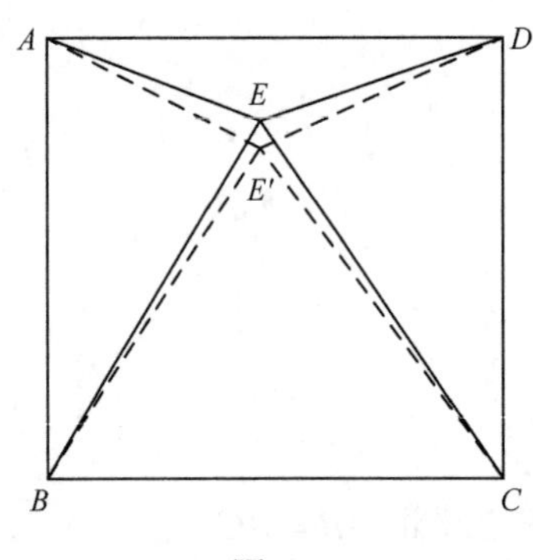

图 7-8

证明　如图 7-8 所示，在正方形内取点 E'，使 $\triangle E'BC$ 为正三角形，则 $\angle E'BC = \angle E'CB = 60^\circ$，又因为 $ABCD$ 为正方形，$\angle ABE' = \angle E'CD = 30^\circ$。

$$BC = BE' = CE'$$

所以 $AB = BE'$，即 $\triangle ABE'$ 为等腰三角形，故 $\angle BAE' = 75^\circ$，所以 $\angle E'AD = 15^\circ$，同理 $\angle ADE' = 15^\circ$，所以 E 与 E' 重合，故 $\triangle EBC$ 为正三角形。

3. 数学归纳法

在数学中关于自然数 n 的命题 $P(n)$ 的证明往往采用数学归纳法。一般先用不完全归纳法从特殊的判断推广到一般判断，然后依据归纳公理来证明一般判断。因此，它是根据归纳公理综合运用归纳、演绎推理的一种特殊的数学证明方法。

应用数学归纳法证明命题时，有两个步骤。

第一步：当自然数 $n=1$ 时，命题为真；

第二步：假定 $n=k$ 时，所证命题成立，然后以此为根据，证明当 $n=k+1$ 时命题为真。

由第一步、第二步可知命题对所有自然数 n 都成立。

例 7.19　求证不论 n 为何自然数，多项式 $a^n - b^n$ 都能被 $a-b$ 整除。

证明　（1）当 $n=1$ 时，$\frac{a^n - b^n}{a-b} = \frac{a-b}{a-b} = 1$，所以当 $n=1$ 时，$a^n - b^n$ 能被 $a-b$ 整除；

（2）假设当 $n=k$ 时，$a^k - b^k$ 能被 $a-b$ 整除，而

$$\frac{a^{k+1} - b^{k+1}}{a-b} = \frac{a^{k+1} - a^k b + a^k b - b^{k+1}}{a-b} = \frac{a^k(a-b) + b(a^k - b^k)}{a-b}$$

由于分子部分的两项都能被 $a-b$ 整除，故 $a^{k+1} - b^{k+1}$ 能被 $a-b$ 整除。亦即当 $n=k+1$ 时，$a^n - b^n$ 能被 $a-b$ 整除。

由（1）和（2）可知对一切自然数n，a^n-b^n都能被$a-b$整除。

值得注意的是，有些关于自然数的命题不是对所有自然数都真，而是对于大于或等于某一自然数$N(N\neq 1)$的所有自然数都真。用数学归纳法证明这样的命题时，第一步验证$n=N$时命题为真，然后再证明上述第二步命题。

用数学归纳法证明命题时，上述两步证明缺一不可，否则结论不一定为真。因为缺了第一步证明就失去了基础；缺了第二步证明就失去了依据。此外，在第二步证明中一定要用到假设，否则，不是证明出了错误就是证明未用数学归纳法。

4. 分析法与综合法

对于一个命题的证明，不论是用演绎证法还是归纳证法，都有一个如何思维的方法问题。因此，按寻求论证的思路分，证明可分为分析法和综合法两种。

如果从题设的已知条件出发，运用一系列有关已确定的命题作为推理的依据，逐步推演而得到要证明的结论，这种证明方法叫综合法；反之，如果推理方向中由命题判断到题设，论证中步步寻求使其成立的充分条件或已经成立的事实，命题便获证，这种证明方法叫作分析法。

综合法由前提出发，往往可以导出较多命题，但从哪一个被推导出来的命题可以得出结论有时不容易看出。教学时单一使用综合法讲解题目总会使人感到不自然，这是它的缺点。它的优点在于叙述简明，使人容易掌握证题的主线，有利于从整体考虑问题。而分析法从结论倒推而上，易于发现问题和启发思维。每一步都有较明确的目的，易于探索解决问题的思路，但叙述不够简明。

综合法的一般推理形式是："如果知道……，就可以知道……"；分析法的一般推理形式是"要知道……，必须知道……"。

例 7.20　若$a>b>c>0$，试证：$a^{2a}b^{2b}c^{2c}>a^{b+c}b^{c+a}c^{a+b}$。

证明　（1）分析法。

在中学数学教学中，宜先用分析法，然后用综合法写出解题过程。欲证$a^{2a}b^{2b}c^{2c}>a^{b+c}b^{c+a}c^{a+b}$，只需证$\dfrac{a^{2a}b^{2b}c^{2c}}{a^{b+c}b^{c+a}c^{a+b}}>1$，即只需证$a^{(a-b)-(c-a)}b^{(b-c)-(a-b)}c^{(c-a)-(b-c)}>1$，即只需证$\dfrac{a^{a-b}b^{b-c}c^{c-a}}{a^{c-a}b^{a-b}c^{b-c}}>1$，即只需证$\left(\dfrac{a}{b}\right)^{a-b}\left(\dfrac{b}{c}\right)^{b-c}\left(\dfrac{c}{a}\right)^{c-a}>1$。

因为$a>b>c>0$，所以$\dfrac{a}{b}>1$，$\dfrac{b}{c}>1$，$\dfrac{a}{c}>1$，即$a-b>0$，$b-c>0$，$a-c>0$，故

$$\left(\frac{a}{b}\right)^{a-b}>1,\quad \left(\frac{b}{c}\right)^{b-c}>1,\quad \left(\frac{c}{a}\right)^{c-a}=\left(\frac{a}{c}\right)^{a-c}>1$$

因此$a^{2a}b^{2b}c^{2c}>a^{b+c}b^{c+a}c^{a+b}$成立。

（2）综合法。

因为$a>b>c>0$，所以$\dfrac{a}{b}>1$，$\dfrac{b}{c}>1$，$\dfrac{a}{c}>1$，即$a-b>0$，$b-c>0$，$a-c>0$，故

$$\left(\frac{a}{b}\right)^{a-b}>1,\quad \left(\frac{b}{c}\right)^{b-c}>1,\quad \left(\frac{c}{a}\right)^{c-a}=\left(\frac{a}{c}\right)^{a-c}>1$$

将其相乘，得$\left(\frac{a}{b}\right)^{a-b}\left(\frac{b}{c}\right)^{b-c}\left(\frac{c}{a}\right)^{c-a}>1$，即

$$\frac{a^{2a}b^{2b}c^{2c}}{a^{b+c}b^{c+a}c^{a+b}}>1$$

我们要特别重视分析法与综合法的有机结合，以此探索解题途径，培养学生的数学思维能力。

第八章　数学教学实践与数学能力的培养

阅读要义

1. 解题是学生系统掌握数学基础知识、技能和技巧、提高数学能力和发展智力的必要途径。通过解题，还可以培养学生刻苦钻研精神、坚强的意志、独立工作能力和良好的学习习惯等优良品质。需要深刻认识例题与习题在教学中的主要作用，灵活掌握数学例题与习题教学的一般方法，对于每一个题目，当解完之后，需对题目做认真的反思，引申出新题型和新解法，有利于培养发散思维，激发创造精神，提高解题能力。

2. 数学模型是指对实际问题进行分析，经过抽象、简化后所得出的数学结构，它是使用数学符号、数学公式以及数量关系对实际问题简化而得出的关系或规律的描述。数学模型的三个特点：①数学模型不是一成不变的，而是不断发展的；②数学模型不是唯一的；③数学模型是实际问题的模拟或模仿。数学建模的一般步骤：①建模准备；②简化假设；③建立模型；④模型求解；⑤模型分析；⑥模型检验；⑦数学模型的应用。

3. 数学是美的，它有以下基本特征：对称性、统一性、简洁性和奇异性（新颖性）。在教学中挖掘并应用中外数学史中美学思想方法对教学效果的提高具有重要的现实意义。

4. 根据中学数学的教学目的，数学教学中所要培养的能力，主要是与数学密切相关的三种基本能力：运算能力、逻辑思维能力和空间观念。

5. 培养学生数学能力的基本途径：①激发学习兴趣，增强学习动力；②在传授知识的过程中，有目的、有计划地培养学生的能力；③积极开展第二课堂活动。

6. 课外活动是指在教学大纲范围以外、学生自愿参加的多种教育活动的总称。课外活动是实施全面发展素质教育的重要途径。组织和指导学生进行数学课外活动应遵循以下七个基本原则：①方向性的原则；②自愿性的原则；③主动性和独立性的原则；④活动性的原则；⑤符合学生年龄和个别特征的原则；⑥分类指导的原则；⑦因地制宜的原则。

第一节　数学解题教学

解题是实现中学数学教学目的的一种手段，是数学教学活动的重要形式。它不仅是理论知识教学的巩固和深化，还是理论知识的补充和延伸。因此，解题是学生系统掌握数学基础知识、技能和技巧、提高数学能力和发展智力的必要途径。此外，通过解题，还可以培养学生辩证唯物主义世界观、刻苦钻研精神、坚强意志和独立工作能力等优良品质。因此我们必须重视解题教学。

一、明确解题要求

（一）解题要正确

解题要正确是指在解题过程中，运算、推理、作图和所得的结果正确无误，这是最基本的解题要求，如果把题目解错了，那么整个解答也就失去了意义。

（二）解题要合理

解题要合理是指列式、运算、推理、作图都有充足的理由。解题的每一步都以已知的定义、公理、定理、公式、法则等真实命题或已知条件为依据，而且遵循正确的思维规律和形式，做到言必有据，理由充足，叙述合乎逻辑性，不允许用直观代替证明。

（三）解题要完满

解题要完满是指周密地考虑题目所提出的全部问题，详尽无遗地求出全部结果。题目无解时，要说明其理由；不合题意的解，要予以剔除；解答需要检查时，必须进行检验；含有参数的问题，应根据参数的取值范围，做出全面的讨论。

（四）解题要简捷

解题要简捷是指采用比较简单迅速的解题方法。同一数学题往往有多种解法，在解题时，要力求选择能够最快达到解题目标的方法和途径。

（五）解题要清楚

解题要清楚是指解题的层次分明、条理清晰、表述规范。一般来说，解题格式和表述的规范应以课本的题解为标准。在书写时要做到字迹和绘图清楚，疏密有度，行款得体，既不重复，也不遗漏，表述详略得当。

阅读材料

波利亚的“怎样解题表”

1944年8月，波利亚出版了《怎样解题》，这是世界数学教育名著，该书的开端就提出了“怎样解题表”。“怎样解题表”对数学解题的教学和学习具有重要指导作用。波利亚的“怎样解题表”将解题过程分成了四个步骤。

第一，你必须弄清问题——弄清问题。未知数是什么？已知数据是什么？条件是什么？满足条件是否可能？要确定未知数，条件是否充分？或者它是否不充分？或者它是多余的？或者是矛盾的？画张图。引入适当的符号。把条件的各个部分分开。你能否把它们写下来？

第二，找出已知数与未知数之间的关系。如果找不出直接的联系，你可能不得不考虑辅助问题。你应该最终得出一个求解的计划——拟订计划。

1. 你以前见过它吗？你是否见过相同的问题而形式稍有不同？你是否知道与此有关的问题？你是否知道一个可能用得上的定理？

2. 看着未知数！试想出一个具有相同未知数或相似未知数的熟悉的问题。

3. 这里有一个与你现在的问题有关，且早已解决的问题。你能不能利用它？

4. 你能利用它的结果吗？你能利用它的方法吗？为了能利用它，你是否应该引入某些辅助元素？

5. 你能不能重新叙述这个问题？你能不能用不同的方法重新叙述它？回到定义去。

6. 如果你不能解决所提出的问题，可先解决一个与此有关的问题。你能不能想出一个更容易着手的有关问题？一个更普遍的问题？一个更特殊的问题？一个类比的问题？你能否解决这个问题的一部分？仅仅保持条件的一部分而舍去其余部分，这样对于未知数能确定到什么程度？它会怎样变化？你能不能从已知数据导出某些有用的东西？你能不能想出适用于确定未知数的其他数据？如果需要的话，你能不能改变未知数或数据，或者二者都改变，以使新未知数和新数据彼此更接近？你是否利用了所有的已知数据？

7. 你是否利用了整个条件？你是否考虑了包含在问题中的所有必要的概念？

第三，实行你的计划——实现计划。

实现你的求解计划，检验每一步骤。你能否清楚地看出这一步骤是正确的？你能否证明这一步骤是正确的？

第四，验算所得到的解——回顾。

你能否检验这个论证？你能否用别的方法导出这个结果？你能不能一下子看出它来？你能不能把这个结果或方法用于其他的问题？这一步骤是否是正确的？

二、解题思维过程分析

一般地，学生解答数学的题目或对他来说比较简单的新问题时，如果对解题思维过程的各个阶段事先都很明确，不论对题目内容的理解还是对解题所应采取的步骤都很清楚，那么解题时的行为完全是有意识的，我们把这样的思维称为分析思维。

如果学生对题目的解决不能立即形成分析思维，他就得对题目进行探索。近代心理学把这种情况下的解题思维过程分成两种主要方式：尝试错误式和顿悟式。

（一）尝试错误式

在解题过程中，学生如果能把过去积累的解题经验运用到新问题上，或者能将新问题的内容与过去熟悉的题目内容进行类比，或者能将熟悉的题目的解题思路与新问题进行类比等，从而顺利地实现了迁移，学生就能形成解题的分析思维，使新问题获得明确的解答。如果学生不能实现上述的迁移，他便求助于尝试错误式，即进行无目的的尝试，重复的推导，逐步纠正暂时性错误，直到问题得以解决为止。数学能力强的学生，善于纠正暂时性错误，尝试错误的过程较短；数学能力差的学生情况正好相反。

任何人解题，尝试错误过程都不可能完全避免，中学生也不例外。数学解题教学的主要任务之一，就是如何帮助学生缩短尝试错误的过程。

（二）顿悟式

在解题过程中，学生产生了思维的跃进，好像是抓住了问题的本质，找到了解题途径，然而自己却说不清楚具体思路。这便是顿悟式解题。顿悟又称为灵感，是直觉思维的具体表现。顿悟这种不知所以然的变幻不定的状况，正是直觉思维的特点，并以此区别于分析思维。

顿悟式解题与尝试错误式解题显然不同，但二者是不能绝对化的。尝试错误式解题过程可能隐藏于思维之中而不表露，如果看不出是尝试错误未必一定是顿悟。顿悟式解题过程不一定就是彻底的、完善的和即时的，有时看上去解答是突然出现的，事实上却往往经历了一定的、甚至相当曲折的过程。

顿悟的出现，仅仅靠学生对题目内容和结构的感知是不够的，还需要学生具有扎实的数学知识和积累的解题经验作支柱，这是产生顿悟的基础。另外顿悟的出现并不像学生主观感觉那样突然，突然出现的情况不多。比较常见的却是经过一段时间的摸索和寻找，逐步出现正确而适合的假设。因此，顿悟的出现，是逐步弄清题目的条件和结论之间关系的思维过程之一。它经由分析思维省略了许多中间推理，跳跃式地到达终点。如果教师不把简约了的环节复现在学生面前，顿悟的神秘感就不可能消除，也不可能使学生明白探索的过程。

因此，数学解题教学要力求控制教学过程，促进学生思维的发展。这就要求在解题教学中，教师要讲清探索解题途径的思维过程，或者在教师的指导下学生自己探索解题途径，这将有效地缩短尝试错误的过程，促使顿悟的产生。

三、例题与习题的教学

例题是教师讲课时用以阐明数学概念和数学命题及其初步应用的题目。它是数学知识转化为基本技能的载体，体现教材的深度和广度，揭示解题的思路和方法。同时，也为学生提供解题的格式和表述的规范。例题教学的主要任务是使学生通过例题的学习，理解和巩固数学基础知识，形成数学基本技能；把所学的理论与实践结合起来，掌握理论的用途和方法；学会解题的书写格式和表述方法，提高分析和解决问题的能力。

（一）例题与习题在教学中的主要作用

（1）使学生进一步巩固所学的数学基础知识，加深、扩大对理论用途的认识，并学会熟练地运用基础知识。任何理论的真正掌握，离开了实践是不可能的。中学生数学实践活动的主要内容就是解题。

（2）使学生熟练掌握数学在解决实际问题中所必需的技能和技巧。除了非常简单的实际问题外，绝大多数实际问题解决起来常常不是具有中学数学知识就够用的。因此，在中学数学教学中让学生解答应用性习题，更多的是在于熟悉数学在解决实际问题中所必需的技能和技巧。

（3）培养和发展学生的数学思维能力。思维与解题过程的密切联系是公认的，虽然思维并非总等于解题过程，但数学思维的形成和发展最有效的办法就是通过解题来实现。因此，学生自己动手解题，并在解题过程中自觉而主动地探索各种数学问题，其数学思维能力才有可能在实践中得到发展。在学生的数学思维能力发展的同时，解题能力也相应得到提高。

应该指出的是，由于解题对于达到教学目的有重要作用，教师为学生所布置的习题，不论在分量、繁杂程度，以及难度上都应适度，要切合学生的实际情况。为了起到解题的作用，关键在于所选习题的内容，而不是多多益善。

（二）数学例题与习题教学要求

（1）使学生认识例题和习题的条件和结论。

（2）使学生了解怎样探索解题途径，掌握解题方法。

（3）充分发挥例题和习题的作用。

（4）合理选择例题和习题。

（三）数学例题与习题教学的一般方法

1. 要养成审题的习惯

审题是发现解法的前提，认真审题可以为探索解法指明方向。题目是由条件和结论或条件与问题构成的，审题就要弄清题意，分清题目的已知事项和求解目标，审清题目的结构特征，判明题目的类型。①审清题目条件的要求是：罗列明显条件；挖掘隐含条件；将条件图表化；弄清条件的等价说法，将条件作适合解题需要的转换。②审清题目结论或问题的要求是：罗列解题目标；分析多目标之间的层次关系；把目标图表化；弄清解题目标的等价说明。③审清题目结构的要求是：判明题型；推敲题目的叙述可否作不同的理解；分析条件与结论的联系方式；观察数、式或图形的结构特征；想想条件与目标之间可能有什么逻辑关系等。

2. 使学生明白解题的思维过程

和定理教学一样，例题和习题的教学要使学生明白解题方法是怎样想出来的，解题思维过程是怎样进行的。在定理教学中已经讲到，探索解题途径，要用到分析、综合、演绎、归纳、类别等逻辑方法，其中分析法和综合法是最重要的方法。在教学中如果能够启发学生亲身经历解题中的探索过程，学生独立做习题的时候，也要求他们这样进行探索，这不仅有利于数学知识的掌握，也有利于发展学生的数学思维能力。

3. 表述解法要规范

解题经过思维过程之后，常常可以打开思路，使问题获得解决。这要设计解题方案，并用文字把已知与未知的关系表述出来，解题表述得好不好直接影响到解题的质量。例题与习题的解法总的要求是简洁明了，层次分明，严谨规范。这样有利于学生接受理解，也有利于学生模仿学习。

4. 要善于进行适当的小结

解题后对一些典型的或者有代表性的题目及一些较复杂的题目，从解题所联系到的数学知识、解题思维方法和技巧、解题的关键、解题过程中易犯的错误、解题之后得到的启示等方面进行小结，这样可以发掘例题和习题潜在的联系，使学生充分吸收例题和习题的“营养成分”。所以说小结是解题教学不可分割的组成部分。

四、解题策略与反思

（一）解题策略

解题策略是指从宏观方面去考虑解题的方向，寻找解题的途径。熟悉解题策略有利于多方位、多角度思考问题，从总体上把握解题的方向。

解题的策略一般有多种途径，但教学中可以从以下七对关系中指导学生总结解题的策略。

（1）直接与间接。

（2）正面与反面。

（3）外形与内部。

（4）图形与数式。

（5）前进与后退。

（6）局部与整体。

（7）孤立与联系。

（二）解题的反思

对于每一个题目，当解完之后，需对题目做认真的反思（开拓思考），引申出新题和新解法，有利于培养发散思维，激发创造精神，提高解题能力。具体做法有以下四种。

1. 对题目条件的反思

条件在题目里居于主导地位，结论或问题是由条件决定的，如果题目的条件改变了，那么题目的结论或问题可能随之变化。改变条件的方法有以下两种：

（1）把特殊条件一般化：放宽对条件的限制，使特殊条件一般化，从而获得新的结论。

(2)把一般条件特殊化：把一般条件加以限制，使它变为特殊条件，从而获得新的结论。

2. 对题目结论的反思

对一些题目，在条件不改变的情况下，可以把结论开拓引申，使题目深化。

3. 对题型的反思

对同一题目，给予不同的提法，可以变成不同的题型，但其解法类似或相同，可谓殊途同归。这样可以激发学生学习数学的兴趣，加深对知识的理解和应用。

4. 对解题方法的反思

一道数学题，从不同的角度去考虑，可以有不同的思路、不同的解法。考虑得越广泛越深刻，获得的思路越广阔、解法越多样。通过训练，开阔思路，增强综合运用数学知识的能力，容易调动学生的学习积极性，也有利于培养学生的发散思维。

阅读材料

弗赖登塔尔（H.Freudenthal）

汉斯·弗赖登塔尔（Hans Freudenthal，1905—1990）（图8-1），荷兰数学家、数学教育家，为国际上享有盛名的数学教育权威。他出生于德国，1930年获柏林大学数学博士学位，自1946年起任荷兰乌德勒支（Utrecht）大学教授。1951年起为荷兰皇家科学院院士，1971—1976年任数学教育研究所所长，还曾获得柏林大学、埃尔朗根大学、布鲁塞尔大学、多伦多大学及阿姆斯特丹大学的荣誉博士称号。

图8-1

弗赖登塔尔在数学方面的主要工作领域是拓扑学和李群，同时也涉足其他数学分支以及哲学与科学史领域，早自20世纪50年代起就开始进行数学教育方面的研究工作，共发表有关著作140余种。

他的《作为教育任务的数学》（*Mathematics as an Educational Task*）、《除草与播种——数学教育科学的前言》（*Weeding and Sowing—Preface to a Science of Mathematical Education*）、《数学结构的教学现象学》（*Didactical Phenomenology of Mathematical Structures*）这三部巨著被译成多种文字出版，在国际上产生了重大的影响。人们普遍认为，如果说克莱因在20世纪上半叶对数学教育做出了不朽的功绩，那么弗赖登塔尔就是20世纪下半叶数学教育事业的带头人。

弗赖登塔尔在数学与数学教育方面都有精深广博的研究，也有丰富的实践经验。他的数学教育理论完全是从数学的独特本质、数学发展创造的历史，以及数学理论与现实的关系出发，有着独到的见解、创造性和精辟分析，与目前流行的“教育学”加“数学例子”的做法不同。

弗赖登塔尔曾在1987年12月访问上海华东师范大学一个月，然后顺访北京。他访华的讲稿已经出版，题为《访问中国》。为了纪念他的功绩，荷兰的乌德勒支大学建立了弗赖登塔尔数学教育研究所。

——张奠宙主编：《数学教育研究导引》，南京：江苏教育出版社，1994年。

第二节　数学建模教学

随着科学技术的迅速发展，不仅物理、化学等理工科学科需要数学，而且经济、金融、交通、信息流通、军事等各行各业都需要数学知识。可以这样说，各行各业需要大批的能够用数学知识来解决实际问题的数学人才。用数学方法解决实际问题，首先要建立数学模型，这样才能进行数学推理、演算，求出结果，进而对原来的实际问题作出判断，并能够预测未来。然而，在中学数学教育中用数学方法解决实际问题的教育一直没有得到足够的重视。在数学课程内容里很少安排类似内容，数学建模教学内容少得可怜。这对中学数学教学质量产生了不良影响。因此，作为中学数学教师，学习并掌握数学建模的有关知识是很有必要的。本节简单地介绍数学建模的基本概念、特征、建模过程和数学建模教学的意义。

一、数学模型的概念和特点

（一）数学模型的概念

数学模型是指对实际问题进行分析，经过抽象、简化后所得出的数学结构，它是使用数学符号、数学公式，以及数量关系对实际问题的简化而得出的关系或规律的描述。数学模型就是用数学语言去描述和模仿实际问题中的数量关系与空间形式。这种模仿是近似的，但又尽可能逼近实际问题。数学模型包含数学结构以及该结构中的元素定义、公理、命题、算法等与实际研究对象之间的对应关系。建立数学模型的过程叫作数学建模。用数学方法研究、解决实际问题需要建立数学模型，才能达到目的。

（二）数学模型的特点及数学建模教学的意义

1. 数学模型的三个特点

（1）数学模型不是一成不变的，而是不断发展的。开始时允许简单，然后与实际对照，修改模型，使模型越来越逼近客观对象。例如，数系的发展过程、微积分的发展过程都反映了这一点。

（2）数学模型不是唯一的。因为建立模型时存在着人的主观因素，而且与客观条件也有直接关系，所以，不同的人对同一个研究对象所建立的数学模型也可能不同。因此，在它的发展过程中数学模型可以是多种多样的。好的模型得以不断地发展，不好的则被淘汰。例如，有的数学结构或系统建立以后继续发展，而有的数学结构则被淘汰。

（3）数学模型是实际问题的模拟或模仿。因为，数学模型是为研究事物而作的一个抽象化、简单化的数学结构。在建模过程中，对整个事物进行扬弃，抽取主要因素，舍弃次要因素，找出事物最本质的东西。但想要建立与现实完全吻合的数学模型是非常困难的。一般是根据理想化或纯粹化的方法建立与现实近似的数学模型。从这个意义上说，数学模型就是对现实事物的一种模拟或模仿。因此，所建立的数学模型的好坏，必须接受实践的检验才能够决定。

2. 数学建模教学的意义

数学建模教学和传统的数学教学不同，学生在掌握数学基本知识和方法的基础上，在教师的指导下，自己动手、动脑去解决实际问题。对某一问题，可以独立完成，也可以成立一个小组进行合作解决问题。对同一问题所得出的数学模型也可以不同。

数学建模教学，就是把现实问题带到教室，用所学数学知识解决现实问题的过程。学生通过观察、实验与现实交流，用所学数学知识去理解和解决现实问题。现成的数学模型不能解决问题的时候，可以引导学生去探索适合于现实的新的数学模型。虽然，学生不一定有意识地建立数学模型，但在这一过程中可以逐渐地掌握建模的方法。学生在实验中获得新的模型，也是掌握新的数学思想方法的新起点。从这个意义上讲，数学建模教学有以下重要意义。

（1）培养学生的好奇心、创造性思维能力和解决问题的能力；

（2）培养学生对事物进行正确判断的能力；

（3）培养学生灵活应用数学的能力；

（4）促进对数学本质的理解；

（5）扩展数学概念，强化数学意识，端正学习数学的态度；

（6）培养学生的自立能力和合作精神。

二、数学模型的种类

客观事物的存在形式和发展变化千头万绪，对它进行研究的数学模型也是多种多样的。但是根据数学本身和事物发展的特点，可以把数学模型分为确定性数学模型、随机性数学模型、突变性数学模型、模糊性数学模型四个种类。

（一）确定性数学模型

确定性数学模型用于描述自然界中的必然现象，这类现象的产生和发展变化服从确定的因果关系。在条件组合一定的情况下，可以从前一时刻的状态准确地推断出后一时刻的状态，从原因得出结果；反之亦然。确定性数学模型通常用经典数学的各种方程式、关系式和网络图来表示。这是最常见的数学模型。

（二）随机性数学模型

随机性数学模型用于描述自然界中的或然现象。这类现象对于某一特定事件来说，它的变化发展有多种可能的结果，具有偶然性和随机性，但也有它的规律性。用概率论、数理统计等方法建立随机性数学模型，就能描述这类现象各种可能结果的分布规律。

（三）突变性数学模型

突变性数学模型用于描述自然界中的突变现象。一个系统的状态可以用一组状态变量来描述，决定这种状态的变量叫作控制变量。当控制变量和状态变量都连续变化时，称之为渐变；如果控制变量的连续变化使状态变量发生不连续变化，就是突变。20 世纪 60 年代末 70 年代初，法国数学家托姆创立了突变论，用数学语言清晰地说明了事物质变过程中出现渐变和突变的原因，揭示了事物的质变方式是如何依赖条件而变化的。

（四）模糊性数学模型

在自然界中存在大量的模糊现象、模糊信息，反映在人的认识上则有许多模糊语言和模糊概念。它们具有量的特征，但没有非此即彼的精确性，因而以往的数学无能为力。1965 年美国控制论专家扎德首次创立模糊数学，提出用模糊集合作为表现模糊事物的数学模型，运用隶属函数就可以对各种模糊现象进行定量的描述和处理。

除上述分类以外，根据数学本身的特点，数学模型还可以分为概念型模型、方法型模型和结构型模型三个种类。

（1）概念型模型。例如，实数、函数、向量等数学概念；

（2）方法型模型。例如，方程、运算法则、列表、图等；

（3）结构型模型。例如，数系等。

三、数学建模过程

自然界的事物五花八门，千姿百态，其发展变化也非常复杂。所以，给自然界的事物建模并没有一个固定的模式，建模是一种十分复杂的创造性劳动。下面大致地描述数学建模的步骤。

（一）建模准备

建立数学模型之前，必须掌握所要解决问题的有关背景知识和数据资料等信息，牢固掌握有关数学知识和方法。此外，还应明确建立模型的目的。

（二）简化假设

建立数学模型是对问题进行具体分析的科学抽象过程，是一个化繁为简、化难为易的过程。因此，要抓住问题的主要矛盾的主要方面，舍弃次要方面，进行简化。这是建模关键的一步。简化假设要适度，否则会对建模产生不良影响。

（三）建立模型

在假设的基础上，利用适当的数学方法来表示问题各数量之间的关系，建立相应的数学模型。

（四）模型求解

建模以后，对模型进行数学解答。例如，求方程的解、列表、作图等。

（五）模型分析

对所得出的结果进行分析，指出结果的实际含义和模型的应用范围等。例如，对问题各变量之间的依赖关系进行分析。

（六）模型检验

将模型的结果运用到实际问题的解决中，运行模型，对模型结果与实际相互比较，以便检验模型的可靠性和准确性。

（七）数学模型的应用

数学模型被接受之后，进入实际应用阶段。在实际应用中应该不断地改进模型。数学建模过程的示意图如图 8-2 所示。

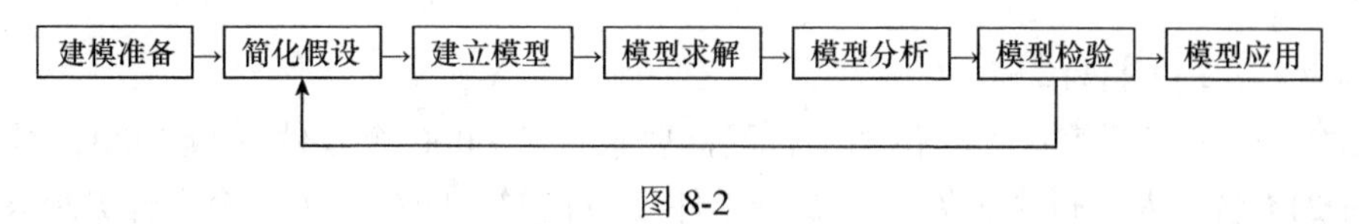

图 8-2

在这里举一些我们日常生活中的例子。

例 8.1　如果每台计算机的零售价为 3000 元，现在先付 600 元，其余部分以贷款形式按每月付 450 元，在 6 个月内还清，那么贷款的年利率为多少？

表 8-1　例 8.1 表　（单位：元）

每月贷款利息	贷款金额						
	原价						
	预付款	借款额					
50	600	400	400	400	400	400	400
50							
50							
50							
50							
50							
		1+	2+	3+	4+	5+	6=21（月）

解法一　一种解决方法为：把问题进行分解，做系列程序。

（1）求出所付全部款的总额：$600+6\times450=3300$；

（2）贷款利息（I）：$3300-3000=300$；

（3）所借贷金额（P）：$3000-600=2400$；

（4）每月所还清的金额（P/n）：$2400/6=400$；

（5）期限（年）：$(1+2+3+4+5+6)\div12=\dfrac{7}{4}$；

（6）$I=300=400\times i\times\dfrac{7}{4}$。

所以，年利率 $i=42.86\%$。

从类似问题可进一步抽象出贷款年利率的数学模型：

$$i=\frac{2fI}{P(n+1)}$$

其中，$f=12$，I 为贷款利息，n 为期限，P 为贷款金额。

解法二　根据已知条件，毫不犹豫地应用能够考虑问题各个要素组成的辅助手段——几何图形。下面就是根据问题情况建立的一个直观模型，这个模型把原来问题化为数学问题了。就是说，问题变成按每月还清 400 元计算，付 21 个月的贷款利息 300 元的贷款年利率为多少？

由此得出期限（单位：年）为：$\dfrac{21}{12}=\dfrac{7}{4}$（年）；

利息：$300 = 400 \times i \times \frac{7}{4}$；

年利率：$i = 42.86\%$。

例 8.2　一家工厂签订了一份加工合同，要求加工 6000 个零件 A 和 2000 个零件 B。该厂共有 214 名工人，每个工人加工 5 个零件 A 所花的时间和加工 3 个零件 B 所花的时间相同。现将工人分为两组，每组分别加工一种零件。若同时开始生产，问怎样分组才能使加工业务在最短的时间内完成？

解　设加工零件 A 的人数为 x，则加工零件 B 的人数为 $214-x$。再设单位时间内一个工人加工零件 A 的数量为 $5k$，则加工 B 的数量为 $3k$，k 为比例常数。从而加工零件 A 所需时间为 $t_A = \frac{6000}{5kx}$, 加工零件 B 所需时间为 $t_B = \frac{2000}{3kx(214-x)}$，所以，最后完成加工业务所需时间 $t=\max\{t_A, t_B\}$，即 $t = \left(\frac{2000}{k}\right) \cdot \max\left\{\frac{3}{5x}, \frac{1}{3(214-x)}\right\}$。

设 $f(x) = \max\left\{\frac{3}{5x}, \frac{1}{3(214-x)}\right\}$，则有 $t = \frac{2000 f(x)}{k}$。于是，本问题归结为以下数学模型：自然数 x（$1 \leqslant x \leqslant 213$）取何值时，函数 $f(x)$ 有最小值。

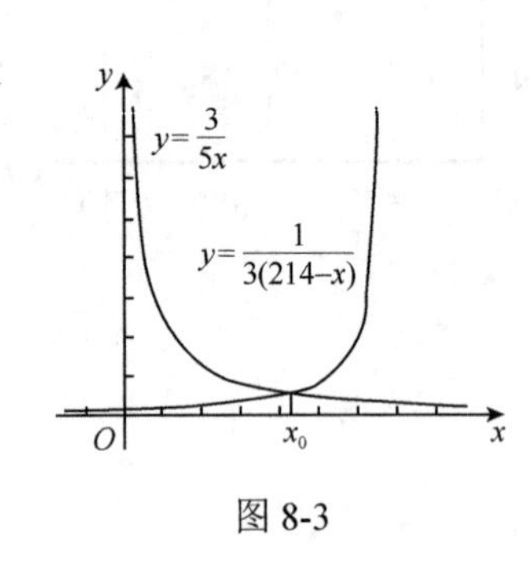

图 8-3

如图 8-3 所示，在坐标系内分别作函数 $y=\frac{3}{5x}$ 和 $y=\frac{1}{3(214-x)}$ 的图象。

从函数图象可以看出，当 $\frac{3}{5x}=\frac{1}{3(214-x)}$ 时，即 $x = x_0 \approx 137.57$ 时，$f(x)$ 有最小值。由于 x_0 不是自然数，所以需要比较 $f(x)$ 在点 x_0 附近的两个自然数 $x_1 = 137$ 和 $x_1 = 138$ 的函数值，易得 $f(137) < f(138)$。

例 8.3　中国古代鸡兔同笼问题的解决方法：设现在有若干只鸡和兔子，它们共有 50 个头和 140 条腿，问鸡和兔分别有多少？

（1）试探法。

表 8-2　试探法表

鸡/头数	兔/头数	腿数
50	0	100
0	50	200
25	25	150
30	20	140

（2）巧妙的构思。假设每一只鸡都是用一条腿站着，每只兔子都是用后两条腿站着。在这种情形下，只用 70 条腿。在 70 这个数字中，鸡只用了一次，而兔子用了两次。从 70 减去所有头数 50，所剩余的就是兔子数。

（3）用代数方法解决。（略）

第三节　数学审美能力的培养

我们在以往的学校教育中强调的美育都是在语文等文科课程范围中的美育，而忽视了自然科学和数学课程中的美育；或者过于倾向于空洞的或抽象的美育，脱离实际教学内容，从而导致了美育的效果不够理想。基于上述存在的问题，在下面遵照中小学数学课程标准“总体目标”中关于培养学生审美鉴赏能力的精神，通过数学美及中国传统数学中美学思想方法的论述，介绍如何培养学生的数学审美能力的途径。

一、数学美及其特征

数学是美的，这是因为数学是在人类社会实践活动中形成的人与客观世界之间，以数量关系和空间形式反映出来的一种特殊表现形式。这种形式是以客观世界中的数、形与意向的融合为本质，以审美心理结构和信息作用为基础的。数学美是随着历史的发展而发展的。它在自己的发展过程中对数学、科学和人类文明的进步起到了巨大的作用。

数学美有以下特征：对称性、统一性、简洁性和奇异性（新颖性）。

数学美具有客观实在性，随着人类数学实践活动的开始而产生，它具体表现在主体在数学活动中的审美心理和所创造的成果中。数学审美活动的基础是实践。学习和研究数学是人类认识自然、改造自然的重要实践之一，它不是盲目的，而是有意识、有目的、按照客观世界的规律进行的现实活动，即它是按照和谐、对称、统一、简单等美的规律进行的创造性活动。

英国著名哲学家和数学家罗素从现代数学角度对数学的美给予了极高的评价，他指出：“数学，如果正确地看它，不但拥有真理，而且也有至高的美，正像雕刻的美，是一种冷而严肃的美，这种美不是投合我们天性的微弱的方面，这种美没有绘画或音乐的那些华丽的装饰，它可以纯净到崇高的地步，能够达到严格的只有最伟大的艺术才能显示的那种完满的境地。一种真实的喜悦的精神，一种精神上的发扬，一种觉得高于人的意识（这些是至善的标准）能够在诗里得到，也确能在数学里得到。”[①]这里肯定了数学美的存在性，同时指出了数学美的特征。一方面，数学“不但拥有美，而且有至高的美”，即具有真和美的统一；另一方面，“数学具有冷而严肃的美”，即指出数学美具有的特点。

数学美的内容是实在的，数学并不是唯美地追求美，而是在逻辑的真假判断与实践的价值判断的统一中追求美。在逻辑上无矛盾的，而没有实践价值的理论并不一定是美的；同样只有实践价值而不满足逻辑要求的知识也并不美。必须把两者统一起来才能实现真正的美。下面的实例也许能够很好地说明这个观点。例如[②]，就公理系统来说，19 世纪以后，罗巴切夫斯基几何学的创立及其后在数学中掀起的公理化运动。有的数学家就认为，只要随意改变几条公理，就可以自由创造出新的公理系统，新的数学理论，数学就可以脱离实践而发展。因此，有的数学家自由地创造出几种不同形式的非欧几里得几何学和非阿基米德几何学。例如，G.海森伯在欧氏几何中，放弃平行公理，增加任意

① 罗素. 我的哲学的发展[M]. 北京：商务印书馆，1996：193.
② 林夏水. 数学的对象与性质[M]. 北京：社会科学文献出版社，1994：197-198.

两条直线都有一个公共点，同时改变其他一些公理，于 1905 年建立了一个单重椭圆型几何的公理系统。G. B.霍尔斯特德和 J.R.克拉因在改变欧氏几何中的一些公理以后，分别于 1904 年、1916 年提出双重椭圆型几何的公理系统。G.韦隆内在希尔伯特的欧氏几何的公理系统中，通过否定阿基米德公理，推出许多定理，构成了另一种非阿基米德几何学。M.德恩则通过略去阿基米德公理，推导出许多公理，创造了另一种阿基米德几何学。因为这些形形色色的非欧氏几何和非阿基米德几何，虽然在逻辑上没有矛盾，但在实践中没有任何价值，所以被淘汰。又如，微积分建立的初期，虽然能够有效地解决实践中提出的许多实际问题，但其理论缺乏严密性。从现代数学的要求来说，也是不美的。随着极限等理论的完善，微积分理论真正地实现了逻辑上的严密性。这样也就达到了完满的境地。

在数学美的问题上虽然存在一些主观因素，但它还是以逻辑的真假判断和价值判断的统一为检验标准的。数学美并不是人为的，或者说不是唯美的，而是由数学本身具有的客观性所决定的，它是美的载体。从这个意义来讲，数学美的内容是实在的，而这种实在不是物理世界的实在，它是像音乐、美术、文学作品所具有的那种实在。另外，数学概念是人类历史发展的产物，数学概念作为“一种研究思想事物（虽然它们是现实的摹写）的抽象科学”（恩格斯）的概念，新概念的产生是依赖于人们的审美意识和科学指导思想的。“主观的思维和客观的世界都服从同一规律，因而两者在自己的结果中不能相互矛盾，而必须彼此一致”。（恩格斯）

从文化传统上看，数学美的实在性更明显。数学在人类文化发展过程中，给文化集团提供精神满足和审美价值。数学美和文化传统具有密切联系，一方面数学积极地影响着人类文化的发展，另一方面人类文化传统也对数学的发展产生极大的影响，即数学也从它的文化环境中吸取营养。例如，古希腊数学中的点、线、面、数，都是对现实的理想化和抽象，这种对理想化和抽象的偏爱在其文化中也留下了深深的烙印。从古希腊优美的文学作品、理性化的哲学、理想化的建筑和雕刻艺术中都能看到数学美的这种实在性；反之，文化传统也对数学的发展产生重要作用。人们出生于某种文化和语言环境中，这种环境制约着他们接受某种特定的数学系统①。又如，数的不同进位制表示方法都带有不同文化的痕迹。事实上，这种现象和欧氏几何不在中国出现而在古希腊出现、《九章算术》产生在中国而不是在西方那样，都很好地反映了不同民族、不同文化背景下的数学风格。

数学及其美具有民族文化传统方面的实在性。也正因为如此，近年来许多发达国家意识到在中学数学教育中“民族性”问题的重要性，并提出了进行“民族数学”②教育的合理性。这是以往我们在数学教育中从未提及的重要问题。

对数学美的客观实在性的正确认识，对中国传统数学中的美学方法和数学教育的发展都具有重要意义。它在中小学数学教育中，挖掘利用自己文化传统中的积极因素，借鉴外国数学教育经验，有着极其重要的作用。在中小学数学教育中，结合我国悠久的历史和辉煌灿烂的文化传统进行爱国主义教育等方面都具有现实意义。

---

① 克莱因. 数学：确定性的丧失[M]. 长沙：湖南科技出版社，1997：353.

② 所谓（文化集团的）民族数学是指思维方式和体系之实践的复合体。见：张奠宙，丁尔陞. 90 年代的数学教育. 上海：上海教育出版社，1989.

二、中国传统数学中的数学美学思想及其在教学中的应用

（一）对中国传统数学中的美学思想方法的认识

近年来，在数学美学研究方面，出现了一些有一定参考价值的学术著作。这些研究的侧重点几乎都是现代数学或西方数学中的美学问题，很少涉及或甚至根本就没有涉及中国古代数学的美学问题。这里有各种原因，首先，不少研究人员把数学美学思想或方法理解为单纯的欧几里得《几何原本》式的演绎系统才具有的美的因素，如果某一数学理论不符合演绎系统的要求就不算美。其次，忽视或不了解数学美的历史性、民族性、社会性等最根本问题去谈论数学美学。这样难免会对中国古代数学美学思想方法产生一些误解。或者说，有些研究者不大了解中国古代数学，因而也难以领会或把握它所蕴涵的美学思想方法。要讨论中国古代数学美学思想和方法，必须在中国古代美学思想和中国古代数学的范围之内探讨。讨论中国古代数学美学思想、方法的目的，并不是为它赋一首赞美诗，而是从理性的角度去科学地评价它应有的特征及其价值。研究中国数学美学思想时，应该克服情感因素的干扰，以实事求是的态度对中国传统数学进行理性的思考，而不能主观地把中国古代数学拔得太高，同时也不能忽视它的历史地位和作用。

中国古代数学理论没有西方数学那样的形式化理论体系，但却不能否定它的历史价值和作用。它不但有实用性特征，还蕴涵着丰富的美学思想。要想认识中国传统数学中美学思想和方法，就必须了解中国古代数学的基本特征和中国古代美学思想的特征等有关问题。事实上，中国古代数学美的特征都是通过中国古代数学的基本特征表现出来的。

（二）中国传统数学中的对称性美学方法及其在教学中的应用

从中国古代数学发展的历程和数学本身的特征看，中国古代数学亦表现出对称性、统一性、简洁性、奇异性等科学美学特征。中国古代数学美的思想方法对数学和科学、数学教育的发展曾经起到过积极的促进作用，在今后的科学研究、数学教育中也将起到一定的启迪作用。

对称性有两个方面的含义，一种含义是，对称的即意味着是非常匀称和协调的；而对称性则表示结合成整体的好几个部分之间所具有的那种和谐性。优美和对称性紧密相关①。学者们关于对称的解释有很多，既有直观的解释，又有哲学的解释。美国数学教育家波利亚说：“一个整体具有几个可以互换的部分，就可以称之为对称的。”②这是一个直观的说明。数学家外尔对数学中的对称性特征指出：“对称是一个广阔的主题，在艺术和自然两方面都意义重大。数学就是它的根本，并且很难再找到可以论证数学智慧作用的更好的主题。”③他又说：“对称性不管你是按广义还是按狭义来定义，其含义总有一种多少时代以来人们试图用以领悟和创造秩序、美和完善性的观念。”④从更一般的意义上说，对称性是客观世界的数量关系和空间形式和谐和秩序的一种表现，是更多、更复杂而丰富多

① 赫尔曼·外尔. 对称[M]. 冯承天，陆继宗，译. 上海：上海科技教育出版社，2002：1.
② 波利亚. 怎样解题——数学教学法的新面貌[M]. 上海：上海科技教育出版社，2002：201.
③ Kapur. 数学家谈数学本质[M]. 王庆人，译. 北京：北京大学出版社，1989：169.
④ 徐本顺，殷启正. 数学中的美学方法[M]. 南京：江苏教育出版社，1989：73.

样的一致性与统一性。从数学的观点来看，对称有两个方面的含义。第一，对称只不过是一类很特殊的变换：具有对称性图形，是指在对称变换下仍变为它自己的图形。以此观之，在其他变换下不变的图形，也应该有与对称一样的美①。第二，从抽象意义上来说，对称意味着数量之间的平衡关系和在意义上的相反相成关系。例如，方程、正数和负数关于零的对称等。在中国古代数学中，对称性特征表现得特别突出，随处都能够领略到它的普遍存在。例如，即使是没有逻辑证明的《九章算术》的"术"中，还有后来的数学发现(立圆体积公式的证明方法的发现)和证明过程中都能看到对称思想的具体体现。又如，很自如地进行正负数的加减计算并不是偶然的，它与《周易》的阴阳思想有直接或间接的关系。当然，《周易》中的对称思想是广义的，中国古代数学中的对称只是其中的一部分。传统观点认为，负数概念产生的直接原因是生活交往中的债务等关系。这很难解释清楚为什么有些国家或民族发现负数概念晚于中国几个世纪或上千年。例如，古希腊社会的商业贸易都很发达，肯定存在债务等社会关系，但并未出现负数概念。关于中国传统数学中的对称思想方法的论述，详见第二章第一节中的相关论述。

第四节　数学基本能力的培养

培养学生的数学能力，是时代赋予数学教师的任务。当今世界科学技术突飞猛进，人类知识总量快速增长。据统计，今天一个科学家，即使夜以继日地工作，也只能阅读世界上有关他自己这个专业的出版物的 5%。一个大学生，即使勤奋地攻读，也只能获得将来从事工作所需知识的一部分。因此，只有在传授知识的同时，特别重视学生能力的培养，才能增强学生独立思考的意识，增强其独立获取知识的能力，去迎接新世纪的挑战。

一、能力的含义和培养途径

(一)能力的基本含义

能力是与活动要求相适应的、保证活动顺利完成的那些后天形成的最基本的个体条件。它的基本含义大致有以下四个方面。

(1)能力的作用在于能保证顺利地、有效地进行某种活动，完成某种任务。

(2)某种能力是依据个体的遗传素质条件，在后天经过实践形成的，能力本身不包含先天因素。

(3)能力始终体现在活动之中，离开了活动就无从考察能力，离开了活动就无从培养能力，离开了活动已经具有的能力也不可能得到发展。

(4)能力具有个体心理特征。由于每个人的主客观条件不同，如遗传素质、生活经历、环境影响、教育程度等，特别是所从事的实践活动不同，能力的个性差异是很大的。

按照不同的标准，可以对能力作不同的分类。按能力的要素，可以把能力分为一般能力和特殊能力。一般能力是指主体在各种活动中都存在和表现出来的认识能力，主要也就

① 徐本顺，殷启正. 数学中的美学方法[M]. 南京：江苏教育出版社，1989：70.

是指智力，它包括观察力、记忆力、想象力、思维力、注意力，以及收集处理信息的能力、获取新知识的能力、分析和解决问题的能力等。特殊能力是指对于某一专业领域的活动有特殊意义并在其中显示出来的能力，如数学中的运算能力、逻辑思维能力、空间想象能力等。

根据中学数学的教学目的，数学教学中所要培养的能力，主要是与数学密切相关的三种特殊能力：运算能力、逻辑思维能力和空间观念。培养这些能力的着眼点在于发展学生的智力，使学生逐步形成分析和解决问题的能力，即能够运用所学知识解决简单的实际问题。

（二）培养数学能力的基本途径

数学能力的培养，必须寓于具体的数学活动之中，其基本途径大致有以下三个方面。

（1）激发学习兴趣，增强学习动力。能力和兴趣作为心理特征，二者是互相制约、互为促进的。兴趣吸引人从事活动，活动促进能力的发展；而顺利地从事活动，也能进一步增强这方面的兴趣。数学的抽象性，常常给学习带来一定的困难，使部分学生失去学习的兴趣。因此，数学能力的培养必须十分重视非智力因素的开发，通过多方面的教育帮助学生明确学习数学的目的，激发学习数学的兴趣，增强学好数学的自信心，让学生以高涨而稳定的学习热情投入到各种培养能力的数学活动中去。

（2）在传授知识的过程中，有目的、有计划地培养学生的能力。在学校教育中，各种具体的数学活动主要是围绕传授知识展开的。这就表明，无论是数学的三种特殊能力，还是分析和解决问题的能力，可以而且必须以知识教学为载体，在概念的教学、命题的教学、思想方法的教学、解题的教学等数学活动中加以培养。为此，在传授知识时要增强培养能力的意识，把能力培养有机地融合到知识教学中去，让学生感受、理解知识产生和发展的过程，形成科学精神和创新思维习惯，掌握数学的基本思想，从而提高学生的数学能力。

（3）积极开展第二课堂活动。围绕教学内容而展开的社会实践、数学讲座、数学竞赛、数学板报、数学兴趣小组活动等，都是不可忽视的数学活动。这些活动，特别是社会实践活动，是课堂教学的重要补充，对于增强学生能力具有十分重要的作用。例如，统计部分的教材，往往都是一些人造的数据，取样和收集数据的过程在教材中是看不到的。教学时应当选择若干实际问题，组织学生进行社会实践，使学生真正体验到统计思想产生和发展的全过程，让学生面对具体的实际问题，去观察、分析和思考，最终提出解决问题的办法。这样，才能使学生熟悉统计的思考方法，形成关于统计的运算能力和思维能力。

二、数学特殊能力的培养

（一）运算能力的培养

运算能力，主要是指数值的计算能力和数式的变换能力。

培养运算能力的基本要求包括以下两个方面：一是运算要正确。这里所指的“正确”不仅是所得结果正确无误，而且要求在运算时明确运算所依据的有关理论知识。二是运算要迅速。这里所指的“迅速”也不是单纯的速度快，更含有选择最优的运算途径，达到合理、简捷的要求。

培养学生的运算能力，是一个长期的过程。从总体上说，要按照培养数学能力的基本途径开展教学活动。只有让学生深刻理解数学的概念和规律，在具体的数学活动中熟练运算的技能、技巧，才能为运算指明方向、开拓思路，也才有可能取得正确、迅速的运算效果。

根据数学运算的特殊性，教学中还应注意以下三点。

1. 掌握运算的通法、通则

数学运算种类繁多，运算方法因题而异，但不少方法、法则还是具有共性的。因此，教学时要通过多层次的分析比较，引导学生熟练掌握运算的通法、通则。例如，对于混合运算，应要求学生牢记以下程序通则。

（1）先高级后低级。例如，四则运算中要求先乘除（二级运算），后加减（一级运算）。

（2）先内层后外层。例如，含有多重括号的算式，应该先脱去内层括号，再脱去外层括号。

（3）先局部后整体。例如，结构复杂的算式，可以先分别计算它的各个部分，再进行整体的计算。

（4）先化简后求值。例如，有关求代数式的值的运算，可以先把代数式化简，然后代入数据进行求值计算。

（5）先明显后隐蔽。例如，多项式的因式分解，可以遵循先明后暗的程序，即先提取公因式，再看能否运用公式，然后再考虑分组分解。

2. 熟悉数式的基本变换

数式的各种基本变换，在数学运算中起着桥梁的作用。从运算的角度来分析，应使学生灵活运用以下各类常用的数式变换。

（1）符号变换。例如，去括号、添括号时的符号变换。

（2）互逆变换。例如，$a-b=a+(-b)$。

（3）移项变换。例如，移加作减。

（4）配方变换。例如，$x^2+y^2=(x+y)^2-2xy$。

（5）分解变换。例如，$\frac{1}{n(n+1)}=\frac{1}{n}-\frac{1}{n+1}$。

（6）形态变换。例如，$\log_a N=b \Leftrightarrow a^b=N$。

（7）换元变换。例如，引入辅助元素、添设参变量、构造辅助函数、添设辅助线等。

3. 熟练计算的技能、技巧

运算速度快并非仅限于笔头运算，还应通过强化训练使学生熟练掌握以下有关数值计算的技能、技巧。

（1）善于进行口算和速算的技能。

（2）熟练使用计算器等计算工具的技巧。

（3）熟记一些常用数据，如20以内自然数的平方数，10以内自然数的立方数，简单勾股数，特殊角的三角函数值，$\sqrt{2}$，$\sqrt{3}$，$\sqrt{5}$，lg2，lg3，π，e 精确到0.0001的近似值，以及$25=\frac{100}{4}$，$125=\frac{1000}{8}$，$625=\frac{10000}{16}$等。

（4）灵活运用还原法、代值法、估值法、弃九法等方法进行验算的技能。

（二）逻辑思维能力的培养

逻辑思维能力主要是指形式思维能力和辩证思维能力。它是数学中最基本、最重要的能力；演绎、归纳、类比等进行推理和证明的能力；分类和系统化等形成知识体系的能力。这些能力表现在运用它们时的正确性、条理性、合理性、敏捷性、灵活性和深刻性，以及表述自己思想和观点时的清晰、简明的程度上。

从中学生的心理特征来分析，整个中学阶段学生的思维能力处于急速发展时期。初一学生的思维以形象思维为主；初二、初三学生的思维倾向于经验型逻辑思维；而高中学生的思维则由经验型逐步转化为理论型。因此，在初中阶段培养学生的思维能力，促使他们的思维由形象思维发展为逻辑思维，并由经验型逻辑思维顺利地转化为理论型思维具有特别重要的意义。

培养逻辑思维能力的基本要求包括两个互相联系的方面：在形式思维方面，要求思考问题、解决问题时，能够正确地使用概念，恰当地下判断，合乎逻辑地进行推理论证，做到思路清晰，因果分明，言必有据，缜密严谨。在辩证思维方面，要求思考问题、分析问题时，能够用实践的观点，相互联系、相互制约的观点，运动、变化、发展的观点，对立统一规律，质量互变规律，否定之否定规律来理解、掌握和运用数学知识。

学生的逻辑思维能力主要是通过获得知识和应用知识的过程逐步地培养与发展起来的。这里所指的“知识”并非只是几个干巴巴的数学概念或数学结论，而应当包括这些概念、公式、定理的产生和发展的思维过程。

为了切实培养学生的逻辑思维能力，在知识教学中，要防止两种倾向：一是“照本宣科”，循着教材的表达形式，只讲演绎思维，忽视反映思维过程的归纳、类比、直觉、猜想；二是“掐头去尾，只烧中段”，单纯强调思维结果，不讲知识的来龙去脉，掩没具体的思维过程。正确的做法是抓住教材的精神实质，发掘知识中包含的思维内容，不仅要讲清“是什么”“这么办”，而且要阐明“为什么”“怎么办”，教会学生正确、合理地进行思维。

必须指出，在培养学生逻辑思维能力的同时，也要重视直觉思维的培养。就总体而论，初中数学只是具有一定科学形态的体系，还不是严格的科学体系。有些内容是凭直觉承认它成立的，而不是经过严格证明的。同底数幂的乘法性质$a^m \cdot a^n = a^{m+n}$是通过不完全归纳法得出来的，单项式乘法法则是从个别例子概括抽象得出的，几何中几个扩大的公理也都带有直觉思维的性质。因此，在教学中要鼓励学生大胆猜想，逐步培养直觉思维品质。

（三）空间观念的培养

数学中的空间想象能力，是指对物体(客观存在着的空间形式)的形状、结构、大小、位置关系的想象能力。空间观念的内容与空间想象能力相同，只是程度较低。

初中阶段讨论的数学对象，主要是一维空间和二维空间的形式，有时也涉及三维空间的形式（如立方体、长方体）。从解决实际问题的思维过程来分析，三维空间形式的问题常常要转化成二维图形来研究。所以，对平面图形的想象能力是培养和发展空间观念的基础。

培养空间观念的基本要求主要有以下四个方面：一是能够由形状简单的实物想象出几何图形，由几何图形想象出相应的实物形状；二是能够由复杂的平面图形分解出简单的、基本的图形；三是能够在基本的图形中找出基本元素及其关系；四是能够根据文字符号表述的条件作出或画出图形，对图形能够用文字或语言来表述。

空间观念的培养不是一朝一夕之事，也不能只靠几何课的教学来实现。培养空间观念，应贯穿于数学各个内容的教学之中，是数学教学自始至终的教学任务，它与运算能力和逻辑思维能力的培养常常交织在一起，相辅相成。

根据空间观念的特点，教学中还应注意以下三点。

（1）恰当运用实物和模型。一般说来，形象越深刻，想象也越丰富。在知识教学中，适当利用直观教具指导学生观察、剖析、测量有关实物，或按一定要求制作模型，有助于抽象的空间形式直观化、形象化，帮助学生形成空间观念，以致逐步做到离开了实物、模型和图形也能进行空间形式的思考。

（2）重视识图、画图练习。空间观念是形象思维与逻辑思维交替作用的思维过程。几何图形则是描述这种思维的重要语言。它能够简捷、直观地表达相应的空间形式，所以，重视识图与画图的训练是培养空间观念的有效途径。在平面几何教学的起始阶段，显得更为重要。它可以让学生从各个不同角度观察、识别同一种几何图形；根据文字的叙述作出或画出图形。教学中，教师在画图时要起示范作用。

（3）加强空间想象训练。培养空间观念离不开空间想象的训练。教学中，可以提出一些能引起空间想象的问题让学生思考、想象。例如，教学几何概念时，可以要求学生想象出反映这一概念的现实原型；结合教学内容可以安排一些拼图和分解图形的练习；还可以让学生在复杂的几何图形中找出所需的三角形或四边形，等等。

空间想象并非仅局限于几何内容，还有数形结合方面的内容。教学中可以根据某些数量关系的几何特征引导学生展开丰富的想象。例如，讨论二元一次方程组的解时，可以让学生思考：当组成方程组的两个方程的对应项系数不成比例时，为什么方程组有且只有一个解？要求给予几何解释。

三、分析和解决问题能力的培养

分析和解决问题能力属于智力范畴。智力具有独立性、灵活性和创造性等重要特征。培养学生分析和解决问题能力旨在发展学生智力，激发创新意识，养成创新思维习惯，增强创新能力、实践能力。

分析和解决问题能力有不同的层次要求。对于初中学生主要是能够运用所学知识解决简单的实际问题。这是学好双基、培养能力的结果，也是对获得的知识、技能和能力的检验，是数学教学的一个重要目的。

初中数学教学中，运用所学知识分析和解决简单的实际问题的基本要求主要包括：分析简单问题中的数量关系，列出方程或方程组并求解，做出正确答案；对简单问题中的数据进行处理；分析简单实际形体问题中的诸元素关系，并进行画图、测量和计算，特别是可用解直角三角形来解实际的问题，等等。学生分析和解决简单实际问题的能力如何，可以把能否解决相关学科，如物理、化学及日常生活中遇到的数量和图形问题作为一个基本的评判标准。

培养学生分析和解决简单实际问题的能力是一个系统工程，涉及数学的基础知识教学和基本技能训练，涉及数学三种特殊能力特别是创新思维能力的培养，涉及数学实践活动的开展、实践经验的积累等诸多因素。这些问题在前面一些章节中已做过讨论，这里就不再详细展开了。概括地说，最为重要的是要把知识、技能、能力有机地结合起来，把课堂教学和社会实践有机地结合起来，把培养学生分析和解决实际问题的能力有目的、有计划地贯穿于整个数学教学活动的全过程，在发展智力的独立性、灵活性和创造性方面多下工夫。

第五节　数学课外活动及其设计

一、数学课外活动

（一）数学课外活动的概念及特点

1. 数学课外活动

课外活动是指在教学大纲范围以外、学生自愿参加的多种教育活动的总称。广义包括正式课程以外的校内外的各种教育活动；狭义仅指校内的课外活动，课外活动是实施全面发展教育的重要途径。其目的是：培养学生兴趣、爱好和特长，以适应个性发展的需要；发展智力、能力和创造能力，扩大知识领域；提高思想品德修养和审美能力，陶冶情操，丰富精神生活，培养文明行为，愉悦身心，增进健康等。

数学课外活动的定义是指：课堂教学之外，学生参加的与数学学习有关的各种活动，正确组织和吸引学生参加数学课外活动，可拓展学生的知识领域，培养学习数学的兴趣，发展学生的数学才能。

2. 数学课外活动的特点

（1）数学课外活动不受统一的数学课程标准、数学教材的限制，学生能及时地、广泛地从多种渠道接受各种信息，因此它传递给学生的信息速度快、容量大、内容丰富多彩，在拓宽学生的数学知识面，培养学生的数学兴趣、爱好和特长，发展学生数学才能方面具有不可忽视的作用。

（2）数学课外活动以开展各种数学活动为主，这就为学生提供了多种动手和实践的机会以弥补数学课堂教学之不足，并可把科学研究引进数学教学领域，它有利于培养学生探索创造的精神和独立实践活动的能力，并能较好地培养和锻炼学生的意志品质和行为习惯。

（3）数学课外活动是在学生自愿的原则上组织起来的各种小组、协会和个别活动，教师只起指导和咨询作用，因此它可以充分发挥学生作为认识主体的能动作用。在数学课外活动中，学生对各种渠道的信息可以按自己的需要和爱好自由选择，这就有利于充分发展各个学生的个性特长和他们的聪明才智。

由此可见，数学课外活动是中学数学教育中重要的、不可缺少的组成部分。

（二）开展数学课外活动的教育价值

1. 数学课外活动的性质

数学课外活动是数学教育的有机组成部分，是中学数学课堂教学的有益补充。它重视培养学生实践能力和创新意识，是提高学生数学综合素质的基本途径之一，同时也是促进学生全面而有特色发展的有效手段。

2. 数学课外活动的作用

数学课外活动的主要作用，表现在对学生进行数学素质和多元智能培养方面具有优越性，能使学生在素质的各方面都得到充分协调的发展；数学课外活动能充分开发学生的身心潜能，能陶冶学生的情操，培养学生的高尚人格和思想道德；数学课外活动能培养学生的技能，能最有效地培养学生的特长。

3. 数学课外活动的功能

数学课外活动在学校教育中的功能主要有以下三个方面：一是有助于学生体会数学学习的价值，数学的价值体现离不开实际生活和实践活动；二是有助于数学知识整合，只有通过活动才会促进分散割裂的知识形成有价值、有生命的知识系统；三是有助于能力迁移，只有通过各种活动，在新的问题情景中，学生的能力才具有普遍的迁移价值。

4. 开展数学课外活动的意义

（1）开阔视野，增长知识。数学课外活动和数学课堂教学都是学校数学教育所需的基本方式。数学课外活动并不是数学课堂教学的简单延伸。从知识的角度看，数学课外活动同样含有丰富的内容，而且形式多样，注重联系实际，能不断丰富和发展学生的知识和智力水平。通过数学课外活动的开展能开阔视野，增长更多的数学知识。

（2）学会学习，持续发展。在目前的中学数学课堂教学中，学生获得的数学知识往往来自于教师或他人经验的传授，是教师把“已经组织好的数学系统”展示给学生，使得数学学习成了单纯的模仿与枯燥的记忆，学生缺乏“观察、比较、分析、归纳”等环节的自主活动，获得知识的途径与方法比较单一，学生个体体验的有效性和差异性被忽视。而在数学课外活动中学生获得的数学知识来自于学生自己的直接发现或创造，通过数学课外活动让学生对某些数学问题或实际问题进行深入探讨，可以使学生在原有知识的基础上，以崭新的研究方式自主地探索规律，在“做数学”中再发现、再创造，学生的学习方式由被动变为主动，为学生提供了获得终身学习、可持续发展能力的机会。

（3）培养特长，形成能力。数学课外活动的多样性，内容的广泛性及学生拥有的自主性，使学生能很好地表现和发展自己的才能，对学生的兴趣、爱好、特长的培养极为有利。数学课外活动不受应试教育的束缚，使学生走出课堂和学校，在更广阔的环境中自由活动和学习，在实践中运用所学的数学知识，有利于培养学生的创新精神和实践能力。在数学课外活动中教师还可能发现具有数学特长的苗子，经过特殊的引导和培训，使这些学生走上数学专业发展的道路，成为数学的专业人才。

（4）发展学生个性，开发多元智能。数学课外活动是由学生根据自己兴趣的不同而选择不同的活动项目，他们可以选择适合自己智能强项的活动，发展自己的优势智能，也可以选择自己智能弱项的活动，以开发其他智能。数学教师同时也可以充分利用数学课外活动内容的广泛性，为学生多元智能的开发创造教育的情境。学生在活动中可以充分发挥自身特长，自主探究，主动参与，勇于发表自我观点，展示自我才能，从而促进其个性的发展。

（5）陶冶情操，树立正确的科学观、世界观。由于数学课外活动的开展是以学生为主体，学生有较多的时间与机会参与制定方案、开展实验、观察分析、推理论证等活动，有助于培养学生坚强的意志和顽强的毅力，有利于形成良好的学习习惯和体会科学的研究方法；而在数学课外活动中提供的接触生产、生活和分析、处理问题的机会，也帮助学生学会关心社会、关注环境等，从而有利于树立正确的科学观和世界观。

（三）开展数学课外活动遵循的原则

根据中学数学教育的目标，青少年的年龄特征和数学课外活动的特点，组织和指导学生进行数学课外活动应遵循以下七个基本原则。

1. 方向性的原则

数学课外活动的内容及组织要符合教育方针和中学数学教育目标，符合数学新课程标准中对学生数学素质的培养。

2. 自愿性的原则

学生可按其兴趣爱好自愿参加，根据自己的智能特长参加自己喜爱的数学课外活动小组。

3. 主动性和独立性的原则

开展数学课外活动应以学生为主体，让学生主动参与，使学生能够根据自己的爱好和兴趣进行自我选择、自我设计、自我组织、自我评价、发挥学生的自主性和独立性，使学生在数学课外活动中学有所乐、学有所得。教师和有关辅导人员的作用在于引导、启发，不包办代替。

4. 活动性的原则

“数学活动论”的基本观点认为，不应把数学等同于已经得到的数学命题或理论，而应看到数学是一种人类活动，是一个含有多种成分的复合体，不但包含逻辑关系与公理关系，也包含直觉思维、归纳推理，甚至人际交往。为此，数学课外活动的开展就要注意数学认识活动与数学实践活动的结合，注意知识性与趣味性的结合，做到形式灵活多样，内容丰富多彩，密切联系实际，注重动手操作（游戏等），把数学课外活动组织成学生进行数学活动的过程。

5. 符合学生年龄和个别特征的原则

数学课外活动内容和形式能为学生理解、胜任，同一性质的活动在高年级和低年级的要求有所不同，在同一年级也考虑适合学生的个别特点，不强求一律。对有特殊数学才能的学生，可由有专长的教师逐一指导，使之获得进一步发展。

6. 分类指导的原则

数学教育的要旨在于要求每个学生掌握生活、工作和进一步学习所必须要的普通教育最低限度的数学文化素养，在此基础上，按兴趣、能力和志向，对不同程度的学生区别对待，使他们在合适的方向上得到最大限度地发展。因此，数学课外活动不仅要关心“优秀生”的成长，而且更应注意加强对不同程度的学生的分类指导，培养其爱数学、学数学、用数学的意识。

7. 因地制宜的原则

各个学校在开展数学课外活动时，要根据各地经济和文化状况和学校学生实际情况，利用有利条件，因地、因校制宜，选择合适的课外活动内容。

（四）数学课外活动的主要组织形式

中小学数学课外活动可以采取举办专题讲座，交流学习心得和体会，介绍数学课外读物或刊物，以及出版数学学习园地，开展数学小论文交流活动，进行数学竞赛等方式来满足不同类别学生的不同需求，使绝大多数学生都有机会按其兴趣和爱好自愿参加。数学课外活动的组织宜以年级为单位，按学生的程度、志趣和愿望设置不同的活动小组，如数学兴趣活动小组、数学竞赛活动小组、数学研究性学习活动小组、数学实践活动小组等，并在每一小组内开展不同内容、不同方式的活动，例如，趣味数学活动、竞赛活动、数学交流活动及数学实践活动等。

1. 数学兴趣活动小组

数学兴趣活动小组旨在培养学生的数学学习兴趣，提高其数学素养，发展其优良的个性品质。因此，数学兴趣活动小组在活动的组织方式上应有较大的自愿性，在活动的内容上应有更多的趣味性和灵活性。教师应指导学生选择活动内容，制订活动计划，引导学生验证、应用、巩固学科知识，并提供适合学生兴趣的补充阅读材料，如《生活与数学》《数学乐园》《有趣的杨辉三角》等。

2. 数学竞赛活动小组

数学竞赛活动小组旨在对数学特长生进行系统严格的数学训练，加深并拓展课本知识的深广度以满足其对数学的特殊需求，活动的主要内容与中国数学会普及工作委员会制定的初中（高中）《数学竞赛大纲》一致。

3. 数学研究性学习活动小组

数学研究性学习活动小组旨在发现并培育数学英才，充分发展其特殊的数学才能。数学研究性学习是一种以学生的自主性、探索性学习为基础，并在教师指导下以类似科学研究的方式去获取数学知识和应用数学知识的学习方式。在数学研究性学习活动中，教师是组织者、参与者和指导者。教师应帮助学生选择和确定数学研究专题，组织学生以个人或小组合作的方式进行学习活动。数学研究性学习活动应以自学为主，教师可按以下方式作适当的个别指导：①定期开设数学专题讲座。聘请中学数学教师、大学数学教授和专家开设具有一定学术水平的数学专题讲座。②组织数学问题讨论班。组织具有共同兴趣的数学特长生就某些数学问题进行深入研讨。③实行“导师指导制”。聘请研究水平较高的中学数学教师或数学学术造诣较深的专家学者当数学特长生的指导教师。在导师的指导下，特长生可以超前学习中学甚至大学本科的功课，也可以阅读有关数学专著，进行数学研究和创造发明活动。这种以自学为主，自己从事课题研究，向教师质疑问难的教学方式，与大学培养研究生的方式很类似，体现了分类指导的原则。

4. 数学实践活动小组

数学实践小组主要是通过实际动手操作，强化学生对数学知识的感性认识，提高抽象思维能力和空间想象能力，培养实践动手能力，加强数学教学与实际的联系。中学数学进行动手操作的实践活动，主要有四个方面：

（1）简易测量，如测量不规则土地的面积，应用小平板仪测绘小范围区域的平面图，应用水准仪测量道路或水渠的高差，应用测斜仪测量建筑物的高度等。

（2）教具模型的设计制作，如平面几何教具模型制作。

（3）使用画图，如画三视图、画正多边形、图案设计等。

（4）信息技术，如数学软件学习、简单的计算机程序设计、课件制作等。

此外，还应建立学生自己的校级数学课外活动组织机构，例如，数学爱好者协会，负责对各年级活动小组进行联络和协调，并负责组织开展一些全校的数学课外活动，如数学游戏活动、校级数学竞赛活动，以及数学小论文交流活动等。

二、数学课外活动方案——融入数学史的活动策略

考虑到中学生的学习内容多，课堂教学时间有限，可以使学生通过课外活动来学习数学史，形式上可以采取以下八种。

（一）讲述数学家的故事

与中学数学有关的著名数学家有很多，使学生通过各种渠道查阅相关历史材料，收集自己感兴趣的一名或两名数学家的生平故事、对数学发展的贡献，尤其是对后人的启示等方面写成文章讲述给大家。对后人有启发性的数学家故事有很多，例如，大数学家欧拉的故事：双目失明的不幸剥夺了欧拉的看书写字的能力，可是未能夺走他超类绝伦的才华，未能夺走他热爱数学要献身科学的决心！他没有向黑暗低头，而是决心用加倍的努力，来回应命运对他的挑战。他双目失明后，决定由自己口授，主要让大儿子来笔录。从查阅资料到论文写作中所遇到的种种意想不到的不便和困难，他只有用延长工作时间来弥补。他的创作精力使年轻人自愧不如。大儿子支持不住了，就由大女儿接着记。这位双目失明的老人凭着超乎寻常的意志和毅力，再一次创造出令人瞠目结舌的奇迹。他的科学成果在失明以后不但没有减少，反而增加了！除了厚厚三卷《积分学原理》及《船舶制造和结构全论》等重要著作外，他还用每年800页的惊人速度发表了近400篇具有独创性的研究论文。类似的数学家故事是不胜枚举的，又如，阿基米德临死之时还在钻研数学问题、高斯童年的故事、华罗庚在家庭经济窘迫的条件下自学成材及陈景润因不适合教书工作被学校辞

退，但仍酷爱数学，终日刻苦钻研而成为大名鼎鼎的华人数学家等。通过给大家讲述自己准备的数学家故事，学生能够在喜闻乐见的故事中学到数学家的科学精神，激起学习数学的热情。

（二）数学史报告

以课本上介绍的数学史内容或其他数学史料为素材，学生通过加工可以写成文章，制作 PowerPoint、Flash 动画画面。内容方面可以是五花八门的数学家的介绍、某种数学符号的来历、同一个定理的不同证明等。教师可以利用适当的时间，让学生自由搭配、分成几组，选出代表，每组轮流上台作报告。在报告的过程中教师鼓励大家互相提出问题，互相学习，同时要总结、评价学生的表现，纠正学生错误的观点。

这样不多见的活动性数学课能够调动学生的主动性，激发他们的兴趣，比教师正面阐述更具亲和力，更有效果。

（三）数学史讨论会

教师可以事先对某一个数学史话题或某一段数学史材料提出问题，例如，牛顿和莱布尼茨对微积分的发明权问题；笛卡儿和费马发明解析几何；贾宪三角、勾股定理、祖暅原理在国外分别叫作什么等。学生按照教师提出的问题，搜集相关的材料，根据所搜集的资料对教师提出的问题做出自己的回答。对这些问题寻找答案的过程中学生能够理解同一个数学问题在不同文明中的历史背景。通过讨论，教师可以了解学生的学习状况；解答学生的问题；加强学生与学生、教师与学生之间的交流；培养学生分析问题和解决问题的能力。讨论对教师的要求很高，教师要事先布置讨论的题目或有关材料，精心设计讨论的计划，鼓励人人参与讨论。

（四）数学史讲座

教师可以邀请数学史专家就某一专题作讲演，例如，对中国古代数学成就、方程的历史、初等几何的发展、几何原本的介绍，历史上数学与其他学科的联系等方面进行通俗的讲座。使学生积极地向专家咨询自己感兴趣的问题。教师也可以自己搜集数学史知识给学生作专题讲座。也可以找来专家讲座的光盘（如百家讲坛等）给学生播放，让他们做笔记，谈感受。讲座有其独特的作用，可以激发学生对某一数学史事件、某一数学话题的兴趣；向学生传递知识；向学生提供信息和解释；帮助学生加深理解；帮助学生系统地组织知识。这种讲座形式的教学法更适合于那些系统性较强、比较难于理解的数学史知识。

（五）数学史展览会

教师事先布置学生查找一些与教材内容相关的数学史资料，或自己比较感兴趣并且具有教育意义的数学史料，将收集到的资料进行认真筛选、整理，以文章、图片、PowerPoint、Flash 动画等形式在班上展览或者以板报的形式展出来，例如，数学家的头像或名言、数学历史名题等。通过展览可以扩大学生的知识面，从中了解到历史文化发展的灿烂进程。

（六）数学史艺术表演

有条件的学校可以利用适当的时间，教师提供或者让学生自己收集具有表演特点且极具教育意义的数学史素材，让有表演潜能的学生穿上历史服装，借助表演道具，到舞台上一展风采，从而创设学生喜闻乐见的学习情景，师生共同受益。例如，纳皮尔与布里格斯的会见、希帕索斯因透露学派的秘密而被投入海中处死的故事等都可以让学生来表演。

（七）数学史影片

有条件的学校可以制作数学史题材的影片，使学生观看后写出感想，用形象直观的方法给学生进行数学史教育。影片的内容不拘一格，可以有著名数学家的启示录、数学符号的形成与发展、数学史原始文献的介绍、数学在社会生活中的应用等。

（八）阅读数学史书

教师可以给学生提供内容通俗的数学史书，让学生根据自己的兴趣，利用课外时间阅读。

第九章　数学教育研究与教师的继续教育

阅读要义

1. 数学教育研究的任务和意义：开展教育科学研究，探索教育规律，为教育实践和教育改革提供科学理论依据；进行教育科学研究，提高教师业务素质；丰富教育科学研究成果，促进数学学科教育的发展。

2. 教育研究的一般程序：选择课题；准备阶段——设计研究方案；执行阶段——收集资料；总结阶段——结果的整理、分析与呈现。

3. 数学教育研究的方法主要有文献研究方法、调查研究方法、实验研究方法与数学研究方法等。

4. 数学教师应该具备的基本素质：良好的职业道德素质、全方位的科学文化素质，以及多方面的能力素质。

5. 数学教师继续教育的方式有：教育行政机构组织的继续教育、在校在职培训、在职研究生教育，以及个人的自我教育。

第一节　数学教育研究

数学教育研究是学校数学教育工作的重要组成部分。每一位在教学上有成绩的中学数学教师都是数学教育战线前沿的科学研究人员，他们的研究领域非常广泛，他们的研究不仅包括对某一数学教育专题的研究，而且他们每天的教学工作中也都渗透着教学研究的成分。如果不参加某种形式的研究，便不能取得长足的发展。许多领域的成果都归功于研究工作，研究本身就预示着未来的发展。数学教育研究也是如此，数学教育研究将有助于数学教育实践的改善；反之，只有不断地实践和探讨，才能熟悉地掌握数学教育研究的基本方法，才能揭示数学教育的发展规律。数学教师的教育研究直接影响到教学思想方法的改进与教学质量的提高。所以，数学教师必须参加研究，应将高质量的研究成果作为自己的追求目标。本节主要介绍数学教学研究的任务与意义、研究内容、研究方法及研究过程、撰写数学教育研究学术论文和研究报告等的基本要求和方法。

一、数学教育研究的任务和意义

我国教育科学研究的任务是：研究和解决我国教育事业发展与改革过程中提出的重大理论问题和现实问题。认识和掌握我国教育发展的客观规律，更好地指导教育实践，为建设具有中国特色的社会主义教育体系贡献力量。

数学教育研究是一种运用教育科学的理论和方法，有意识、有目的、有计划地去探索数学教育的特点及其规律性的研究活动。其目的在于认识数学教育发展的规律，提高数学教育质量，对开展教育科学研究有着重要意义。

（一）开展教育科学研究，探索教育规律，为教育实践和教育改革提供科学理论依据

教育科学研究是要研究人类知识与价值观念传递过程中的教育现象，探讨教育的本质，揭示教育教学的客观规律和特点，为深化教育改革提供科学依据。例如，研究中学数学课程、课堂教学、文化对儿童学习数学心理的影响、教学实验等，都是揭示数学教育客观规律的有效途径。人们对于教育教学规律和特点的认识，都依赖于教育科学研究。通过教育科学研究将感性认识上升为理性认识，然后再指导实践，为教育实践和教育改革提供理论指导。

（二）进行教育科学研究，提高教师业务素质

教师是教育研究的直接参与者，他们既是教育第一战线的实践者，又是教育理论研究人员。数学教师在教育科学研究中，学习教育科学理论，学习数学的思想、方法和精神，在正确的教育理论指导下，设计教学改革方案，通过教学实践，不断地提高理论认识水平和教学能力。另一方面，通过教育教学研究，可以激发教师进行教学改革的热情，增强从事教育工作的兴趣，从而更好地发挥他们的积极性和创造能力，这样也可以不断地提高其教学质量。

（三）丰富教育科学研究成果，促进数学学科教育的发展

科学的发展，依靠科学研究成果的不断积累和创新，数学教育科学的发展必然要靠广泛的、系统的科学研究。我国改革开放以来，数学学科教育在理论和教育实践方面得到了长足的发展，取得了可喜的成就，也涌现出了一批德才兼备的数学教育研究人员。但是，数学学科教育的理论尚不成熟，理论跟不上实践，不能满足教育改革的实际需要。所以，我们必须大力开展数学学科教育科学研究，促进数学学科教育的健康发展。

二、数学教育研究的内容

数学教育研究的内容非常丰富，范围也十分广泛。随着科学技术和数学学科、教育理论的不断发展，数学教育研究的新问题也在不断地增加，范围不断地扩大。研究的主要内容有：课程和教材研究、数学教学与数学学习研究、数学教学改革与实验研究、数学教育评价研究、数学教育史研究、数学课外活动研究和初等数学研究等。关于数学教育研究内容范围问题，在第一章导论部分的第二节之二“数学教学论的研究领域”中已经列出，简要地说明如下。

（一）数学教育的课程和教材研究

课程的研究是教育科学研究的重要课题，课程是实现教育目标的重要手段，课程实际的好坏直接影响到教育质量。数学课程的研究不仅对于指导课程和教材改革，提高教学质量有着重要的现实意义，而且对于建设具有中国特色的数学教育学的学科体系具有理论指

导意义。数学课程研究主要有：

（1）数学课程的目标问题；

（2）数学课程的内容与范围问题；

（3）数学课程演变与改革问题；

（4）课程评价等。

（二）数学教与学的研究

此项研究贯穿于整个数学教育教学研究过程，它并不是与课程研究脱离，而是一个研究整体的不同方面，它们互相渗透，互相作用。数学教与学研究的内容主要有：数学教学目的问题、数学教学组织形式和教学过程、数学教学艺术和教学手段、数学课外活动、数学问题解决与数学能力的发展、数学学习理论、影响教与学的智力因素与非智力因素等问题。

（三）数学教育评价的研究

研究教育评价的一般理论、教育评价的一般技术、教学过程的评价、目标评价、学生学习成绩评价、学生数学能力的评价、考试与命题的评价等方面。

（四）数学教育史的研究

主要包括中外数学教育的演变过程和中外数学教育的比较研究，研究数学教育改革和今后发展趋势等。

除以上研究内容外，可以研究以下课题：数学教学改革与实验研究、初等数学的思想方法的研究、数学教学与文化间关系的研究、数学教学与数学哲学的研究、数学史与数学教学的研究、数学教学与学生性别差异的研究、特殊教育中的数学教学研究等。

三、教育研究的一般程序和研究方法

教育科学研究是一项复杂的系统工程，一项具体的教育科学研究要经历四个阶段：选择课题、准备阶段、执行阶段和总结阶段。

（一）选择课题

选择研究课题是研究工作的第一步，也是决定一项科学研究工作的成功与否、价值大小的关键一环。它关系到整个研究工作的顺利发展和最后结果。一个好的研究课题的提出是研究工作的基础，它的水平在一定程度上反映了研究水平。研究课题不是随便提出的，而是在大量的、精心思考的基础上提出来的，它是研究工作的关键的一部分。所以，应该重视研究课题的选择，不能轻率地提出课题。

（二）准备阶段——设计研究方案

一旦研究课题提出之后，就进入研究工作的准备阶段——设计研究方案。一项教育科学研究首先要制定研究方案，为了制订一项具有创新性、先进性、科学性、应用性的研究方案，就要进行认真的合理的设计，设计程序包括确定研究课题、提出研究假设、查阅文献资料、选择研究类型、确定研究方法、研究材料的标准化、变量控制、科学地抽取样本、统计处理等九个方面。

（三）执行阶段——收集资料

按照第一阶段已经拟定好的研究方案，对被试者进行观察、施测，运用教育因子进行培养，以收集研究课题所需要的事实材料或数据，这就是执行研究阶段的任务。

（四）总结阶段——结果的整理、分析与呈现

总结阶段的主要任务是对所收集到的原始资料进行整理，对结果进行定性、定量分析，透过现象揭示教育与人的发展的内在规律，把认识提高到科学理论的高度，最终将研究成果撰写成研究报告或论文。

四、数学教育研究方法

近几年来数学教育的专家学者提出了多种不同的研究方法，但是从大的范围看，数学教育研究方法主要有四种。

（一）文献研究方法

文献研究方法是通过查阅历史文献及有关资料进行理论研究，提出一些改革设想和研究课题；对一些教育教学现象进行理论上的阐述。文献研究方法具有重要意义，是研究工作的基础，一般在研究工作的前期进行，它给研究工作的很多方面提供有益的信息。它有以下六个方面的意义：

（1）更具体地限制和确定研究课题及其假设；

（2）告诉研究者在本领域内做了哪些工作；

（3）提供一些可能对当前研究有用的研究思路及方法；

（4）对研究方案提出一些适当的修改意见，以避免预想不到的困难；

（5）把握在研究中可能出现的差错；

（6）为解释研究结果提供背景材料。

从事数学教育理论的研究，需要查阅大量的数学教育和其他有关学科的文献资料，借助文献资料的各种观点，科学地提出解释数学教学的新观点。

（二）调查研究方法

调查研究方法是深入教学实践，进行现状调查，总结和筛选教学改革经验的方法。调查研究方法可以分为问卷调查法和访谈调查法等。

（三）实验研究方法

实验研究方法是通过前两种方法的研究，提出实验课题，对实验结果作出科学鉴定，并将研究成果进行推广应用。实验研究方法是在人为的严密控制条件下，有计划地逐步操

纵实验变量，观测与这些实验变量相伴随现象的变化，探究实验因子与反映现象之间因果关系的一种方法。它有以下优点：第一，能够有目的地控制变量，揭示变量之间的关系。人为地创设一定的情景，通过操纵实验变量，控制无关数量，以观察因变量的变化。这样一来能客观地分析变量与变量之间的关系；第二，研究者有主动性；第三，有严格的实验设计和确定的实验程序；第四，实验研究具有可重复性。

（四）数学研究方法

数学研究方法是把问题数量化，采用数学方法加以处理，并对处理过的结果进行分析，从而得出结论的方法。它实际上是定量研究方法。随着数学应用向各行各业渗透，数学研究方法越来越显示出重要作用。它包括概率抽样、描述统计、统计分析、统计检验、模型等方法。有关概念在概率论与数理统计课程中已经学习，因此在此不一一介绍。

（五）数学教育研究方法其他提法①

（1）确定一个感兴趣的问题；

（2）建立起一个推测性的模型；

一个模型仅仅是一组关键变量和变量间的隐含着的关系的描述。对多数学者来说，一个模型只不过是帮助人们弄清一个复杂现象的一个启发式的手段。

（3）将现象和模型与别人的想法联系起来；

（4）提出具体的问题或做出有充分理由的推测；

（5）选定一个收集论据的一般的研究策略；

（6）选定具体的方法；

（7）收集信息；

（8）解释收集到的信息；

（9）将结果传递给别人；

（10）期待别人的行动。

五、数学教育研究学术论文和研究报告的写作

学术论文和研究报告的写作是数学教育研究工作的重要组成部分。对广大数学教师来说撰写数学教育研究论文和研究报告也是一个“可望不可即”的事情，因为不少数学教师在大学学习期间没有接受过严格的、系统的教育训练。因此，我们有必要加强这一方面的教育。

（一）学术论文及其特点

撰写学术论文是科学研究不可缺少的重要组成部分，也是课题研究的最后程序。如果不以文字形式对研究工作进行总结，那就等于研究工作没有最后完成。撰写学术论文在总结研究成果和学术交流中发挥重要作用。它有助于提高思维能力和工作能力，促进研究工作明朗化。很多模糊的观念和认识，通过学术论文的调整和修改会逐渐地清晰起来。

---

① 格劳斯. 数学教与学研究手册[M]. 陈昌平，毛继延，等，译. 上海：上海教育出版社，1999：101-105.

学术论文有以下特点。

（1）科学性。学术论文的科学性有两个方面的含义，一是内容科学，它的要求是真实、成熟、先进、可行。二是表达科学，它的要求是立论客观、论据充足、论证严密。

（2）创造性。创造性是衡量论文学术价值的根本标准，创造性是科学研究的生命，没有创造就没有科学。在论文中，创造性的含义是提出前人尚未提出过的新理论、新知识和新观点，在科技领域中研究了他人尚未研究或虽已研究但尚未得出结论、提出解决方法的新课题，并得出系统、准确、科学的研究结论或研究方法。

（3）综合性。现代科学的分科越来越细的同时，又逐渐走向综合。不同学科之间互相渗透，互相作用，边缘科学之间的有机结合，推动科学的发展，这是科学发展的客观规律。数学教育也是如此，它和教育学、心理学、逻辑学、哲学、思维科学、系统科学和信息技术科学等都有关。在数学教育管理和教学中都不同程度地运用着这些学科知识和方法。学科的综合性决定了学术论文的综合性。所以，数学教育工作者必须对与数学教育有关的知识有所涉猎，才能取得综合的条件，其论文才有突破的可能。

（4）学术性。学术性就是论文的学术价值，它包括理论价值和实用价值两个方面。学术性，是指在科学论文中能够体现出建立在较深厚的实践基础上的具有一定理论体系的知识，要求具备系统和专门的学问。学术性是科学研究论文区别于其他文艺、新闻、应用类文章和其他议论文的主要特征，是科学研究论文的最基本的特点。

（5）可读性。可读性是指科技论文的语言必须通俗易懂，行文必须简洁严谨，篇幅宜短，文字宜简，论述宜精。学术论文最基本的要求是要把所表达的意思阐述清楚，让读者看明白。

（二）学术论文的写作过程

学术论文的写作过程和科学研究过程具有相似性，它也经过选题、制订研究计划、搜集研究资料和拟定写作提纲等过程。

1. 论文的基本结构

一般的学术论文由绪论、本论、结论三个部分构成。

绪论部分一般设“绪论”“导论”或“前言”等标题。它主要说明研究课题的意义，提出问题，再说明解决问题的方法等。

本论亦称正文，它是开展论题，表达作者个人研究成果的部分，是论文的主体部分。

结论是论文的结束部分，一般包括：论证得到的结果；对课题研究的展望；对研究给予帮助的人表示谢意等。

2. 论文的一般写作格式

学术论文的一般写作格式大致包括：标题、作者、摘要或提交、关键词、引言、正文、结论、致谢、参考文献、附录、外文摘要等。

（1）标题。学术论文的标题是读者对全文有一个概括印象的窗口。它应该符合如下要求：首先，要直截了当，直接揭示课题或论点，使读者一眼就能了解论文论述的基本内容。其次，要具体，标题能够具体揭示论文的课题或观点，从而体现出论文的专指性。再次，标题要醒目，即新鲜、能够一目了然，引起读者的注意。

（2）作者。学术论文的署名是一件严肃的事情。署名体现了作者的辛勤工作，也表明了作者对论文负责的态度。署名只限于那些在选定研究课题和制订研究方案、直接参与了全部研究工作或主要研究工作，做出重要贡献，并了解论文全部内容、能对论文全部内容做解答的人。

（3）摘要或提要。摘要是对论文内容不加注解和评论的概括性陈述，摘要介绍论文的主要信息，以便使读者对论文内容有一个概括的了解。写摘要也为二次文献编制提供方便。摘要虽然居于论文首部，但在写作上一般却是在论文完稿后才写。摘要的内容包括：研究目的、研究对象、研究方法、研究结果、所得结论、结论的适应范围等方面。摘要的长短没有统一规定，但要求不宜冗长烦琐，写摘要应该做到正确、精炼、独立完整。一般在100—300字为宜。

（4）关键词。关键词也称主题词，它是为了检索的需要，从论文中选出的最能代表论文中心内容特征的词或词组。它是论文信息最高度的概括，是论文主旨的概括体现。一般一篇论文的关键词可选为三至五个。

（5）引言。亦称前言，在长篇论文中也称导言等。引言是论文整体的有机组成部分，它主要说明研究的目的、预期目标、论文的意义和价值。它包括论文写作理由、任务和结果三部分。

引言有严格要求：首先，言简意赅，不宜用自谦或自褒的语言。其次，不能与摘要的语句雷同，不解释摘要和基本理论，不推导基本公式，不介绍基本方法，不重复已有的内容。再次，说明背景、介绍前人研究情况时，不引用前人论文的篇名和原文，只需用自己的话作概括说明。最后，对研究情况的说明性文字，在右上角用方括号注上序号，在文末注明出处。

（6）正文。正文是学术论文的核心部分，是体现研究成果和学术水平的部分。它是对引言所提出的问题进行分析研究，从而论证观点的部分。正文应符合以下要求：首先，中心明确，重点突出。其次，论证充分，逻辑严密。最后，实事求是，态度端正。

（7）结论。结论是学术论文的总结，它既不是观察和实验的结果，也不是正文讨论部分的各种意见的简单合并和重复。只有那些经过充分论证、能断定准确无误的观点，才能写进结论中。结论的写作应该结构严谨，简明扼要，不能含糊其辞，模棱两可。

（8）致谢。致谢是感谢在对论文的写作过程中给予帮助的人。凡是对研究提供资助的有关人员均应致谢。致谢的态度要诚恳，措辞要恰如其分。

（9）参考文献。学术论文中直接引用过的专著、论文、数据、资料等各种参考文献，均应列表附后。这样，不仅是作为自己研究工作的依据，而且也是对他人的劳动成果的认可和尊重。

3. 参考文献的书写格式

目前，在国内学术期刊中，一般情况下通用的参考文献的书写格式有如下：

1）连续出版物

[序号] 主要责任者. 文献题名[J]. 刊名，出版年份，卷号（期号）：起止页码.

例如，[1]代钦，李春兰. 中国数学教育史研究进展70年之回顾与反思[J]. 数学教育学报，2007，16（3）：6－12.

2）专著

[序号] 主要责任者．文献题名[M]．出版地：出版者，出版年：页码.

例如，[1]魏超群．数学教育评价[M]．南宁：广西教育出版社，1996：50－60.

3）会议论文集

[序号] 析出责任者．析出题名[A]．见（英文用 In）：主编．论文集名[C]．（供选择项：会议名，会址，开会年）出版地：出版者，出版年：起止页码.

例如，[4]姚芳．高中数学史课程校本化实施的理论探讨[A]．见：西北大学．第一届全国数学史与数学教育会议[C]．西安：西北大学，2005：70－80.

4）专著中析出的文献

[序号] 析出责任者．析出题名[A]．见（英文用 In）：专著责任者．书名[M]．出版地：出版者，出版年：起止页码.

例如，[12]罗云．安全科学理论体系的发展及趋势探讨[A]．见：白春华，何学秋，吴宗之．21 世纪安全科学与技术的发展趋势[M]．北京：科学出版社，2000：1－5.

5）学位论文

[序号] 主要责任者．文献题名[D]．保存地：保存单位，年份.

例如，[5]李春兰．中国近现代数学教育研究史之研究——以数学教学法研究史为中心［D］．呼和浩特：内蒙古师范大学，2007.

6）报告

[序号] 主要责任者．文献题名[R]．报告地：报告会主办单位，年份.

例如，[9]松宫哲夫．日中数学教育交流史——近 150 年的轨迹[R]．呼和浩特：内蒙古师范大学，2006.

7）报纸文章

[序号] 主要责任者．文献题名[N]．报纸名，出版年，月（日）：版次.

例如，[13]黄全愈．从数学教育看美国如何培养智慧学生[N]．中国教育报，2008，7（10）：5.

8）参考文献著录中的文献类别代码

普通图书：M；会议录：C；报纸：N；期刊：J；学位论文：D；报告：R.

4. 论文格式中的标题层次的序号

论文结构的层次序号也有严格的要求，有层次系统和十进系统两种。篇章节层次系统序码法，分几种格式：

第一种	第二种	第三种
一、××××	第×章	第×篇
（一）××××	一、××××××	第×章
1.××××××	1.××××××	第×节
（1）××××××	（1）××××××	一、××××××
①××××××	①××××××	（一）×××××
A．××××××	A.××××××	1.××××××

阿拉伯数字分级编号码，即十进系统。这是中华人民共和国国家标准《科学技术报告、学位论文和学术论文的编写格式（审查稿）》规定的统一格式，实例如下：

1

2…………2.1

·　　2.2………2.2.1

·　　·　　2.2.2

·　　·　　2.2.3……………2.2.3.1

·　　·　　·　　2.2.3.2

·　　·　　·　　2.2.3.3

……………………………………………………

（三）数学教育研究其他文章的写作

在本节已经介绍了数学教育研究方法有调查研究方法和实验研究方法。调查研究方法、实验研究方法是数学教育研究的一个实践性很强的重要研究方法。另一方面，中学数学思想方法与精神的研究也是中学数学教育中的重要内容之一，掌握初等数学研究方法也是非常重要的。下面简单介绍调查报告、实验报告、文摘、综述与评述的写作。

1. 调查报告的写作

调查报告，就是在调查的基础上，及时反映某个问题、某个事件或某一方面情况，所获得的研究成果的文章。调查报告的目的性很强，旨在向有关决策结构和研究人员提供情报，供解决问题时参考。它的基本格式如下：

（1）标题。

（2）作者。

（3）前言。主要介绍调查研究组织的名称、成员、时间、地点等。

（4）概述。主要介绍调查的原委、对象、过程和收获。同时，也介绍调查研究的目的和意义。

（5）调查内容。它是报告的核心，对教育研究工作和决策者具有重要参考价值。它要求全面、具体的报告调查内容。

（6）总结。它包括结论、预测、建议和对调查的评估。

2. 实验报告的写作

实验报告是反映某项研究课题实验过程和结果的一种文体。它是针对实验研究写出的总结性文章，是研究成果的客观记录。

实验报告的格式一般由以下项目组成：实验名称、作者及单位、摘要、前言、实验原理和方法、实验材料、实验结果、讨论、参考文献。

实验报告的格式基本上和学术论文相近，它们的不同之处在于，实验报告的重点在于具体介绍实验过程中的新发现，不要求在理论上作深入仔细论证。它的主要表达方式是说明，要求说明准确、简洁。

3. 文摘的写作

文摘是系统地报道和检索有关文献的重要工具。它以简明扼要的文字来概括一篇文献的主要内容，同时还兼备目录和索引拥有的著录项目，以供检索之用。它和学术论文前的摘要（提要）有所不同。

文摘的著录格式一般包括：

（1）分类号；

（2）文摘号；

（3）文摘标题；

（4）作者、译者；

（5）文献出处；

（6）文摘正文；

（7）原文所参考的文献数目、插图数目；

（8）文摘员姓名。

4. 综述与评述的写作

综述和评述是两种不同的情报文体，但在写作上很相近，所以把它们放在一起介绍。综述和评述具有题目鲜明、说理严谨、语言精炼、行文规范的共同特点。

（1）综述。综述是对某一时期内的某一学科领域、专题的研究成果或技术成就进行系统的、较全面的分析研究，进而归纳整理成的综合叙述。它是科学研究和情报研究两者融为一体的一种文字形式。综述有以下特点：

第一，能系统地、全面地反映某一学科或技术在某一历史时期的发展概况；

第二，综述只能综合叙述，不能评论；

第三，写作方法上采用对比的方式。

（2）评述。评述是在综述的基础上，全面系统总结某一专题的科学技术的各种情况和观点，并给予分析评价，提出明确建议的一种文体，即评价性情报研究产品。评述有以下特点：

第一，它具有评价的特点；

第二，相对于综述而言，评述具有通俗性。

（3）综述和评述的格式。综述和评述的一般格式为：摘要、前言、正文、结束语、参考文献和附录。

摘要：正文之前所附简短确切的摘要，使读者了解综述和评述的性质、内容和结构，并引起人们注意使用这种成果的作用。

前言：和一般学术论文的前言基本相同。

正文：正文是综述和评述的主要内容。它包括：提出问题、分析历史发展、分析现状、预测发展趋向、提出改进建议等方面的内容。

结束语：结束语中一般除研究所得的结论外，还概括指出研究意见、存在的不同意见和有待解决的问题等。

附录：附录部分列出参考文献，也可以辑录专题性论著目录。

第二节　数学教师的继续教育

数学教师教育包括职前教育和在职教育两个部分，本节不讨论职前教育，只讨论数学教师的在职教育——继续教育问题。

一、数学教师继续教育的责任及其决定因素

教师的继续教育担负以下四个方面的责任：①确保能够帮助教师掌握在其教学生涯中不断学习和得到训练的结构和方法；②通过多种继续教育形式，在最高、最真实程度上向每一个教师提供完成自我发展的目标和工具；③通过继续教育，使教师具有迎接各种挑战的意识、超越自我精神和危机感；④通过继续教育，提高教师整体素质。

教师继续教育的责任由教师工作的基本特点和时代发展的特点所决定，教师是人类灵魂的工程师，教师的工作有以下四个特点。

（一）教师工作是非常复杂的过程

首先，教师工作的对象是复杂的。教师工作的对象就是学生，而每一个学生都是一个特殊的世界，他们都具有各自的年龄、情感、家庭与社会环境、交际方式、学习方式等个性。在具体的教学实践中，这些个性品质的表现是非常复杂的，它给教师的工作带来了相当大的困难。

其次，教师的工作内容和过程是复杂的。教师的工作任务就是教书育人，不仅要教书，还要培养人。教书不仅是把书本上的知识传授给学生，而且更重要的是以最合适的方式把科学的方法、思想与精神传递给学生。它要求教师在教学实践中必须潜心研究教学内容的来龙去脉和每一个学生的具体情况。另一方面，教师通过教学等活动，逐渐培养学生的良好的个性品质。由此可见教师的工作内容和过程的复杂性。

（二）教师工作是一个创造的过程

首先，从传授知识和培养能力的角度来说，教师的工作是创造性地再现科学知识的产生和发展的过程。就中学数学教师的教学工作而言，要以浓缩的方式最大限度地、创造性地去展现数学概念、定理、思想方法的历史发展过程。例如，正负数的概念、复数概念、勾股定理、概率等知识的教学无例外的都是再现数学思想方法和精神的创造过程，是不断地提出问题、探究问题和解决问题的过程。对同一个数学教师来说，每次教学同一个教学内容的时候对内容的理解是不同的，给他（她）带来新的体验和欢乐。

其次，教育是教师创造性运用教育规律的过程。可见，教育工作要求教师必须具备创造性的工作才能。

（三）教师工作具有示范性

首先，教师的道德言行具有示范性；其次，教师的工作方式具有示范性。

（四）教师工作具有长效性和长周期性

人才培养的周期长，有别于其他劳动过程。人才的培养和其他劳动过程不同，它需要经过相当长的周期，有赖于教师长期不懈地努力工作，花费许许多多劳动，才能见到劳动成果。另一方面，教师对学生的影响不会随学业的结束而消失，教师在学生身上曾经付出的劳动往往会影响学生的一生，教师为学生在德、智、体、美诸方面打下的基础，会成为学生一生发展的宝贵财富，可见教师工作是任重道远的。随着时代的发展，社会对数学教师的要求不断变化。

当今时代发展具有以下特点：

（1）万物皆动（古希腊哲学家赫拉克利特），而且迅速惊人。这引发了我们传统观念、习惯和急速变化的现状之间的矛盾；

（2）科学技术的发展，特别是信息技术的发展为教师生活方式和工作方式带来了诸多便利条件，同时也导致了危机（如教师之间的沟通与合作、师生间的活生生的交流逐渐消失，多媒体教学的弊端等）；

（3）大学教育的普及与研究生教育的快速发展对中学数学教师的冲击与挑战；

（4）数学学科和教学方式方法的迅速变革；

（5）教育系统内部的各种竞争：生存竞争、知识竞争、个体和团队发展竞争。

二、数学教师的基本素质

教师的工作特征要求教师应该具备高尚的道德、健康的政治思想、广泛的科学文化知识、创造性的工作能力、良好的心理素质等方面的素质。

（一）教师的职业道德素质

教师的道德素质和思想政治素质应包括具有正确的政治方向、强烈的教育事业心，正确的价值观和人生观、良好的思想品德等方面的内容。这是合格的教师应具备的首要条件。

（二）教师的科学文化素质

1. 要掌握精湛的专业知识

教师的职责就是教书育人，是通过系统的知识技能的传授达到教育目的，因此要求教师在专业知识方面应更完善、更系统、更扎实，对数学教师来说更是如此。数学知识是概念抽象、论证严谨的逻辑演绎系统。数学的这些基本特征给学生学习和教师教学带来了一定的困难。有不少学生不喜欢数学甚至一提到数学就望而生畏。当然有很多原因，但其中重要原因之一在于教师的知识结构不够完善或者教学方法不得当。

2. 要掌握相关学科的有关知识

教师要掌握一定的和自己专业相关学科的知识也是非常必要的。就数学教师来说，要掌握好教育学、心理学、思维科学、信息社会的有关新的知识、美学知识、数学方法论、数学思想史等知识，这样才能够很好地分析研究和解决教学实践中出现的具体问题。

例如，进行“球的体积”的教学时，可以通俗易懂地给学生介绍我国古代刘徽、祖冲之等数学家做出的杰出贡献；又如，讲解无理数或微积分初步知识时，也可以介绍刘徽对无理数的发现、刘徽和祖冲之对无理数 π 的计算与圆周率的计算方法等方面做出的贡献。这样能够更好地激起学生的学习兴趣，唤起民族自豪感，提高学习积极性。这里应该指出的是，如果在教学中仅仅以“政治思想教育”和“爱国教育”为目的，所介绍的数学史内容仅限于我国历史上的数学成就的话，这种教学教育方式就不够完善了。如果不能以恰当的方式进行正确的数学史教学，其结果还不如不教数学史知识。因此，应在教学中适当地、正确地介绍有关中外数学史知识，这样能够更好地开阔学生的视野。如果没有一定的与所教学科相关的知识的话，可能对教学效果带来不良影响。

（三）教师的能力素质

中学数学教师对能力素质要求很高。对中学数学教师除应有教师的一般能力素质的要求外，还应有数学教师的特殊要求。他们必须满足下面的最低要求：

第一，自己要对数学及数学工作具有浓厚的兴趣；

第二，要具备不仅要传授知识，还要教授技能技巧、培养思维习惯与得法的学习习惯的能力；

第三，能独立运用中学数学的基本方法；

第四，能向学生提供理解中学数学结构所需要的基本知识；

第五，能够对怎样应用数学知识作一些讲解；

第六，对于如何进行中学数学研究有初步的概念。

目前，学者们对教师能力结构的研究甚多，各家观点不一。一般地，教师能力由以下诸方面组成。

1. 组织教学的能力

组织教学的能力，是教师在从事教学过程中表现出来的业务能力。教师良好的组织能力，能将教与学两个方面统一起来，充分调动和发挥这两个方面的积极因素。组织教学的能力是教师从事教学活动的重要能力，是教师能否出色地完成教学任务的关键。它具体表现在合理地制定教学计划、科学地选择教学内容、得当地使用教学方法、组织领导能力等方面。

2. 语言表达能力

语言表达能力是教师能力素质的重要组成部分，是教师从事教育、教学、科研、向学生传授知识和技能的重要工具和必备条件。对数学教师来说，语言能力的要求更高。数学教师不仅要具有自然语言表达能力，而且更要具有用数学语言表达数学思维过程和结果的能力。因为数学学科有它的独特的抽象语言系统。数学语言的正确使用对数学知识、思想方法的理解起重要作用。因此，数学教师在教学中必须把数学语言和社会语言有机地结合起来，才能够有效地进行教学活动。教学中语言的使用必须达到口齿清晰、准确鲜明；形象生动、富有感情；逻辑严密、富于哲理的要求。

3. 教学研究能力和中学数学研究能力

教学研究能力，是指教师在进行教学的同时，从事与数学教育有关的教材研究、课题实验和研究的能力。

数学教师的教育科学研究能力包括以下几点：

（1）具有收集资料、开发信息，精心选择课题的能力；

（2）能阅读和翻译外文资料，具有科学论证和撰写论文、科学报告的能力；

（3）具有独立设计实验、运用自然科学方法和现代化技术手段进行研究的能力；

（4）具有创造性地开发、转化教育科学研究成果的能力；

（5）具有学术交流和良好的协作精神。

中学数学研究能力包括以下两点：

（1）中学数学方法论的研究能力；

（2）解题能力。

4. 审美能力

审美能力是由多种心理功能的组合，由感受力、表现力、想象力、情感力及某种潜在的无意识意向综合而成的。它就是在感受的基础上，把握自然事物的意味或艺术作品意义或内容的能力。数学审美能力就是对数学中美的内容和形式进行整体把握和评价、鉴赏的能力。审美能力的形成必须有先天因素的条件，但是后天因素对它的形成起到决定性作用。审美能力的培养不是一朝一夕之事，而是通过长期不懈的努力学习才能够实现。培养审美能力是一种深刻到能改造自己内在情感和思考方式的教育。我们在以往的数学教育中很少谈到培养审美能力的观点。但数学文化和思想发展史的诸多方面已经证明，在数学教育中不能不重视审美能力的培养，这是由数学美的特征所决定的。因此，中学数学教师应该努力培养自己的审美能力，这样在数学教学实践中能更好地唤起、引导、帮助、鼓励和赏识学生的主动创造。

5. 收集信息和处理信息的能力

在信息社会中，知识的增长和信息交流的数量与速度突飞猛进，已经超越了人们的想象。人们必须对丰富多彩的信息进行评价判断，从中选择自己要使用的信息，并加以处理。如果不会评价判断信息，就会在大量的信息面前束手无策。当然，及时地接受有关新鲜事物和新的思想观念等能力也是收集信息和处理信息能力的重要组成部分。因此，对教师来说，具备收集信息和处理信息的能力是非常必要的。信息社会不仅要求教师向学生传递更多、更新的信息，还要求教师通过学习研究、探索，创造新的知识，发现新的信息。例如，数学教师对新的教学方法、新的思想、大量教学或复习材料的正确判断和有效地选择使用显得很重要。目前，数学教学中采用“题海战术”教学方法，增加学生学习负担的现象仍然存在。从根本上说，这是教师缺乏收集信息和处理信息能力的具体表现。

6. 欣赏他人的创造性思维品质的能力

我们在以往的数学教学实践和教育研究中对教师欣赏他人的创造性思维品质的能力的认识不够。社会的发展和教育观念的更新使得我们逐渐地认识到教师的这种能力的重要性。教师既是知识技能的传授者和教学过程的评价者，又是表演艺术家。教师的劳动对象——成长中的学生，通过教师言传身教掌握知识和技能，他们在学习中都有各自程度不同的创造性表现。教师不能低估学生的这种表现，哪怕只是一点点。不仅要给予及时的正确的评价，还要会欣赏它，并和学生一起共享创造性学习的智力欢乐。这样会更好地激起学生的学习兴趣、加强学生的学习信心，进一步培养学生创造性思维能力和学生的协作精神。

7. 使用现代教育技术的能力

所谓现代教育技术，是指开发和使用现代化的种种学习资源来便利学习的一种系统方法。现代化的学习资源，包括电声教学系统、电视教学系统和电脑辅助教学系统等。而现代教育技术则由它的理论、硬件和软件三个部分组成。

进入 20 世纪 90 年代以来，传统的教学手段发生了巨大变化，计算机等多媒体教学机器在许多学科中充当了教学的辅助手段，大大促进了教学效果的提高。同时也对教师能力提出了新的高要求：教师必须及时地更新自己的知识结构和思想观念去适应新的教学手段，并在教学中合理地、科学地使用，最大限度地发挥其作用。

8. 有机结合独立工作能力与合作精神的能力

学校教育是一种有机系统，系统中的各种因素和关系必须协调一致，这样才能够保证学校教育系统的顺利运作。尽管数学教师具备独立工作能力非常重要，但如果缺乏良好的合作精神会影响其教育教学效率。数学教师必须和其他学科教师以及其他数学教师之间建立良好的合作关系，并在教学实践中贯彻好良好的合作精神，这样对教学质量的提高会产生积极的促进作用。

三、数学教师继续教育的方式

对教师来说，师范教育事实上是一个连续的不断重复的过程。在这个过程中先前的教育只不过是一个初级阶段。在社会不断发展的形势下，原先获取的知识和技能已不能满足社会发展的实际需要。另外，尽管新教师在师范院校接受了良好的基础教育，掌握了一定的基础理论，但它仍难以满足社会和学校的需要。因此，进行教师的继续教育是非常必要的，它不仅能在专业化中起到关键性作用，而且能使学校适应社会变化。教师继续教育主要有教育行政机构组织的继续教育、学校或教研组组织的继续教育、在职研究生教育、教师的自我教育四种方式。

（一）教育行政机构组织的继续教育

有些学科的继续教育，在国家教育行政部门的领导下在全国范围内开展。例如，在计算机等信息技术成为教育的辅助手段之后，为使学校教育适应信息社会的需要，教育部采取了在全国范围内定期地进行《技术教育学》继续教育措施。除此之外，各地方根据本地区的需要也定期地进行其他学科的教师继续教育。这种继续教育是利用寒暑假时间进行的。

（二）在校在职培训

在校在职培训也是教师继续教育的重要组成部分。它没有固定形式，教师参加学校组织的某一学习小组、教学研究小组或实验课题、观摩教学活动等都属于在校在职培训。它对教师个人的成长和学校教学质量的提高具有积极意义。

（三）在职研究生教育

近年，教育部在全国开始实施了中等教育学校教师半脱产形式的教育硕士教育，一般学制为三年，第一年为脱产学习公共基础课，后两年在职学习专业基础课并完成学位论文。教育部先后批准了二十几所师范院校硕士学位授予权，鼓励学校的年轻教师报名参加统一考试，这是提高教师水平的新举措。这也是今后教师继续教育的发展趋势。这种方法的实施为年轻教师提供了接受继续教育的良好条件，同时也更加完善了竞争机制。

（四）自我教育

继续教育的另一个重要途径就是教师个人的自我教育和发展。师范教育只是教师职业生涯中的基础教育，各种在职培训教育是师范教育的补充或扩展。它只注重于基本理论的掌握，缺乏实践性。教师个人的自我教育方式能够弥补这一缺陷。

首先，中学数学教师必须有意识地树立“活到老，学到老”的“终身学习”的观念，这样才能有所发展。

其次，在自己的教学实践中，要不断地学习，不断地总结经验，积极地投入教学研究活动，锐意创新。在教中学，从学中教，在实践—理论—实践中不断地完善自己。例如，结合备课研究教材，通过教学总结自己的得失，订阅有关专业杂志，积极参与学术活动，与同仁广泛交流经验，思想等诸方面都是自我教育的有效途径。

四、数学教师继续教育的原则

我们可以总结出教师继续教育的原则，有如下五点：

（1）确保教育的连续性，以防止知识的老化和观念的僵化；

（2）使教学计划和方法适应每个团体（个体）具体的和根本的目标；

（3）确保培训专家队伍的素质和稳定性；

（4）克服潮流化和形式化的继续教育，以确保继续教育的有效性；

（5）提倡超前意识，继续教育必须具有前瞻性。

第十章　信息技术与数学教育

阅读要义

1. 信息技术是从事数学教学和研究的重要工具。首先，作为使人理解数学的工具——计算机隐藏着无限的可能性，它将传统板书的静态教学，向使用计算机的动态教学方向发展；其次，数学教育中利用计算机的主要形态是计算机辅助教学。

2. 计算机辅助教学（Computer Aided Instruction，CAI）是学校数学教育中广泛使用的辅助工具。CAI 是以计算机为主要媒介所进行的教学活动。它的目标是：正确认识计算机辅助教学的过程与特点，以较低的成本开发制作适合需要的 CAI 系统。实施过程为：选择学习内容、计算机呈现教学内容、学生接收教学信息、计算机提问、学生反应、判断和反馈、反馈的强化作用、做出教学决策。

3. 多媒体技术是由文本、图形、动画、静态视频、声音这些媒体中两种以上组成的结合体。在课堂教学中有效地利用这些电器产品不仅能够引起学生学习兴趣，也能够促进他们理解相应的数学教学内容。

4. 多媒体技术在数学教育中的应用是数学教育界广泛关注的问题。进入 20 世纪 90 年代后，美国、日本等国家开始实施多媒体技术和通信技术在教学中的应用实验研究。

5. 数学教学软件可以用在数学教学中，作为教师演示数学内容的工具，教师可以在备课中用它来制作课件，在教学中配合投影仪和大屏幕使用，把它作为一块能够活动的超级黑板，随时写画，随时擦除或隐藏，也可以作为学生学习数学的工具。

6. “几何画板”为用户提供了一块“画板”、一组绘图工具和一批功能选项，在此画板上可以绘制各种各样的几何图形。“几何画板”有以下功能：①计算机上的直尺和圆规；②测量和计算；③绘制多种函数图象；④制作复杂的动画；⑤保持和突出几何关系；⑥与其他应用程序交换信息；⑦制作脚本；⑧动态演示。“几何画板”有动态性、交互性、探索性和简洁性的特点。

7. “Z+Z”智能教育平台，即“智能化的知识型教育平台”，它能够以直观方式帮助学生认识抽象、复杂数学现象，提高学生形象思维和逻辑思维能力、发展学生探索能力，能够在很大程度上替代教师的机械、重复劳动，使得他们致力于独创性教学的数学教育软件。它是一种着眼于展现数学活动过程——包括几何体运动和变换过程、几何命题证明过程、代数运算过程、概率实验过程，以及数据生成过程等，融工具性和资源性于一身的数学智能软件平台。

第一节　信息技术的发展与数学教育

信息技术是计算机、网络、通信等技术的总称，是围绕信息的开发、储存、传输而创造和发展起来的技术，是能够扩展人的信息器官功能的技术。它的功能在于增强人的感觉能力，提高人脑的记忆和计算的速度，从而使人类提高接受和处理信息的能力。计算机技术和通信技术是信息技术的典型领域。

进入 20 世纪 90 年代以后，信息技术的发展非常迅速，已经渗透到社会的各个领域，越来越缓和了时间与空间的制约，影响着人们的生活，对文化教育产生了深远的影响，开拓了更广阔的教育领域。信息技术主要是通过以下三个方面产生影响：①信息社会新型人才的需要对教育产生影响，例如，信息社会要求学校教育培养富于人性和想象力、具有创造性思维能力、发现问题和解决问题能力、国际视野开阔的人才和有领导组织能力的人才；②信息技术成果为教育提供了新的工具和技术手段，使传统教育发生巨大变革；③和其他科学技术成果一起为教育提供了新的素材，丰富了教育内容。

信息技术，特别是计算机技术的迅速发展改变着以往的数学研究、数学教育的手段、教学方法和思想，同时对中学数学教师提出了新的要求。因此，中学数学教师必须了解计算机等信息技术的发展过程及其特点、计算机在数学教育中应用的方法以及以后的发展趋势，及时地掌握计算机的有关知识，以便有效地指导自己的教学实践。本节主要介绍计算机的发展状况、计算机等信息技术对数学教育的作用、计算机辅助教学 CAI 的历史与特点、多媒体技术与远距离数学教育。

一、计算机的发展概况

（一）计算机的发展

自 1946 年第一台真正获得成功的通用电子计算机 ENIAC（Electronic Numerical Integrator and Computer）诞生以来，虽然经历了半个世纪，但它的发展却非常迅速，已经进入第四代，现在正处于第五代计算机的研制阶段。计算机的迅速发展对社会的发展也产生了极大影响。

第一代电子计算机——电子管计算机是适应军事需要而研制的，它首先在军事上取得了巨大的成功，但是它有电子管的耗电量大、易损坏、体积大、寿命短等弊病。到 20 世纪 50 年代后期，电子管电子计算机很难满足当时的军事和科研的需要了。当时，计算机专门应用在数值计算方面，如导弹计算等。

第二代计算机是采用晶体管器件，由于成本价格等因素，当时制成的只是供军事使用的小型机。

1958 年 11 月，美国菲尔克公司研制出大型通用晶体管计算机 Filco2000-210 机，其性能大大超过了以往的电子计算机。在此之后，联邦德国、日本、法国、意大利、苏联等国家，先后开始批量生产晶体管计算机，从此计算机迈入了第二代。

在这一时期，开发了非数值计算的程序设计语言，计算机应用扩展到数值计算以外的领域。人们开始研究人工智能，探索计算机能否代替人类智力活动，例如，机器翻译、数学定理的自动化证明等问题。

“计算数学”的出现：研究计算机应用方面的数学形式语言、计算理论等计算原理与性质的数学，相应地还出现了网络理论等新的数学。

第三代计算机。1964 年，美国 IBM 公司研制成功了第三代计算机。其后，日本从 1965 年开始研制第三代计算机，到 1968 年，日本放弃了许多第二代机的生产，全民投入了第三代机的生产，使日本计算机技术得到迅速的发展。

第三代计算机的标志是采用集成电路。集成电路计算机的可靠性、体积、速度、功能和成本等方面都有了大幅度的改善。计算机体积的小型化和价格的廉价化促进了个人的利用率。第三代计算机在应用方式上发展了多用户自动分时系统和开始建立计算机网络。多用户自动分时系统的出现是多道城乡发展的结果，其实质是远距离的多道程序工作。计算机及时处理各用户的多道程序，而用户则通过数据传输线与机器相联系。

20 世纪 70 年代个人计算机 PC 诞生后，在大学开始设置与信息技术相关的课程。在数学研究中应用计算机不再是稀奇的事情，例如，1976 年应用计算机成功地解决了四色问题。

第四代计算机。它的主要特点有：①运用了大规模或超大规模的集成电路技术。一般来说，每片 10 万个晶体管，就成为大规模集成电路，每片可做到 10 万～1000 万个晶体管，就称为超大规模集成电路。1993 年超大规模集成电路技术已经达到 256 兆位的动态随机存取储存器（Dynamic Random Access Memory，DRAM）。②在应用方面，第四代计算机全面建立计算机网络，即将在地理位置上有一定距离的相互独立的计算机、终端群和外部设备，通过通信线路的连接，构成计算机网络。这样就实现了计算机之间的信息交流，多个用户可以通过本地的终端，使用网络的各种硬件、软件资源。

1975 年美国阿姆尔公司研制成功了 470V / 6，随后日本富士通生产 M-90 计算机，这是全面采用大规模集成电路比较有代表性的第四代计算机。特别是日本第四代微型计算机的发展相当快，进入 20 世纪 80 年代后，世界上开始普及计算机网络，从利用大型计算机教育转向个人计算机教育。

1989 年笔记本电脑问世。20 世纪 90 年代，国际互联网发展成熟。1991 年 Windows3.0 问世，这样计算机的应用越来越大众化。同时，计算机教育已经从程序设计教育向提高读写能力教育上转移。

（二）我国计算机的发展

我国的计算机研究也比较早。1952 年，中国科学院数学研究所初步进行了计算机研制工作。1958 年我国的第一台电子计算机 103 机问世。1959 年，我国又研制出了 104 大型通用电子计算机，磁芯储存器容量达到 2048 字节，每秒钟运行 1 万次，当时达到了相当高的水平。从 1964 年起，DJS-6、109-丙等晶体管计算机在北京、上海、天津等地相继研制成功，DJS-6 每秒运算速度 5.4 万次，共生产 100 多台。1974 年，DJS-130 计算机研制成功，其后 DJS-100、DJS-180、DJS-200 等计算机也相继研制成功。650 计算机每秒运算速度达到了百万次。

1983 年，757 大型计算机研制成功，每秒运行速度达到了千万次。这一年又研制成功了“银河”电脑，每秒运行速度达到亿次。

1984 年，位于长沙的国防科技大学的银河-I 并行电脑问世，每秒运行次数达到了 10 亿次。

总之，我国近年来的计算机硬件和软件等研究开发发展非常迅速，为教育信息化提供了保证。

二、信息技术与数学教育

计算机在教育中的应用形态经历用来计算、人工智能、文具、通信与检索、分散处理等变化过程。

（一）作为文具的计算机

现在计算机作为简单的统计、整理记录数据的工具，用以处理日常教学问题。当然，在现在已出现电子化教科书。事实上发达国家早已出现电子化教科书。

（二）数学教育的工具

首先，作为使人理解数学的工具的计算机隐藏着无限的可能性，它将传统板书的静态教学，向使用计算机的动态教学方向发展。例如，展示各种各样的函数图象的表示方法，改变参数值观察它的变化情况，这样可使学生更好地理解函数概念。也可以根据模拟试验去预测某些特殊值，通过计算机上的自由操作可以发现几何学中的图形，让学生积极地思考，让学生自己发现数学公式、定理等。其次，数学教育中利用计算机的主要形态是计算机辅助教学 CAI，这部分内容将在本章第二节详细介绍。

计算机的广泛应用对中学数学教师提出了较高的要求。因此中学数学教师必须能熟练地操作计算机，会设计一些简单的课件，会利用他人制作的课件，这样能够更好地利用计算机辅助自己的教学工作。

（三）信息收集、信息交换、信息传送的工具

由于近年来计算机网络的快速发展，计算机在信息收集、交换与传送中起到的作用越来越显著。计算机网络的发展推动着信息的公开化，数据和资料的提供反过来又促进计算机联网的发展。通过联网可以轻而易举地得到各种信息，也可以和他人自由地交换意见。

如此发达的计算机网络也促进了教学方式的变化。例如，师生之间通过通信网络交流思想，同学之间或学校之间也可以通过网络进行教学经验交流，可以公开各自的教案、练习题和解决问题的方法等。

第二节　计算机在数学教育中的作用

一、计算机辅助教学 CAI

（一）计算机辅助教育

计算机教育系统由计算机管理教学（Chartered Management Institute，CMI）、计算

机的教育利用（辅助教学）（Computer-Assisted Learning，CAL）和计算机辅助教学 CAI 三个子系统组成，很多国家不区分 CAL 和 CAI，美国、日本和中国都如此。

1. CMI

CMI 有广义和狭义之分。广义的 CMI 是计算机在学校管理中的应用，包括教学管理、学校事务管理、图书情报资料管理等；狭义的 CMI 是利用计算机管理课堂教学过程，包括组织课程内容和收集学生数据，监督学生的学习进程，诊断、弥补和评价学习效果，为教师提供教学决策所需的信息等。

2. CAI

在学校数学教育中计算机的利用主要是计算机辅助教学 CAI，CAI 是以计算机为主要媒介所进行的教学活动。CAI 的目标是：正确认识计算机辅助教学的过程与特点，以较低的成本开发制作适合需要的 CAI 系统（教学软件）；在教学过程中选择与应用合适的 CAI 系统，构成最佳的教学环境，进行革命性变革，取得最佳的教学效果。CAI 的出现给整个世界的课堂教学带来了革命性变化，也是今天世界教育发展的主要趋势。迄今为止已经创立了集中模式，这些模式实际上有些是重叠的，并且经常被联合起来使用。

3. CAI 的发展

CAI 最初在美国兴起。1924 年，S. L. Pressy 在美国心理学会上发表了题目为《测验、打分、教学的简单机器》的论文，设计出多支选择式的教学机器。在第二次世界大战中美国军队诞生了多种视听的教学机器。1954 年斯金纳在美国心理学会上发表了题目为《学习科学与教学方法》的论文，极力主张程序学习理论。这样就确立了所谓 CAI 的实际形态。1958 年 IBM 公司的专家们使用 IBM650 制作了二进制程序学习机，这是 CAI 的真正开端。到 20 世纪 60 年代后期，美国 CAI 的发展相当快，在全世界产生了巨大的影响。

（二）CAI 的工作过程

在 CAI 中，学生和计算机构成教学系统，学生通过与计算机的交互作用进行学习并完成一定的教学任务。它的基本过程如图 10-1 所示。

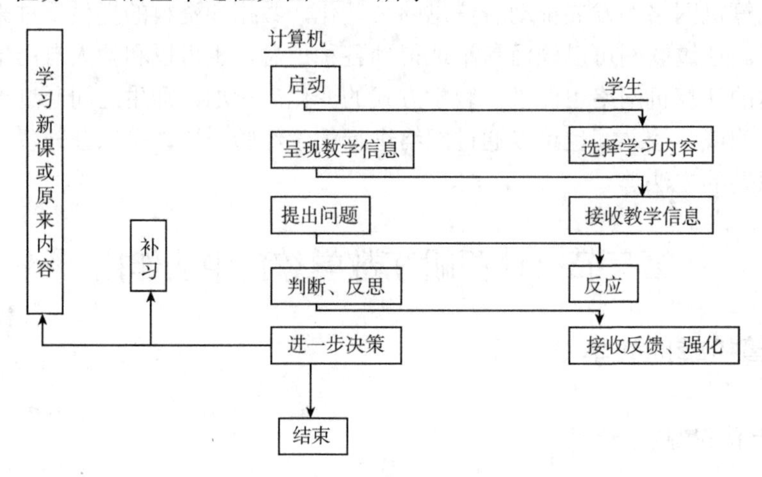

图 10-1　计算机辅助教学的基本过程

1. 选择学习内容

在CAI一开始，学生可根据自己的需要或老师的要求从多种课件的不同内容中选择自己所要学习的内容。

2. 计算机呈现教学内容

计算机将有关教学内容按一定的结构，用文字、图形、动画、声音等形式呈现出来，向学生直观显示或说明某个概念、原理产生的过程。

3. 学生接收教学信息

学生通过自己的感官，接收计算机呈现的教学信息，经过思维加以理解和记忆。

4. 计算机提问

当一个概念演示、讲解完后，计算机立即提出一些问题要求学生进行回答，通过提问了解学生掌握学习内容的情况。

5. 学生反应

学生根据对所学知识的理解，通过思考和判断，对计算机提出的问题作出反应，并输入自己的回答。

6. 判断和反馈

计算机根据学生的回答情况给出适当的反馈信息。如果学生回答正确，则给予肯定和表扬；如果学生回答错误，则提示其错误并给予适当的提示和鼓励。

7. 反馈的强化作用

计算机的信息反馈具有明显的强化作用。计算机反馈的信息给学生留下深刻的印象。

8. 做出教学决策

计算机根据学生回答的情况做出继续学习内容还是复习的决策。学生自己也可以做出决策。

（三）CAI的基本特点

CAI 有大容量的非顺序式信息呈现、个别化、交互性、学习进程的可记录性等基本特点。

1. 大容量的非顺序式信息呈现

计算机可以储存一门课或与某个对象有关的全部信息。学生可以浏览所有知识，也可以按需要获取其中任意所感兴趣的某一部分，而不受知识的前后顺序和教师的约束。

2. 个别化

首先，通常的CAI系统都允许选择学习内容，也设置一些同步措施，仅当学生学习了前一部分知识后才进入下一步学习。其次，CAI 根据学生的学习水平，提供难度适宜的学习内容，也可以控制学习内容和问题难度。最后，CAI 适应个性。不同的学生有不同的个性和不同的学习风格。计算机可以根据学生的不同个性提供不同的学习内容，学生也可以根据自己的情况确定学习进度。

3. 交互性

首先，CAI 系统可以通过提问、判断、转移等交互活动，分析学生的学习情况，调节学习过程，实现因材施教的教学原则和反馈原则。其次，因为教学进度由学生控制和连续的提问—反馈或是操作—反应刺激等交互活动，学生在CAI活动中处于一种积极、主动的精神状态，因而可以获得良好的教学效果。

4. 学习进度的可记录性

计算机可保留学生学习进展记录，并对学生的学习进程进行分析和群体学习分析，对教师或软件开发者提供了教学决策支持。

（四）CAI 的构成

CAI 系统由硬件、软件系统和课件三个部分组成，这些组成部分互相作用，互相支持，以共同实现 CAI 活动。

1. 硬件

CAI系统中所有设备装置统称为硬件。硬件是CAI系统的物质基础，在CAI活动中，它们具体地呈现教学内容、接受学生的反应，并具体地执行各种教学信息的处理、分析，进行决策判断和控制等。

硬件分主机和外部设备。主机的主要部分是进行信息处理和控制中央处理机，以及存放信息数据的内存储器。外部设备包括存放大量信息的存储器（磁盘、磁带、光盘等），用于输入信息的输入设备（键盘、游戏杆、鼠标、光笔和话筒等）和用于输出信息的设备（显示终端、打印机、绘图机、录像机、录音机等），外部设备的主要作用是与外界（教师、学生等）交流各种信息。硬件具有数据处理能力、存储能力和人机对话能力。

2. 软件系统

CAI 软件系统，通常包括操作系统、各种语言及编译程序、数据库管理系统，以及工具软件和一些实用程序等。

（1）操作系统。操作系统的作用是控制和管理计算机系统的各硬件部分使其协同操作，调节各程序的正确运行，管理用户文件的软件系统等。

（2）计算机语言。计算机语言又称为程序设计语言，是人们用来编写程序的语言。人们用计算机语言编写各种程序，然后经过编译系统或解释程序转化为硬件能理解并执行的命令。目前，CAI 中通用的语言除了有 BASIC、PASCAL、APL、SNOBOL、FORTRAN 等外，还有 C 语言以及以 C 语言为基础发展起来的 C＋＋、JAVA 等。计算机语言必须具备以下功能：第一，向学生呈现教材；第二，指定解答；第三，判断学生的答案和提供反馈；第四，控制教材的流程；第五，记录学生学习情况。

3. 课件

在CAI活动中，呈现教学内容，接受学生的要求和回答，指导和控制教学活动的程序及有关的教学资源等称为课件，即课件是一种程序化了的教材，它通过计算机的描述，具体反映教材的内容、结构和教师的教学意图。

（五）CAI的基本模式

CAI主要有操练和练习、个别指导型、模拟型、游戏型、咨询型及问题求解型等基本模式。

1. 操练和练习模式

操练和练习模式是最常见的教学模式之一，它是向学生提出问题，当学生回答后，计算机判断其是否正确，并根据学生的回答情况作出相应的反馈，以促进学生掌握有关知识和技能。如果学生回答错误，则计算机给予适当提示和帮助，或者计算机要求再试一遍。操练和练习的基本结构如图10-2所示，此模式不仅帮助学生巩固知识，而且可以形成技能。

操练和练习模式的计算机程序编制比较简单，只涉及题目呈现、答案核对及记分等一般功能。

练习程序的运行图如图10-3所示。

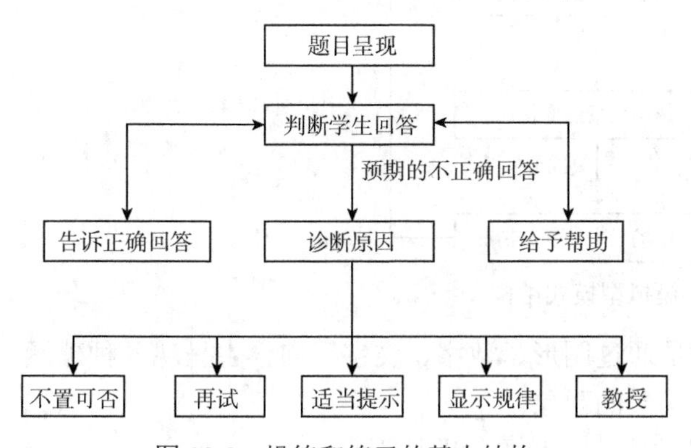

图10-2　操练和练习的基本结构

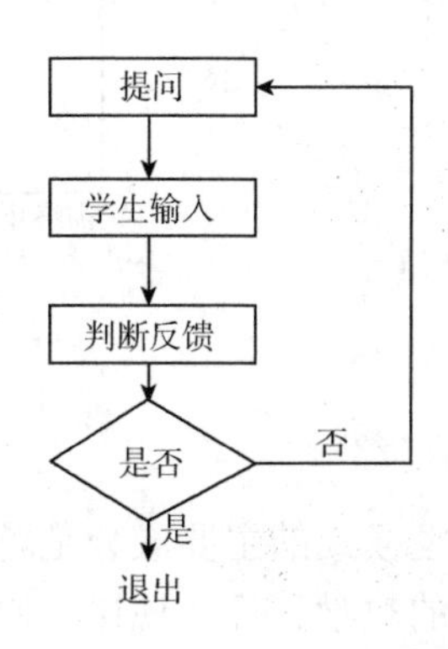

图10-3　练习程序的运行图

2. 个别指导型模式

个别指导型模式包括呈现各种形式的教学内容和提问、回答与判断反馈等各方面。通常指导型课件把教学过程分解为许多很小的单元，每个单元进行一项基本的教学活动，达到一个最起码的小目标，课件把这些简单的教学单元按照教学顺序和教学策略有机地组织成一系列有计划的教学活动，达到整个课件的教学目标。指导型模式是让计算机扮演讲课教师角色。

图10-4是一种最常见的指导型模式结构。

3. 模拟型模式

所谓模拟是指利用模型来模仿现实世界的物理现象与社会现象的行为。模拟课件的教学方式，是利用计算机模拟自然科学或社会科学的某些规律，产生各种与现实世界相类似的现象，供学生观察、帮助学生认识（发现）和理解这些规律和现象的本质。这是近年来逐步发展起来的方法。对在教学过程中无法直接表示或直接表示起来具有一定困难的人类经验知识或自然现象，利用计算机模拟更有效。

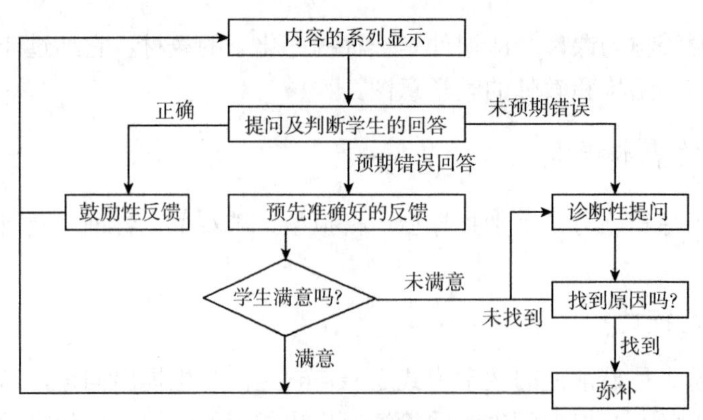

图 10-4　指导型模式结构

模拟型模式的结构较简单，如图 10-5 所示。

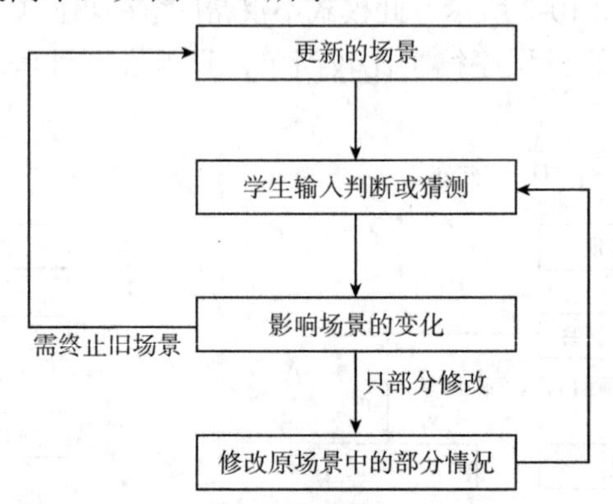

图 10-5　模拟型模式结构

模拟型模式的主要成分是场景。场景是通过图形、数字、文字等向学生呈现各种蕴涵所要达到的教学目标（规律、原理、公式等）的现象。

例 10.1　连接四边形的各边中点构成的四边形是平行四边形。

首先，根据命题的前提条件编写程序。下面给出了两种不同环境下的程序，在计算机上运行后根据不同程序观察以下各种情形：

（1）画四边形 $ABCD$，并画四边形 $EFGH$。

（2）使顶点 E，F，G，H 分别在边 AB，BC，CD，DA 边上的中点，如图 10-6 所示。

（3）使四边形 $ABCD$ 变形，并观察四边形 $EFGH$ 的变化情况，如图 10-7 所示。

（4）同时也观察当四边形 $ABCD$ 为凹四边形的情形，如图 10-8 所示。

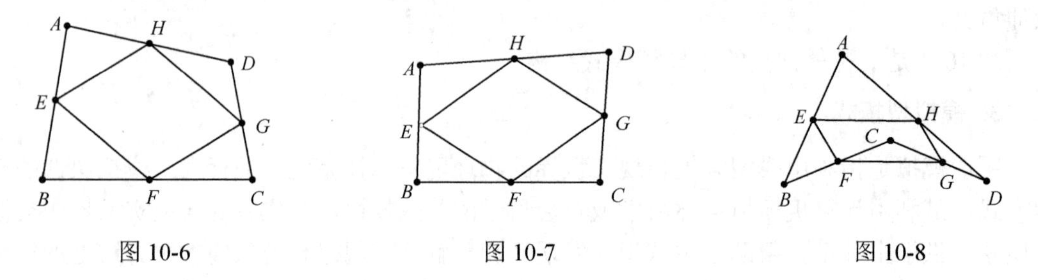

图 10-6　　图 10-7　　图 10-8

下面编制了两种环境下的程序：

程序 1

```
10 REM  This a BASIC program
20 CLS: KEY OFF
30 SCREEM  1, 0
40 INPUT  "Please input k: ", K
50 I=0
60 READ  X1, Y1, X2, Y2, X3, Y3, X4, Y4
70 FORI=1 TO K
80 CLS: SCREEN 1, 0: COLOR 1, 0
90 X12= (X1+X2) /2: Y12= (Y1+Y2) /2
100  X23= (X2+X3) /2: Y23= (Y2+Y3) /2
110  X34= (X3+X4) /2: Y34= (Y3+Y4) /2
120  X41= (X4+X1) /2: Y41= (Y4+Y1) /2
130  LINE (X1, Y1) — (X2, Y2)
140  LINE (X3, Y3)
150  LINE (X4, Y4)
160  LINE (X1, Y1)
170  LINE (X12, Y12) — (X23, Y23)
180  LINE (X34, Y34)
190  LINE (X41, Y41)
200  LINE (X12, Y12)
210  IF I=K THEN GO TO 260
220  INPUT "Please input m, n: ", M, N
230  IF X1>320 OR Y1>200 THEN GO TO 260
240  X1=X1+M: Y1=Y1+N
250  NEXT I
260  END
270  DATA 50, 50, 150, 150, 80, 150, 100, 80
```

程序 2　（在 Windows 环境下运行）

```
***** this is Delphi 4.0 program
Unit Rec;
interface
uses
   Windows, Messages, Sys Utils, Classes, Graphics, Controls, Forms, Dialogs,
Std Ctrls;
type
   T Form 1=class (T Form)
    Button 1: T Button;
    Procedure Form Create (Sender: T Object) ;
```

```
    Procedure Form Mouse Down (Sender: T Object; Button: T Mouse Button; Shift
Tshift State; X, Y: Integer)
    Procedure Button1 Click (Sender: T Object) ;
  Private
    {Private declarations}
  Public
    {Public declarations}
  end;
  Coord XY=Array [1..4] of Integer;
var
  Form 1: T Form1;
  I: Integer;
  XX: Coord XY;
  YY: Coord XY;
implementation
{$ R * .DFM}
Procedure T Form1. Form Create (Sender: T Object) ;
begin
  Form 1.Canvas. Pen. Color: =clblue;
  Form 1.Canvas. Pen. Width: =2;
  I: =0;
end;
procedure T Form1. Form Mouse Down (Sender: T Object; Button: T Mouse Button;
Shift Tshift State; X, Y: Integer) ;
begin
  I: =I+1;
  IF I=5 then begin
  I: =1;
  Form 1. Canvas. Line To (XX[i], YY[i]) ;
  Form 1. Canvas. Pen. Color: =clred;
  Form 1. Canvas. Move To ( (XX[1]+XX[2]) Div 2,  (YY[1]+YY[2]) Div 2) ;
  Form 1. Canvas. Line To ( (XX[2]+XX[3]) Div 2,  (YY[2]+YY[3]) Div 2) ;
  Form 1. Canvas. Line To ( (XX[3]+XX[4]) Div 2,  (YY[3]+YY[4]) Div 2) ;
  Form 1. Canvas. Line To ( (XX[4]+XX[1]) Div 2,  (YY[4]+YY[1]) Div 2) ;
  Form 1. Canvas. Line To ( (XX[1]+XX[2]) Div 2,  (YY[1]+YY[2]) Div 2) ;
  Form 1. Canvas. Pen. Color: =clblue;
end;
XX[i]: =X;
YY[i]: =Y;
```

```
IF I=1 then Form 1. Canvas. Move To (X, Y)
else begin
   Form 1. Canvas. Line To (X, Y) ;
   Form 1. Canvas. Move To (X, Y) ;
end;
procedure T Form1. Button1 Click (Sender: T Object) ;
begin
   Form1. repaint;
   i: =0;
end.
```

4. 游戏型模式

游戏型课件的教学方式是寓教于游戏之中。它利用计算机产生一种带有竞争性的学习环境，把科学性、趣味性和教育性有机地结合为一体，能更好地激发学生学习的兴趣和主动性，更好地培养学生的创造性思维能力。它和人们常说的计算机游戏有本质区别。

游戏课件应该具有如下要素：第一，一个竞争目标，即从初始状态出发，经过游戏参与者的决策和动作（输入），最后一定能够达到胜负（或平局）状态；第二，两方以上的游戏参与者，其中一方可以由计算机扮演；第三，游戏规则，即参与者采取决策和动作时所必须遵守的规则约定，规则应包含所要达到的教学目标、教学的规律与知识；第四，结束时间，即游戏应在有限时间内达到目标状态，而不是无休止地继续下去。

5. 咨询型模式

咨询型课件所提供的教学方式是学生提出问题和要求，计算机回答并讲解有关的教学内容。实际上咨询型课件是应用于教育的计算机情报检索系统，它的对话简单、自然，便于学生使用。内容不仅是文献索引，还包括图形、例题、讲解、公式等具体的教学内容。在咨询型课件的应用中以学生为主，学生主动提出问题，计算机给予提示或解答问题。

咨询型课件的常见结构如图 10-9 所示。

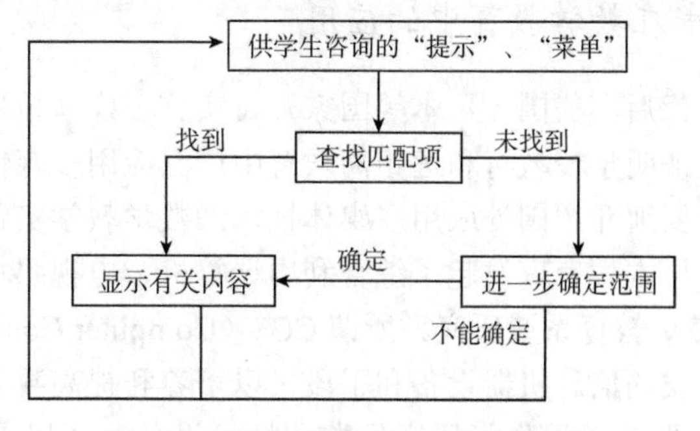

图 10-9　咨询型课件的一种常见结构

在咨询型课件的常见结构中，“菜单”列出学生可选择的各项；“提示”是帮助学生正确表达自己的要求。在未找到匹配项时，应用进一步确定范围，处理方法有：①显示所有相接近的关键字；②显示有关的所有内容；③进行必要的检查，看学生有没有输入时的错误。

6. 问题求解型模式

问题求解型课件是指在教学中让学生利用计算机作为解决各种计算问题的工具，进行计算或方案比较等，以发展学生解决问题的能力。

利用计算机解决问题时，首先必须建立数学模型，然后选择适当的算法编制程序，再利用计算机求解；或者建立数学模型后从已有的程序中选择适当的程序去求解问题。

二、多媒体技术在数学教育中的应用

（一）多媒体技术的概念

多媒体技术是现代信息科学技术高度发展的产物。它是由文本、图形、动画、静态视频、声音这些媒体中两种以上组成的结合体。它借鉴各种优势，形成一种在功能上更完善的体系。多媒体表示的并不是信息的多样性。简单地说，多媒体就是声音、图像和数据的混合体。多媒体技术是能对多种载体（媒介）上的信息和多种储存体（媒介）上的信息进行处理的技术，是趋于人性的多维信息处理系统。

实践证明，在课堂教学中有效地利用这些电器产品不仅能够引起学生学习兴趣，也能够促进他们的理解。但这仅仅是数量上的变化，并没有带来质的飞跃。而计算机数字化技术的诞生使声音、图象和数据结合在一起，于是就使得各种媒体的结合具有了人性化特征。在教学中它以智能的方式和学生发生相互作用，克服了以往的媒体在教学中只发挥单向性作用的缺点。从这种意义上讲，多媒体技术使传统教育发生了质的飞跃，它给传统教育注入了新鲜血液。

计算机联网使时间和空间变得越来越小。它为多媒体的蓬勃发展提供了更好的条件，为不同的民族、不同的地区和不同国家之间的交流开辟了最佳途径。在联网条件下，信息教育不仅能在同一个学校内或地区内能够进行，也能在不同的地区甚至在不同的国家间进行交流与合作。

（二）多媒体技术在数学教育中的应用

进入20世纪90年代后，美国、日本等国家开始实施多媒体技术和通信技术在教学中的应用实验研究。研究证明学校教育和远距离教育中广泛应用多媒体技术将是未来教育发展的必然趋势。下面简要地介绍国外应用多媒体技术的数学教学实践经验。

自 1995 年开始，日本教育家发起了综合利用计算机、电视照相和其他通信技术手段的新的信息教育——CCV 教育系统研究。所谓 CCV（Computer Communication and Visual）教育系统，是利用新开发的信息机器设备和手段，以培养和提高数学创造性能力为目的的教育系统。由于三菱电器公司提供了研究经费和技术设备，所以采用了三菱电器的名字 CCV。CCV 教育系统中，学生的学习方式是通过通信在不同的学校之间同时学习同一内容，学生通过电视屏幕或计算机屏幕及时地了解对方的学习情况，也可以互相对话。这样能够互相提高学习水平，促进相互理解（包括地域之间或国际之间的理解），这样的学习过程称为协同学习。它是不同的地域或国家之间进行的教学活动，打破了学校教学只限于某一班集体为单位进行的局限性。

自 1995 年 10 月以来，在日本的山梨、群马、大阪等地区成功地进行了两个阶段的 CCV 数学教学实验。

实施实验研究的指导思想是：①重视学生的个性；②重视基础知识与基本技能；③培养创造性能力、思考力、表现力；④增加选择的机会；⑤改善教育环境；⑥适应国际化；⑦适应信息化。

他们在实验中体会到，教育过程是实验过程，是永无休止的实验改造、创新开拓的反复实验研究的过程。在每一个实验阶段能够创造出更丰富多彩的教学内容和更高层次的教学思想方法。同时，也能够达到培养学生的良好个性品质和创造性精神的目标。

实验证明，协同学习能够适应从幼儿园到大学的对所有学校的普通教学内容的教学。将来，随着信息机器向低价格方向发展和国际理解教育的进一步深入，类似于 CCV 教育系统的教育将会得到更大的发展。

CCV 教育系统的协同学习不仅是教学内容和学习方法的交流，也是协同学习的双方班级学生以创造性的方法去学习创造性的或一些原型内容，其结果是双方班级学生用更富有创意的思维方式去学习更高层次的内容。这正是它的意义所在。学生将在学习过程中充分体验到用尖端科学技术学习日常生活内容和课程内容的快乐。

第三节 数学教学软件及其应用

数学教学软件主要是为数学教学服务的，在使用对象上有所区别，有些是面向高等数学的，有些是面向中小学数学的。数学教学软件可以用在数学教学中，作为教师演示数学内容的工具，教师可以在备课中用它来制作课件，在教学中配合投影仪和大屏幕使用，把它作为一块能够活动的超级黑板，随时写画，随时擦除或隐去，也可以作为学生学习数学的工具。使用它画图更准确也更迅速，运算瞬间就可以完成。从时间上看，和传统的粉笔加黑板的教学方式相比要经济得多。除了时间因素外，数学教学软件还可以成为学生学习数学的得力助手，更有意义的是它可以帮助学生探索数学和发现数学。尽管数学教学软件为数众多，但广受欢迎的并不多，目前常用的有“几何画板”和“Z+Z”智能教育平台等。

本节仅对“几何画板”和中国自己的数学教育软件——“Z+Z”智能教育平台进行简单介绍。

一、几何画板

（一）几何画板简介

几何画板为用户提供了一块画板（即绘图窗口）、一组绘图工具和一批功能选项，在此画板上可以绘制各种各样的几何图形（包括函数曲线等）。

几何画板与一般的绘图软件相比，最突出的特点在于画板上的几何图形无论如何变化，都能够动态地保持恒定的几何关系。

作为数学工具软件，几何画板具有易学、易用、对硬件要求不高等优点，受到广大师生（尤其是数学教师和数学爱好者）的欢迎。它适用于平面几何、立体几何、解析几何、代数教学，学生利用几何画板可以做某些数学实验，解决与图形相关的数学问题，有效地提高思维能力和探究能力；教师利用“几何画板”可以开发实用性很强的课件。

（二）几何画板的功能

几何画板顾名思义是“画板”，能画出各种欧几里得几何图形，能画出解析几何中的所有二次曲线，也能画出任意一个初等函数的图象（给出表达式）。不仅如此，还能够对所有画出的图形、图象进行各种“变换”，如平移、旋转、缩放、反射等。几何画板还提供了“测量”“计算”等功能，能够对所作出的对象进行度量，如线段的长度、圆弧的弧长、角度、封闭图形的面积等，并把结果动态地显示在屏幕上。几何画板所作出的几何图形是动态的，可以在变动的状态下保持不变的几何关系。比如，无论怎么拖动三角形的一个顶点，任意一边上的垂线总保持与这边垂直。“几何画板”还能对动态的对象进行“跟踪”，并能显示该对象的“轨迹”，如点的轨迹、线的轨迹，形成曲线或包络；而且这种“跟踪”可以是人工的也可以是自动的。几何画板能够把你认为不必要的对象“隐藏”起来，又可以根据需要把它“显示”出来，形成“对象”间的切换。几何画板还能把画图工作制成“记录”（或称为脚本），减轻工作量，如把画正方体的过程记录后使用此脚本画正方体。

总结所述，几何画板有以下一些功能：

（1）计算机上的直尺和圆规。

（2）测量和计算。

（3）绘制多种函数图象。

（4）制作复杂的动画。

（5）保持和突出几何关系。

（6）与其他应用程序交换信息。

（7）制作脚本（记录）。

（8）动态演示。

（三）几何画板的特点

1. 动态性

几何画板最大的特色是“动态性”，即可以用鼠标拖动图形上的任一元素（点、线、圆），而事先给定的所有几何关系（即图形的基本性质）都保持不变。

请注意：上述操作基本与教师在黑板上画图相同。但当教师说“在平面上任取一点”时，在黑板上画出的点却永远是固定的。所谓“任意一点”在许多情况下只不过是出现在教师自己的头脑中而已。而几何画板就可以让“任意一点”随意运动，使它更容易为学生所理解。所以，可以把几何画板看成是一块“动态的黑板”。几何画板的这种特性有助于学生在图形的变化中把握不变的几何规律，深入到几何的精髓。这是其他教学工具所不可能做到的，真正体现了计算机的优势。

2. 交互性

它是功能强大的反馈工具。几何画板提供多种方法帮助教师了解学生的思路和对概念的掌握程度，如复原、重复、隐藏、显示、建立脚本、建立动画、移动和系列等，轻而易举地解决了一些令广大教师头疼的难题。

3. 探索性

几何画板为探索式几何教学开辟了道路。师生可以用它去发现、探索、表现、总结几何规律，建立自己的认识体系，成为真正的研究者。它将传统的演示练习型CAI模式转向研究探索型。

几何画板不仅能够帮助教师提高教学效率，而且还为探索新的教学方法提供了可能。新的教学方法强调学生的主动参与，并以此帮助学生更好地学习。但学生的参与需要在一定的情境和教师的指导下才能进行。以往教师很难创造出这样的教学情境，而在几何画板和计算机网络的支持下，利用它的动态性和形象性教师可以很容易地为每个学生创造出一个情境。学生可以任意拖动图形、观察图形、猜测并验证几何规律，在观察、探索、发现的过程中增加对各种图形的感性认识，形成丰厚的几何经验背景，从而更有助于学生理解和证明几何问题。因此，几何画板还能为学生创造一个进行几何"实验"的环境，有助于发挥学生的主体性、积极性和创造性，充分体现了现代教学的思想。实际上，几何画板本身就是一个很好的几何情境，教师只需要根据教学内容和教学目的进行简单的设计。

4. 简洁性

几何画板不仅功能强大，而且使用起来非常简单。它的制作工具少，制作过程简单，掌握容易。几何画板能利用有限的工具实现各种组合和变化，将制作人想要反映的问题自由地表现出来，较为容易学习掌握。不需要花很多的时间和精力去学习软件本身，而强调软件对学科知识的推动和理解。几何画板制作过程较为简单，在对学科知识理解基础上甚至是利用学科知识本身来解决问题，因而使用几何画板制作出的课件更符合学科知识本身的要求。

几何画板的操作非常简单。一切操作都只需靠工具栏和菜单实现，而无须编制任何程序。在几何画板中，一切都要借助于几何关系来表现。因此用它设计软件最关键的是"把握几何关系"，而这正是教师们所擅长的。用几何画板开发软件的速度非常快。一般来说，如果确定了设计思路，操作较为熟练的教师开发一个难度适中的软件只需 5—10 分钟。正因为如此，教师们才能真正地把精力用于课程的设计上，才能使技术真正地促进和帮助教学工作，并进一步推动教育改革的发展。

（四）几何画板在数学课堂教学中的应用

1. 利用几何画板设计数学情境

学习应在与现实情境相类似的情境中进行。在实际情境下进行学习，可以使学习者利用自己原有的认知结构中的有关经验，去同化和索引当前要学习的新知识，从而获得对新知识的创造性的理解。几何画板可以帮助我们营造一个良好的数学环境。

例 10.2　两条直线被第三条直线所截而成的角，即“三线八角”。

这个几何问题可以利用几何画板设计一个简单的课件，如图 10-10 所示。

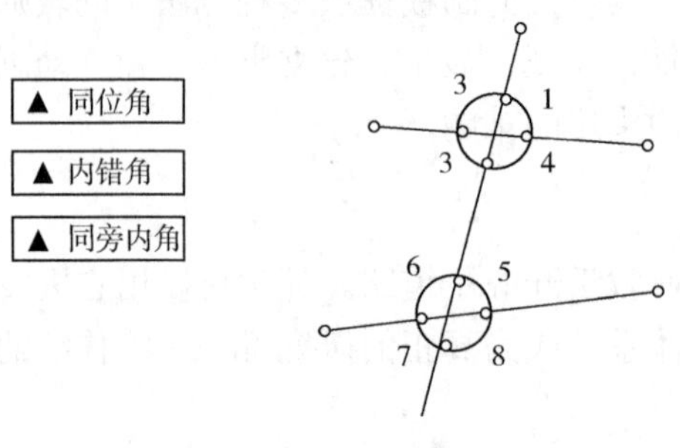

图 10-10

通过课件中设计的数学情境可形象地揭示“三线八角”的规律。图 10-11—图 10-14 分别是操作图中的三个“动画”按钮而得到的变化图形。

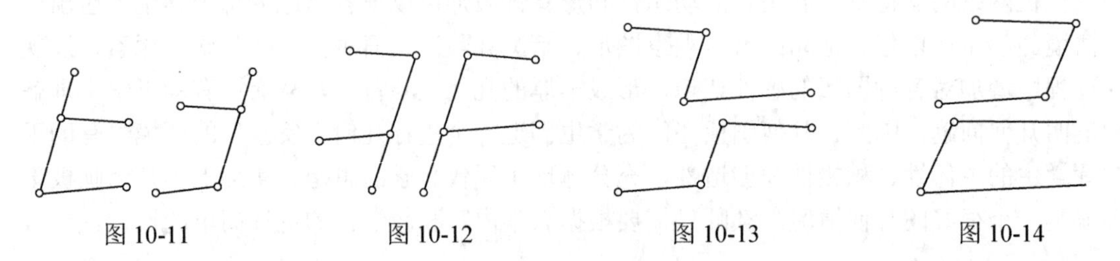

图 10-11　图 10-12　图 10-13　图 10-14

在这种背景下让学生去感知，去同化，通过探索，很自然地将“三线八角”的概念融入脑海里。

2. 动态准确地揭示几何规律

变动的事物、图形易引起人们的注意，从而在人脑中形成较深刻的印象。使用常规工具（如纸、笔、圆规和直尺等）画图，具有一定的局限性，并且画的图很容易掩盖极重要的几何原理。使用“几何画板”画图，可以根据记录的画法抽象出一个几何系统。当播放这个图形记录时，可以研究它各部分的关系和特殊情况，动态地观察、推测其正确或不正确。如二次函数的应用，既是教材的重点，也是难点，如何突破这一难点呢？通过实例利用几何画板制作图形和图象的动画，就可以让学生观察图象的变化过程，找出规律，发现定理。同时，可借助“几何画板”强大的测算功能观察图形边长、面积的变化，从而使二次函数的应用及性质一目了然。

例 10.3　有一块三角形的地 ABC，AD 是 BC 边上的高，且 $BC=60\text{m}$，$AD=40\text{m}$，要在这块地上建一座矩形大楼，使它的一边在 BC 上，问如何选取矩形的边长才能使大楼的占地面积最大？最大面积是多少？

这个例子可以用二次函数的极值求解，是一个典型的数形结合问题。利用几何画板来讨论这个问题，可以达到很好的教学效果。下面是针对这个例子制作的课件中的几幅画面，如图 10-15—图 10-17 所示。在课件中，我们通过动画按钮或拖动相应的点（比如点 E）就可以得到数形结合的动态变化效果，较好地揭示问题的内在规律。

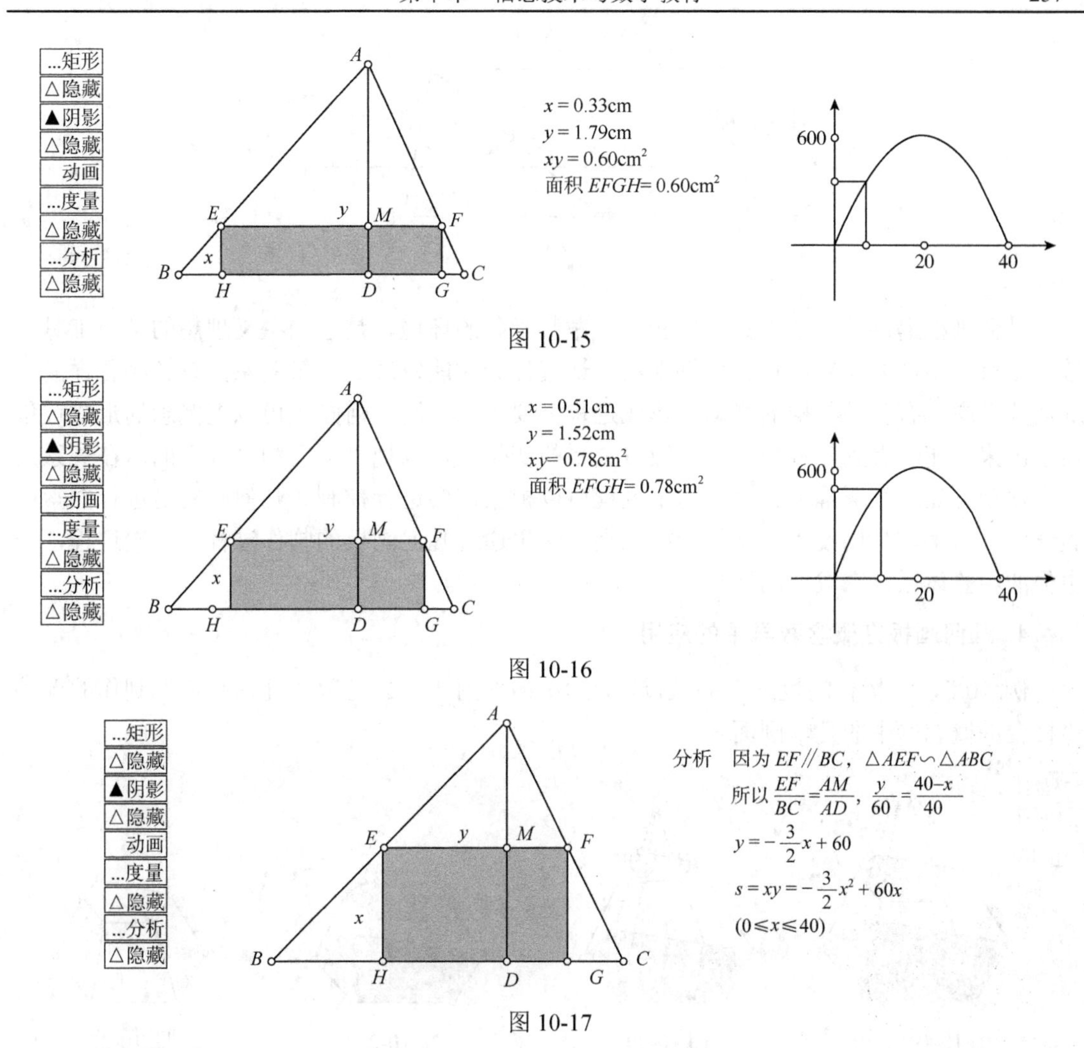

图 10-15

图 10-16

图 10-17

3. 形象直观地反映事物之间的联系

学生在观察、比较中，进行了建构，获取了知识，几何画板还能形象直观地反映事物之间的关系，便于学生用联系的、整体的观念把握问题。通过研究发现，学生对数学概念进行心理表征时，常常要借助于直观形象。数学的一大特点是抽象性，而抽象不便于理解。这时借助几何画板可形象生动地进行直观教学。例如，轨迹这个概念相当抽象，学生掌握这一概念相当困难。而制作一个轨迹动画就能“说”得清，使学生一目了然。

例 10.4　同底等高的一组三角形，底 BC 固定不动，顶点 A 在平行于底边的直线上滑动，观察重心的位置及重心轨迹。

如图 10-18 所示，是用几何画板制作的课件中的一个画面，操作画面中的“动画”按钮可得到计算机动画演示。

观察发现：

（1）不论三角形如何变化，重心永远在三角形内。

（2）同底等高的一组三角形的重心轨迹是一条直线（证明略）。

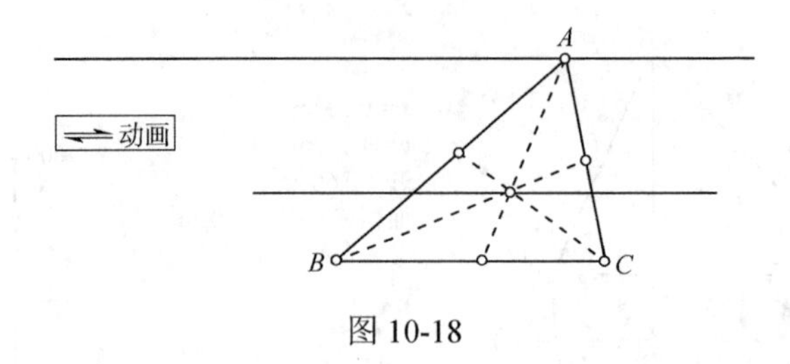

图 10-18

几何画板提供了一个“数学实验”“做数学”的环境，是建构主义理想的学习工具。数学中有许多需要反复比较、仔细观察、认真体会才能发现的数量关系，有各种各样的情况需要考虑，有各种各样的概念的形成过程需要显示。用几何画板可以把概念的形成过程显示出来。随时看到各种情形下的数量关系的变化；可以把“形”和“数”的潜在关系及其变化动态显现在屏幕上。而且这个过程可以根据需要进行控制。几何画板是进行探索、验证的好帮手，是创设“情境”的好工具。学生通过几何画板的制作过程、比较过程，产生他的经验体系，完成他的认知。

4. 几何画板在概念教学中的应用

例 10.5　“棱台的概念”的教授，图 10-19—图 10-22 是用“几何画板”制作的课件“棱台的概念”中的几幅画面。

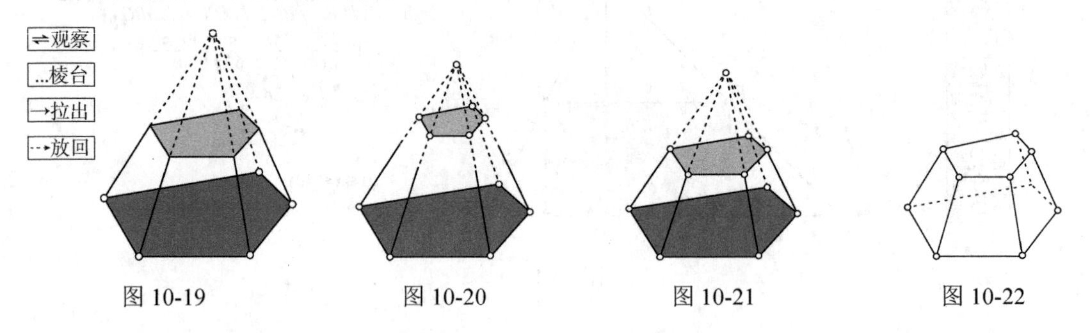

图 10-19　图 10-20　图 10-21　图 10-22

几何画板绘制各种立体图形非常直观，可以让学生理解从平面图形向立体图形、从二维空间向三维空间过渡的难题。因为它能把一个“活”的立体图形展现在学生的眼前，为培养学生的空间想象能力开辟了一条捷径。

几何画板对图形的可控变功能为一图多用提供了宽松的环境，如课件“棱台的概念”只需要通过控制按钮的改变就可观察棱锥、棱台的相互转化，可以减少大量不必要的重复作图。通过几何画板可以将原来黑板或幻灯片上的“死图象”变成一个“活图象”，真正把学生引入数形结合的世界，使学生对棱台的概念有深刻的理解。几何画板减少了许多不必要的重复劳动，节省了课堂时间，提高了上课时间的利用率，为提高 45 分钟的授课质量奠定了基础。

通过动画演示，清晰地看出棱台的组成部分，棱台的侧棱、侧面、上底面、体积都随棱台的高度变化而变化。学生能在图形的变化中轻松愉快地学习新知识、新概念，同时在几何变换中陶冶情操。

二、“Z+Z”智能教育平台

（一）“Z+Z”智能教育平台简介

“Z+Z”智能教育平台，即“智能化的知识型教育平台”，是由张景中院士主持开发的，由人民教育电子音像出版社和东方科技集团有限公司合作出版。该平台能够以直观方式帮助学生认识抽象、复杂的数学现象，提高学生形象思维和逻辑思维能力、发展学生探索能力，能够在很大程度上替代教师的机械、重复劳动，使得他们致力于独创性教学的数学教育软件。它是一种着眼于展现数学活动过程——包括几何体运动和变换过程、几何命题证明过程、代数运算过程、概率实验过程，以及数据生成过程等，融工具性和资源性于一身的数学智能软件平台。

“Z+Z”智能教育平台功能强大，现在已经开发出平面几何、解析几何、立体几何、初中代数、三角函数、超级画板。

（二）“Z+Z”智能教育平台的功能

1.“平面几何”“平面解析几何”和“立体几何”的主要功能

（1）动态作图：图形中的点可以拖动，点的拖动引起图形的变化。

（2）运动和轨迹：可以让图形中的一个或几个点沿一定的路线运动。

（3）文本和公式：可以在屏幕上的任何位置书写文字、符号和数学公式。

（4）动态测算：可以测量屏幕上画出的几何图形中的各种几何量。

（5）知识查询和应用：可以向计算机提问题，并和它讨论问题。

2.“三角函数”的主要功能

（1）动态作图。

（2）轨迹生成。

（3）动态测量。

（4）自动解题、交互解题。

3.“初中代数”的主要功能

（1）自动解题。

（2）智能作图。

4.“超级画板”的主要功能

（1）写：写文本、写公式。

（2）画：画各种动态几何图形、画各种函数图象、画各种曲线、画经过指定点列的曲线。

（3）测：可以测量画出的几何图形中的各种几何量。

（4）变：画出来的图形能够随条件和参数的变化而变化。

（5）编：高中新课程标准中有关于算法和编程的内容，超级画板提供了编写程序和运行程序的环境。

（6）演：在课堂上演示课件讲稿，边讲边写边算边画，如同电子白板。

（7）推：具有几何自动推理和三角公式交互推演的功能。

（8）算：提供15位有效数字的动态数值计算，还能进行大整数计算和符号计算。

（三）“Z+Z”智能教育平台的优势

以“Z+Z”智能教育平台——超级画板为例进行说明。

超级画板是在原有的初中代数、初中几何等软件的基础上推出的新软件。它好学好用，智能作图方便快捷，函数作图功能强大，还可以实现动画、自动推理等功能。在技术上，既体现了计算机容易复制、保存和传播、快速计算和智能性等特点，又兼顾了教师在传统教学中的习惯，是智能的电子黑板。教师既可以保持在传统教学中的习惯，又能超越传统，进行教学改革，推出新的教学模式。

1. 智能工具，方便好用

1）智能作图方便快捷

画笔是超级画板中的常用工具，它具有智能性，非常好用。通过鼠标单击、双击和拖动等简单操作就可以做出一些基本图形。如单击作点、单击拖动画线、双击拖动就可以作圆。同时这些图形都是动态的，可以任意拖动某个点，图形会跟着改变。

另外，作图时，当鼠标移到线段的中点或垂足时，都有相应的提示，这时单击鼠标，就作出了线段的中点或垂足。而且不管怎么改变线段，这些特殊点都保持它的几何性质不变。同样地，新画的线段与其他线段满足平行或相等关系时，系统也有相应的提示，单击鼠标就能完成提示的操作了。

2）智能文本和公式显示

在数学教学中，常常要运用大量 Word、PowerPoint 等软件，教师时常感到书写公式的不便，还不如直接在黑板上板书。超级画板提供了文本工具，它能实现智能显示文本和公式。教师只要通过键盘输入就可以轻松编辑各种文本和公式。

3）自动推理

超级画板具有自动推理的功能。作图时，系统记录下了各个图形的几何特征。计算机可以根据这些几何特征和外部添加的条件进行推理。逐步展开便可查看推理过程，计算机还能生成详细的解答过程，供学生参考。

2. 面向中小学数学教育，针对性强

超级画板直接面向中小学数学教育，针对性强。例如，不仅可以作出点、线、圆、多边形等几何图形，还可以作出各种函数曲线，能满足数学教学中的各种需要。

1）函数作图功能强大

通过输入函数的表达式，可以作出对应的函数曲线。如输入 $y=2*x^\wedge 2+5*x+8$ 就作出了该抛物线的图形，还可以作指数函数、对数函数、正弦函数、余弦函数等各种函数图象。输入的方程可以是普通方程，也可以是参数方程或极坐标方程。函数表达式中的系数既可以是具体的数值，也可以是参数变量。

2）几何变换、动画和跟踪、轨迹

超级画板可以对几何对象进行平移、旋转、仿射等几何变换。将几何变换和超级画板中的动画功能结合起来，就可以看到图形变换的整个动画过程了。同 Flash 等软件相比，在画板中制作动画相当简单，只需要点击动画命令就可以了，并且可以根据需要调整参数范围、运动频率和运动模式等，还可以在对象运动时，跟踪、观察对象运动的轨迹。

3）动态测量和统计表格

在画板中可以动态测量点的坐标、线段的长度、圆的半径、周长和面积等变量。各个测量对象之间可以进行加、减、乘、除等运算。同时，如果将测量变量和统计表格关联，系统就会将测量变量在各个不同时刻对应的值记录在统计表格中，供学生研究各个变量之间的关系，寻找规律等。

3. 强大的教学资源库，开放性好，兼容性高

超级画板是个强大的教学资源库，推出了与现行教材配套的系列课件，可供教师参考使用。另外，系统的菜单里还封装了大量的资源，如各种立体图形（空间的点、线、面，柱体、锥体等）和动态曲线（函数曲线、参数曲线、极坐标曲线等），都可以在菜单里快速找出来，只需要一个菜单命令就可以完成了。

超级画板具有很好的开放性和兼容性。近年来，随着教育信息化的不断推进，很多一线教师都着手做了一些课件，并将这些课件发布在网络上共享。但同样一节课，教学设计因人而异，一百个老师来上，就有一百种不同的上法。所以有很多教师上网下载了相关的课件，但到应用时，总是不尽如人意，希望能对原有课件做些修改。但是用 Authorware、Flash 等软件制作的课件一经打包，就很难修改。而超级画板则是一个开放的系统，可以对下载的课件进行修改。

“Z+Z”文件容量很小，便于在网络上传播，能更好地实现资源共享。用超级画板做好的课件还可保存成网页的形式，通过浏览器就可以打开。另外，文件经打包后，还可以在没有安装该软件的系统上运行。

“Z+Z”智能教育平台是为我国基础数学教育改革量身定做的，合理有效地利用超级画板展开教学，能激发学生的学习兴趣，改变学生的学习方式，培养学生的创造性思维，使学生更热爱学习数学。

“Z+Z”智能教育平台既是教师教学的得力助手，也是学生学习的良师益友；既是资源库，也是制作课件的工具；既是教师课堂教学、制作课件、从事科学研究的工具，也是学生进行探究性学习、交流合作的平台。目前，将“Z+Z”智能教育平台运用于数学课程改革的实验正在各实验学校展开，并将逐步扩大实验区范围。

参考文献

1986. 数术记遗[M]. 上海：鸿宝斋.

1986. 孙子算经 [M]. 上海：鸿宝斋.

1986. 张邱建算经[M]. 上海：鸿宝斋.

1991. 简明国际教育百科全书：课程[C]. 江山野，译. 北京：教育科学出版社.

奥加涅相. 1983. 中小学数学教学法[M]. 刘远图，管承仲，等，译. 北京：测绘出版社.

柏拉图. 2002. 柏拉图全集第一卷[M]. 王晓朝，译. 北京：人民出版社.

鲍建生，徐斌艳. 2013. 数学教育研究导引（二）[M]. 南京：江苏教育出版社.

贝尔. 1990. 中学数学的教与学[M]. 许振声，管承仲，译. 北京：教育科学出版社.

比格. 1983. 学习的基本理论与教学实践[M]. 张敷荣，张粹然，王道宗，译. 北京：文化教育出版社.

波利亚. 2006. 数学的发现[M]. 刘景麟，曹之江，邹清莲，译. 北京：科学出版社.

波利亚. 怎样解题——数学教学法的新面貌[M]. 涂泓，冯承天，译. 上海：上海科技教育出版社.

博耶. 2012. 数学史[M]. 秦传安，译. 北京：中央编译出版社.

曹才翰，蔡金法. 1898. 数学教育学[M]. 南京：江苏教育出版社.

曹一鸣. 2007. 中学数学课堂教学模式及其发展研究[M]. 北京：北京师范大学出版社.

曹一鸣. 2008. 数学教学论[M]. 北京：高等教育出版社.

代钦. 2003. 儒家思想与中国传统数学[M]. 北京：商务印书馆.

代钦. 2006. 试论日本中小学数学教学研究形态——兼论日本中小学数学教学模式[J]. 数学教育学报，15(4).

代钦. 2011. 数学教育史——文化视野下的中国数学教育[M]. 北京：北京师范大学出版社.

代钦. 2014. 数学教育与数学文化[M]. 呼和浩特：内蒙古教育出版社.

丁尔陞，唐复苏. 1994. 中学数学课程导论[M]. 上海：上海教育出版社.

恩格斯. 1957. 自然辩证法[M]. 曹葆华，于光远，等，译. 北京：人民出版社.

费格尔. 2016. 苏格拉底[M]. 杨光，译. 上海：华东师范大学出版社.

弗赖登塔尔. 1995. 作为教育任务的数学[M]. 陈昌平，唐瑞芬，等，译. 上海：上海教育出版社.

弗赖登塔尔. 1999. 数学教育再探[M]. 刘意竹，杨刚，译. 上海：上海教育出版社.

戈培尔，波特. 1991. 教师的角色转换[M]. 万喜生，译. 长沙：湖南教育出版社.

格劳斯. 1999. 数学教与学研究手册[M]. 陈昌平，王继延，等，译. 上海：上海教育出版社.

郭书春. 1998. 九章算术（译注）[M]. 沈阳：辽宁教育出版社.

豪森，凯特尔，基尔帕特里克. 1992. 数学课程发展[M]. 周克希，赵斌，译. 上海：上海教育出版社.

赫尔巴特. 1989. 普通教育学·教育学讲授纲要[M]. 李其龙，译. 北京：人民教育出版社.

胡平生，陈美兰. 2016. 礼记·孝经（译注）[M]. 北京：中华书局.

霍金. 2005. 站在巨人的肩上——物理学和天文学的伟大著作集[M]. 张卜天，等，译. 沈阳：辽宁教育出版社.

霍瑟萨尔. 2015. 心理学家的故事[M]. 郭本禹，朱兴国，王申连，译. 北京：商务印书馆.

简明国际教育百科全书. 1991. 课程[C]. 江山野，译. 北京：教育科学出版社.

江晓原，谢筠. 1996. 周髀算经（译注）[M]. 沈阳：辽宁教育出版社.

瞿葆奎. 1991. 教育学文集——教师[M]. 北京：人民教育出版社.
卡约黎. 1925. 初等算学史[M]. 曹丹文，译. 上海：商务印书馆.
克拉克. 1987. 中学教学法[M]. 北京：人民教育出版社.
克鲁捷茨基. 1984. 中小学数学能力心理学[M]. 李伯黍，洪宝林，艾国英，等，译. 北京：教育科学出版社.
克罗齐. 2005. 作为思想和行动的历史[M]. 田时纲，译. 北京：中国社会科学出版社.
课程教材研究所. 2001. 20世纪中国中小学课程标准·教学大纲汇编（数学卷）[M]. 北京：人民教育出版社.
李大潜. 2006. 将数学建模思想融入数学类主干课程[C]. 2005大学数学课程报告论坛论文集. 北京：高等教育出版社.
李迪. 1997. 中国数学通史 [M]. 南京：江苏教育出版社.
李俨，钱宝琮. 1998. 李俨、钱宝琮科学史全集（第2卷）[M]. 沈阳：辽宁教育出版社.
李逸安，张立敏. 2015. 三字经·百家姓·千字文·弟子规·千家诗（译注）[M]. 北京：中华书局.
林永伟，叶文军. 2004. 数学史与数学教育[M]. 杭州：浙江大学出版社.
罗小伟. 2000. 中学数学教学论[M]. 南宁：广西民族出版社.
洛克. 2005. 理解能力指导散论[M]. 吴棠，译. 北京：人民教育出版社.
马忠林. 1991. 数学教育史简编[M]. 南宁：广西教育出版社.
米山国藏. 1986. 数学的精神思想和方法[M]. 毛正中，吴素华，译. 成都：四川教育出版社.
牛宝彤. 1984. 唐宋八大家文选[M]. 兰州：甘肃人民出版社.
欧阳钟仁. 1980. 科学教育概论[M]. 台北：五南图书出版公司.
皮亚杰. 1996. 发生认识论原理[M]. 王宪钿，译. 北京：商务印书馆.
皮亚杰. 1996. 结构主义[M]. 倪连生，等，译. 北京：商务印书馆.
璩鑫圭，唐良炎. 1991. 中国近代教育史资料汇编——学制演变[M]. 上海：上海教育出版社.
施良方. 1994. 学习论——学习心理学的理论与原理[M]. 北京：人民教育出版社.
十三院校协编组. 1980. 中学数学教材教法总论[M]. 北京：高等教育出版社.
舒新城. 1985. 中国近代教育史资料[M]. 北京：人民教育出版社.
数学教育研究会. 1999. 新数学教育の理論と実際[M]. 东京：聖文社.
斯托利亚尔. 1984. 数学教育学[M]. 丁尔陞，王慧芬，等，译. 北京：人民教育出版社.
苏霍姆林斯. 2001. 苏霍姆林斯基选集（五卷本·第5卷）[M]. 北京：教育科学出版社.
孙宏安. 1997. 杨辉算法（译注）[M]. 沈阳：辽宁教育出版社.
藤泽利喜太郎. 1901. 算术条目及教授法[M]. 王国维，译. 上海：教育世界杂志社.
田万海. 1993. 数学教育学[M]. 杭州：浙江教育出版社.
涂荣豹，宁连华. 2011. 中学数学经典教学法[M]. 福州：福建教育出版社.
涂荣豹，王光明，宁连华. 2006. 新编数学教学论[M]. 上海：华东师范大学出版社.
外尔. 2002. 对称[M]. 冯承天，陆继宗，译. 上海：上海科技教育出版社.
王建磐. 2009. 中国数学教育：传统与现实[M]. 南京：江苏教育出版社.
韦特海默. 1987. 创造性思维[M]. 林崇基，译. 北京：教育科学出版社.
维尔斯曼. 1998. 教育研究方法导论[M]. 袁振国，译. 北京：教育科学出版社.
梶田叡一. 1988. 教育评价[M]. 李守福，译. 长春：吉林教育出版社.
魏超群. 1996. 数学教育评价[M]. 南宁：广西教育出版社.
魏庚人. 1986. 中国中学数学教育史[M]. 北京：人民教育出版社.
吴国盛. 1995. 科学的历程（上册）[M]. 长沙：湖南科学技术出版社.
小仓金之助，黑田孝郎. 1978. 日本数学教育史[M]. 东京：明治图书.

小仓金之助. 1941. 数学教育史[M]. 东京：岩波书店.
徐本顺，殷启正. 1989. 数学中的美学方法[M]. 南京：江苏教育出版社.
雅卡尔. 2001. 睡莲的方程式——科学的乐趣[M]. 姜海佳，译. 桂林：广西师范大学出版社.
杨伯峻. 1980. 论语译注[M]. 北京：中华书局.
叶秀山. 2010. 美的哲学（重订本）[M]. 北京：世界图书出版公司.
英国学校数学教育调查委员会报告. 1994. 数学算学[M]. 北京：人民教育出版社.
俞子夷. 1917. 算术教授之科学的研究[J]. 教育杂志，9（3，4，6）.
张奠宙，宋乃庆. 2004. 数学教育概论[M]. 北京：高等教育出版社.
张奠宙. 1994. 数学教育研究导引[M]. 南京：江苏教育出版社.
张奠宙. 2003. 数学教育经纬[M]. 南京：江苏教育出版社.
张永春. 1993. 《习算纲目》是杨辉对数学课程论的重大贡献[J]. 数学教育学报，2（1）.
赵振威. 2000. 中学数学教材教法（第一分册总论）[M]. 上海：华东师范大学出版社.
郑毓信，梁贯成. 1998. 认知科学—建构主义与数学教育——数学学习心理学的现代研究[M]. 上海：上海教育出版社.
中华人民共和国教育部. 2001. 全日制义务教育数学课程标准（实验稿）[S]. 北京：北京师范大学出版社.
中华人民共和国教育部. 2003. 普通高中数学课程标准（实验）[S]. 北京：人民教育出版社.
钟鲁斋. 1934. 小学各科新教学法之研究[M]. 上海：商务印书馆.
钟鲁斋. 1938. 中学各科教学法[M]. 上海：商务印书馆.
周欣. 2004. 儿童数概念的早期发展[M]. 上海：华东师范大学出版社.
周学海. 1996. 数学教育学概论[M]. 长春：东北师范大学出版社.
佐藤学. 2004. 静悄悄的革命——创造活动、合作、反思的综合学习课程[M]. 李季湄，译. 长春：长春出版社.
佐佐木元太郎. 1985. 现代数学教育史年表[M]. 东京：聖文社.
Hergenhahn B R. 1989. 学习心理学——学习理论导论[M]. 王文科，译. 台北：五南图书出版公司.
Howard Eves. 1993. 数学史概论[M]. 欧阳绛，译. 台北：晓园出版社.
Kapur J N. 1989. 数学家谈数学本质[M]. 王庆人，译. 北京：北京大学出版社.
Robson，Stedall. 2008. The Oxford Handbook of the History of Mathematics[M]. Oxford：Oxford University Press Inc.
Rolf Biehler. 1998. 数学教学理论是一门科学[M]. 唐瑞芬，等，译. 上海：上海教育出版社.
Skemp. 1995. 数学学习心理学[M]. 陈泽民，译. 台北：九章出版社.
Stigler，Hiebert. 2002. 日本の算数·数学教育に学べ[M]. 东京：教育出版社.
Thorndike. 1922. The Psychology of Arithmetic[M]. New York：The Macmillan Company.

附　　录

近现代数学教育史年表

年份	数学教育史事项
1850	[美] E. Loomis：Analytical Geometry and Calculus（1850）。
1853	英国传教士伟烈亚力编《数学启蒙》二卷。
1858	李善兰与英国传教士伟烈亚力合译《几何原本》后九卷。（1607 年，徐光启和利玛窦翻译《几何原本》前六卷。）
1859	李善兰与英国传教士伟烈亚力合译中国第一部符号代数学课本——《代数学》，首次使用了“代数”这个术语。
1859	李善兰与英国传教士伟烈亚力合译《代微积拾级》。
1862	1.京师同文馆成立。
	2. I. Todhunter：the elements of EUCLID（几何教育改革的教科书，日文版为《宥克立》）。
1868	京师同文馆设立算学馆，并聘李善兰任总教习。
1870	[英] 成立“几何学教学改良协会”（A. I. G. T）。
1871	[英] Robinson：New University Algebra。
	[日] 花井静：笔算通书。
1872	1. 华蘅芳与英国人傅兰雅合译《代数术》。
	2. [德] G. Cantor：用无限数列定义实数。
	3. [德] F. Klein：Erlanger Programm（变换群与几何学）。
	4. [英] H. Smith：Treatise on Arithmetic。
	5.日本颁布《学制令》，废止和算，采用洋算。
1873	1. [英] J. M. Wilson：Solid Geometry and Conic Section（第 2 版）。
	2. [英] I. Todhunter：Trigonometry for Beginner。
	3. [日] 小学校算术书（6 卷，根据裴斯泰洛齐直观教授法编写）。
	4. [日] 关口开：新撰数学。
1874	1. 华蘅芳与英国人傅兰雅合译《微积溯源》。
	2. [德] G. Cantor 创立集合论。
	3. [法] Ch. Meray：Nouveaux Elements De Geometrie（融合平面几何和立体几何的教科书）。
	4. 关口开：几何初学（C.Davis 原著）。
	5. 关口开：微分术（Todhunter 原著）。
1875	[英] 几何教授改良协会（A.I.G.T.）Committee of A. I. G. T. Syllabus of Elementary Plane Geometry。
1876	1. [美] C. Davis：University Arithmetic（1876 版）。
	2. [日] 关口开：翻译 Todhunter 的几何学、积分术。
	3. [日] 粟野忠雄译：新数学全书（Robinson 的《算术》之译本）。
	4. [日] 宫川保全译：几何新论（J. R. Clark 的《几何学》翻译）。
1877	1. 华蘅芳与英国人傅兰雅合译《三角数理》。
	2. H. N. Robinson：New University Algebra。
	3. [日] 东京数学会社成立。
1878	[德] G. Cantor 连统统问题。
1880	1. 华蘅芳与英国人傅兰雅合译《决疑数学》。
	2. [德] Moritz Cantor：数学史。
1881	1. [美] G. A. Wentworth：Elements of Algebra。
	2. [德] J. Henrici 和 P. Treutlein：初等几何学教科书（几何、代数、三角法的融合）。

续表

年份	数学教育史事项
1881	3. [英] S. Newcomb：Elements of Geometry。
	4. [英] J. Casey：Elements of Euclid。
	5. [日] 长泽龟之助译：微分学（Todhunter 原著）。
	6. [日] 上野清译：轴式圆锥曲线法（Todhunter 原著）。
	7. [日] 寺尾寿：中等教育算术教科书（上下）。
1882	1. [法] Amiot：初等几何学教科书。
	2. [日] 田中矢德译：（1）算术教科书（Robinson 原著）；（2）代数教科书（Todhunter 原著）；（3）几何教科书（Todhunter 原著）。
1883	1. [德] J. Henrici and P. Treutlein：Lehrbuch der Elementargeometrie。
	2. [日] 长泽龟之助编译：《代数学》《平面三角法》（Todhunter 原著）。
1884	1. [英] Committee of A. I. M. T.：Elements of Plane Geometry，1884—1888。
	2. [日] 长泽龟之助译：宥克立（EUCLID）。
1886	1. [英] Ch. Smith：Elementary Algebra。
	2. [英] R. C. J. Nixon：Euclid Revised（1886）。
	3. [日] 长泽龟之助，宫田耀之助译：查理 · 斯密代数学。
1887	[英] Todhunter：Algebra for Beginners。
1888	1. [德] J. W. R. Dedekind（1831—1916）：Was Sind und was Sollendie Zahlen（数是什么？）。
	2. [英] Ch. Smith：Treatise on Algebra。
	3. [日] 菊池大麓：初等几何教科书（1888—1889）。
	4. [日] 寺尾寿：中等算术教科书。
	5. 长泽龟之助译：初等三角法（Casey 原著）。
1890	[日] 数理社：实验几何学初步。
1892	[美] 全美教育协会的数学 10 人委员会（委员长为 S. Newcomb）成立，数学教育采用学分制和选修制。
1893	1. [日] 菊池大麓，泽田吾一：初等三角法教科书。
	2. [日] 长泽龟之助译：几何学教科书（S. E. Warron 原著）。
1894	1. [德] G. Holzmuller：初等数学教科书。
	2. 美国数学会 The American Mathematics Society（AMS）成立。
1895	1. [美] Dewey J. and J. A. Mclellan：Psychology of number and its applications to methods of teaching Arithmetic。
	2. [美] W. W. Beman and D. E. Smith：Plane and Solid Geometry。
	3. [意] G. Peano：Formulaire de Mathematiques（第 1 卷）—数学的逻辑学。
	4. [日] 藤泽利喜太郎：算术条目及教授法。
1896	1. 华蘅芳任常州龙城书院院长兼江阴南菁书院院长。
	2. [日] 藤泽利喜太郎：算术教科书。
	3. [日] 桦正董：普通平面几何学教科书。
1897	1. 第一本数学杂志，黄庆澄在浙江温州出版了《算学报》。
	2. [英] 几何学改良协会改名为“数学协会”，创办会刊 Mathematical Gazette。
	3. [英] J. Perry：Applied Mathematics。
	4. [日] 菊池大麓：几何学讲义（第 1 卷，第 2 卷于 1906 年出版）。
1898	1. 光绪帝准设京师大学堂，谕大小书院一律改为“学堂”。
	2. [英] Peason：统计学确立。
	3. [法] J. Hadamard：Lecons de geometrie elementaire（初等几何教科书）。
	4. [日] 藤泽利喜太郎：（1）算术小教科书；（2）初等代数教科书。
1899	1. 朱宪章在桂林出版了三期《算学报》。
	2. [美] NSSE：进学委员会的报告（规定数学为 1 年级到 9 年级必修课，其后为选修课）[德]D. Hilbert：Grundlagen der geometry（几何学基础）。

续表

年份	数学教育史事项
1899	3. [英] J. Perry：应 Board of Education 的委托作演讲 Practical Mathematics。
	4. [英] J. Perry：初等数学教授要目（数学教育改革运动的第一步）。
1900	1. 杜亚泉在上海出版《中外算报》。
	2. 杜亚泉创办的《亚泉杂志》创刊，1901 年 9 月改为《普通学报》，共发表了关于数学教学中的问题解答的文章 13 篇。
	3. 周达受扬州的知新算社委托考察日本数学教育，回国后撰写《调查日本算学记》一书，并于 1903 年石印出版。这次调查在中日数学教育交流史上很有意义。
	4. [美] D. E. Smith：The Teaching of Elementary Mathematics。
	5. [德] F. Klein 在各学校协议会上提出了关于数学教育改革的意见。
	6. [法] J. Tannery：发表了《教育中的数学》。
	7. [日] 藤泽利喜太郎：数学教授法。
	8. 第 2 届国际数学家大会上 D. Hilbert 提出了 23 个数学问题。
1901	1.《教育世界》创刊于上海，主编为罗振玉，教育世界出版社。
	2. 废除八股文考试，改为试策论。
	3. 王国维翻译藤泽利喜太郎著的《算术条目及教授法》，在《教育世界》上连载。1908 年，赵秉良翻译出版《算术条目及教授法》，上海南洋官书局会文书社。
	4. [英] J. Perry：刊行 Discussion on the Teaching of Mathematics，这是数学教育改革运动的开始。
	5. [日] 长泽龟之助：新著代数学。
1902	1. 杜亚泉编写《最新算学教科书》。
	2. 颁布《钦定学堂章程》亦称壬寅学制，是中国第一次颁布的学校系统。
	3.（光绪壬寅年）华蘅芳《学算笔谈》序言中提到数学教学法。
	4. [美] E. H. Moore（MAA 会长）作了《关于数学的基础》的报告，与 Perry 的观点一致，倡导数学的“实验室”教学法。
	5. [德] F. 克莱因：关于高中数学教育。
	6. [英] Mathematical Gazette 上发表《几何教育》（Whitehead）。
	7. [英] ATM 的数学委员会：关于算术代数第 2 次报告。
	8. [英] 数学教育改革委员会报告：说明几何学初步的必要性。
	9. [英] 培利揭开了数学教育改革的序幕，他出版了《数学教学纲目》，发表一个重要演讲——数学的教学。
	10. [法] 教育部长 G. Leygues：“中等教育制度的全面的改革”中制定了“数学教授要目”。
	11. [日]颁布《中学校令实施规则》。
	12. [日] 公布了《中学校要目制定》。
1903	1. [英]（Perry）Godfrey and Siddons：Algebra，Elementary Geometry，Practical and Theoretical。
	2. [法] I. Tannery：数学的概念。
	3. [意] E. Enriques 和 U. Amaldi：几何学。
1904	1. 中国出版自编中学数学课本。
	2.《最新笔算教科书教授法》（杜亚泉与他人合作）。
	3. 颁布《奏定学堂章程》亦称癸卯学制。
	4. [德] F. Klein 在哥廷根大学作了《高中的数学教育》讲座。
	5. [德] F. Klein 在自然科学家学会上作了《数学教育的改革》的报告。F. Klein 提出 Hoheren Schulen 的数学教学大纲。
	6. [日] 高木贞治：新式算术讲义。
1905	1. 废除科举考试。
	2.《东方杂志》创刊，刊登介绍外国教育发展动向的文章外，还少量地刊登了初等数学的文章。
	3. 中华书局出版“新中学教科书”《初级混合数学》。
	4.《高等小学最新笔算教授法》（杜亚泉翻译）。
	5. [德] F. Klein 提出数学教育的《米兰大纲》。

续表

年份	数学教育史事项
1905	6. [英] Mathematical Association：The Teaching of Elementary Mathematics。
	7. [英] G. C. Young and W.H.A. Young：First book of Geometry。
	8. [法] E. Borel：几何学。
1906	1. [德] F. Reidt：Anleitung zum Mathematischen Unterricht an Hoheren Schulen。
	2. [英] Perry：Discussion at Johannesburg on the Teaching of Elementary Mechanics。
	3. [法] Meray：几何学（第 3 版）（融合平面几何和立体几何）。
	4. [日] 菊池大麓出版了《几何学讲义》第二卷（第一卷是 1897 年出版）。
1907	1. [德] F.Klein：高观点下的初等数学。
	2. [英] 英国数学协会报告《预备学校的数学教育》。
1908	1.《高等小学算学教科书》（8 套）出版，是第一个高小的课本，第一部翻译的中小学数学教科书。
	2. 1909 年，杜亚泉翻译出版《盖氏对数表》（附“用法说明”）。
	3. [德] Behrendsen and Gotting 合著《近代主义的数学教育书》。
	4. [英] Branford：A Study of Mathematical Education—Including the Teaching of Arithmetic。
	5. [法] E. Borel：三角学。
	6. [法] Bourlet：几何学。
	7. [意] 在罗马召开的第四届国际数学家大会上成立“国际数学学科调查委员会”。
1909	1. 商务印书馆创办《教育杂志》，该杂志刊登了大量的数学教育、教学研究的文章。
	2. [美] G. W. Myers（芝加哥大学）：出版融合数学教科书。
	3. [英] 数学协会、自然科学主任协会报告《数学教育与自然科学教育的联系》。
	4. [英] 教育部提出“几何学及应用图像的代数学”的方针。
	5. [英] 数学协会·理科主任协会报告。
1910	1. 颁布《改定学堂章程》（庚戌学制）。
	2. [美] E. R. Breslich：第 1 学年用数学，第 2 学年用数学，第 3 学年用数学（high school，融合数学）。
	3. [美] 实施数学教育的实验室教学法。
	4. [德] P. Treutlein 出版《几何学直观教学》。
	5. [德] A. Hofler：数学教育——数学科教学法的研究。
	6. [德] Steiniz：抽象代数学的完成。
	7. [日] 文部省数学学科调查委员会成立（委员长为藤泽利喜太郎）。
1911	1. [美] 在全美教育协会下成立了由 11 人组成的几何学大纲委员会报告：《几何大纲暂行规定方案》。
	2. [美] D. E. Smith：The Teaching of Geometry。
	3. [美] A. Shultze：The Teaching of Mathematics in Secondary Schools。
	4. [德] R. Schimmach：Die Entwicklung der Mathematischen Unterricht Reform in Deutchland。
	5. [英] P. Wilkinson and F. W. Cook：马克米兰革新算术。
	6. [日] Y. Mikami（三上义夫）：The Teaching of Mathematics in Japan（American Mathematical Monthly Vol.18）。
1912	1. 停止使用“学堂”，开始使用“学校”。
	2. 教育部成立，1 月 19 日教育部颁布所有学堂一律改为学校，教育部公布的文件中只见数学不见算学。
	3.《数学杂志》创刊，由崔朝庆在南通主编。国内外同仁捐款资助出版。
	4. 上海中华书局创办《中华教育界》杂志（月刊），1950 年 12 月停刊。这是中国近代历史最久、影响最大的教育刊物之一。该杂志上也刊载了不少数学教学研究的文章。
	5. [德] C. Runge 作报告《大学物理学家的数学陶冶》（倡导数学实验室）。
	6. [德] Behrendsen&Gotting：近代主义的数学教育书（上级用）。
	7. [英] 在剑桥大学召开的第五届数学家大会，国际数学学科委员会第一次报告，在会上日本学者藤泽利喜太郎作了数学学科调查报告——Summary Report on the Teaching of Mathematics in Japan。
	8. [英] H. J. Spencer：The Teaching of Elementary Mathematics in English Public Elementary School。
	9. [英] Board of Education：Special Reports on Educational Subjects：The Teaching of Mathematics in the United Kingdom。

续表

年份	数学教育史事项
1913	1. 商务印书馆出版的“共和国教科书”中的数学教科书有 5 种：《算术》《代数（上、下）》《平面几何》《立体几何》和《平面三角大要》。 2. [英] Perry：Elementary Practical Mathematics。 3. [英] H. M. I. Carson：数学教育论。 4. [日] 林鹤一：代数学教科书（有变量、坐标和函数图像内容）。 5. [日] 黑田稔：数学教育的新思潮。
1914	1. 商务印书馆出版依据教育部令编辑的《国民新教科书》。 2.《学生》杂志创刊（每期载有学生的数学小论文）。 3. 曾昭安等 39 人在武昌高等师范学校就读时，成立了数学研究会，这是中国最早的由学生发起的数学研究团体。后来他们出版了《数学研究会讲演集》。 4. [美] 美国数学协会（The Mathematical Association of America，MAA）成立——主要研究 College 数学教育法，创刊协会杂志 The American Mathematical Monthly。 5. [德] Stackel 的讲演：工业教育中数学（与 Perry 观点一致）。 6. [英] T. P. Nunn：代数教科书。
1915	1.《科学》杂志创刊，时有数学教育研究方面的重要文章。 2. [美] NESS：The 14th Year Book：Minimum Essentials in Elementary School Subjects—Standards and Current Practice。 3. [英] 教育部颁布“直观几何或实验几何学习之必要性”。 4. [日] 桦正董、田畑梅次郎译：几何学（Henrici 和 Treutlein 原著）。
1916	1. [美] 美国数学协会（MAA）：设立数学各项规定全美委员会。 2. [德] J. Kuhnel：算术教育的改造。 3. [德] W. Lietzmann：Methodikdes Mathemateschen Unterricht 第 1 卷《数学教学法 I》。 4. [英] 英国数学协会报告：《女子初中的初等数学教育》。 5. [日] 林鹤一：代数学教科书（响应改革运动思想）。
1917	1. 胡明复被哈佛大学授予哲学博士学位，成为中国第一位数学博士。 2. [美] Young 和 Morgan：Elementary Mathematical Analysis。 3. [美] D. E. Smith：作为市民教养的数学。
1918	1. 北京高等师范学校《数理杂志》创刊，翻译刊登了几篇重要的数学教学法的论文。 2. [美] Rugg 和 Clark 合著《初等数学基础》。
1919	1. 北京大学《数理杂志》创刊。 2. 武昌高等师范学校《数理化杂志》创刊。 3. 南京师范学校《数理化杂志》创刊。 4. 出版了混合数学的第一本教科书《布利氏新式算学教科书》（徐甘棠翻译）。日本称此书为“数学新主义”。 5. [美] NSSE，与教育有关的时间经济委员会报告《算术教育方法的原理》（W. S. Monroe）。 6. [德] W. Lietzmann：Mathematischen Unterricht Ⅱ《数学教学法Ⅱ》。 7. [英] 数学协会报告《（Public School）初中数学教育》。
1920	1. [美] Smith 的倡导下全美数学教师协会（简称 NCTM）成立。 2. [德] 操作教育、几何画法教育开始。
1921	1. [美] E. L. Thorndike：The New Method in Arithmetic。 2. [日] 翻译出版了 F. Klein 的《德国的数学教育》。
1922	1. 教育部通过并公布《学校系统改革令》，称“壬戌学制”数学课程初中各种数学科目都采用混合统编的方法，称“算学”。把算术、代数、几何、三角四项联络贯通成为一种混合数学。 2. [美] E. L. Thorndike：Psychology of Arithmetic（算术心理学）。
1923	1. 教育部颁布《初级中学算学课程纲要》，由胡明复起草。 2. 商务印书馆出版“新学制初级中学用”《混合算学教科书》（6 册，段育华编）。 3. 中华书局出版新中学初中使用课本《混合数学》（6 册，程廷熙编）。

续表

年份	数学教育史事项
1923	4. [美] E. I. Thorndike：Psychology of Algebra（代数的心理）。 5. [美] 数学诸规定全美委员会报告《中等教育中的数学改造》。 6. [美] Thorndike：Psychology of Algebra。 7. [美] The National Committee on Mathematical Requirements 报告《中等教育中的数学之改造》(Moore，Smith 等)。 8. [英] 数学协会报告《学校的几何教育》。 9. [英] M A：《学校中的几何教育》（第 1 回）（入门作图）。 10. [苏] 采用 Complex System。
1924	1. [美] E. R. Breslich 出版小学、中学数学教科书（混合数学）。 2. [美] B. Russel：Mathematics and the Metaphysicians。 3. [德] W.Lietzmann：Methodikdes Mathematischen Unterricht Ⅲ《数学教学法Ⅲ》。 4. [日] 小仓金之助：数学教育的根本问题。
1925	1. [美] D. E. Smith：The progress of algebra in last quarter of a century。 2. [美] J. W. A. Young：The teaching of mathematics in the elementary and Secondary Schools。 3. [美] M A：Teaching of Geometry in Schools。 4. [德] 提倡“操作教育中数学教育”和“创作教育中的数学教育”。 5. [德] F. Klein 去世。
1926	1. [美] NCTM 第 1 年报告：A Survey of Progress in the Past Twenty Five Years。 2. [美] A. D. Rugg：The National Committee on Mathematical Requirements。 3. [英] R. S.：Modern Method of Teaching Arithmetic。 4. [英] T. L. Heath：The Thirteen Books of Euclid Element。 5. [日] 锅岛信太郎：数学教育的革新。
1927	1. [美] NCTM 第 2 年报告：Curriculum Problems in the Teaching of Mathematics。 2. [美] D. E. Smith and W.D.Reeve：The Teaching of Junior High School Mathematics。 3. [美] Thorndike：形式陶冶说不成立之实验。 4. [德] Klufel：数学教育的教学及操作书。 5. [苏]《单一劳动学校数学教学大纲及教学法》。
1928	1. [美] NCTM 第 3 年报告：Selected Topics in the Teaching of Mathematics。 2. [美] F. Cajori：Mathematics in Liberal Education（自由教育的数学）。 3. [英] M A：Elementary Mathematics in Girls Schools。
1929	1. 教育部颁布《算学暂行课程标准》（包括小学算术、初中算学和高中普通科算学）。 2. 俞子夷著《小学算术教学法》，商务印书馆。 3. 公布《高级中学普通科算学暂行课程标准》。 4. [美] NCTM 第 4 年报告：Significant Changes and Trends in Teaching of Mathematics throughout the World since 1910。 5. [美] J. W. A. Young：The Teaching of Mathematics。 6. [英] M A：Report of the Teaching of Geometry。
1930	1. 北京师范大学《数学季刊》创刊。 2. 商务印书馆翻译出版日本著名数学教育家小仓金之助的《算学教育的根本问题》（颜筠译），1934 年再版。 3. [美] W. Betz：几何学学习的迁移之否定。 4. [美] Birkhoff：平面几何教育的公理体系。 5. [美] NCTM 第 5 年报告：The Teaching of Geometry。 6. [美] E. R. Breslich：The Teaching of Mathematics in Secondary School。 7. [美] J. O. Hassler and R. R. Smith：The Teaching of Secondary Mathematics。 8. [日]《数学教育》创刊。 9. [日]《学校数学》创刊。

续表

年份	数学教育史事项
1931	1. [美] NCTM 第 6 年报告：The Mathematics in Modern Life。 2. [美] D. E. Smith：The Teaching of Geometry。 3. [美] Birkhoff and Beatley：Basic Geometry。 4. [德] Hecht＆Arndt：算术教科书。 5. [英] C. Godfrey and A. W. Siddons：The Teaching of Elementary Mathematics。
1932	1.教育部对 1929 年的“暂行课程标准”进行修订，于 1933 年颁布正式的《算学课程标准》（包括小学算术、初高中算学）。 2. [美] NCTM 第 7 年报告：The Teaching of Algebra。 3. [英] M A：The Teaching of Geometry in Schools。 4. [日] 小仓金之助：数学教育史。
1933	1. 国立武汉大学数学系学生余潜修、王雍昭、王元吉等创立了“中等算学月刊社”，并创刊《中等算学月刊》，1937 年停刊，这是中国第一个中等数学专门杂志，也是中等数学教学研究的重要杂志。1950 年重刊，并定名为《武汉数学通讯》，1952 年又改名为《数学通讯》至今。 2. 著名数学史家、数学教育家 D. E. Smith 的《初等算学教学法》被翻译，连载于《中等算学月刊》第 5－8 期。 3. 李俨发表了关于中国数学教育史的第一篇论文——《唐宋元明数学教育制度》（《科学》第 17 卷（1933 年）第 10 期，1947 年收入其《中算史论丛》（四上），1955 年收入《中算史论丛》第四卷。 4. [美] NCTM 第 8 年报告：The Teaching of Mathematics in the Secondary School。 5. [英] M A：Report on Teaching of Arithmetic。 6. [美] E. H. Moore 去世。
1934	1. 李俨的第二篇关于中国数学教育史的论文——《清代数学教育制度》（《学艺》第 13 卷，1934 年，第 4、5、6 号），1947 年收入《中算史论丛》（四上），1955 年收入《中算史论丛》第四卷。 2. 遵照教育部的指示，北京师范大学举办了《中等教员暑期理科讲习班》，并成立了“中等数学教育研究会”。刘亦珩的报告《中等数学教育的改造》（安徽大学月刊第 2 卷第 2 期）产生了很大影响。 3. [德] 纳粹的数学教育。 4. [德] 全德联合数学会公布《第三国家的数学教育》。 5. [德] Bieberbach：《德国民族主义与教育》。 6. [英] M A：Report on the Teaching of Algebra in Schools。
1935	1.《教与学月刊》在南京创刊，该杂志只有许多关于教学法方面的文章。 2. 中国数学会在上海成立。 3. [美] 大学入学考试委员会数学大纲修订——“混合数学方针”被采用。 4. [德] F. Streicher：作为第三国家的教育手段之数学教育。 5. [日] 小仓金之助的《数学史研究 I》出版。 6. 根据各地反映“教学总时数过多”，对 1933 年“课程标准”进行修订而成《修正算学课程标准》（包括小学算术、初高中算学）。
1936	1.《中国数学杂志》创刊（上海），1939 年停刊，共出 5 期。 2.《教与学》杂志创刊，它刊登了多篇数学教学、教科书研究的文章。 3. 中国数学会创办《中国数学会学报》（总编为苏步青）和《数学杂志》（主编为顾澄）。 4. [美] NCTM11 年报告：The Place of Mathematics in Modern Education。 5. [美] W. D. Reeve：Mathematics and Integrated Program in Secondary School（MT）。 6. [美] 全美数学教师协会年度报告《现代教育中数学的地位》。 7. [英] Hogben：Mathematics for Millions（百万人的数学）。
1937	[日] 小仓金之助《科学的精神与数学教育》。
1938	1. [美]（NAPS）Snedden 倡导：从高中（High School）教科书中取消数学。 2. [英] M A：关于算术教育的报告。 3. [英] M A：A Second Report on the Teaching of Geometry in School（2）（平面几何和立体几何的统一）。 4. [英] 数学协会报告《学校的几何教育》（第二次）。

续表

年份	数学教育史事项
1939	1.“算学”改为“数学”，全国统一使用“数学”这个名词术语。[日]翻译出版英国霍古边的《百万人的数学》。 2. [美] NCTM14 年报告：The Training of Mathematics Teachers in Secondary Schools。 3. [美] J. M. Studebaker：New Trends in the Teaching of Mathematics. Mathematics、Teacher。
1940	1. [美] NCTM，MAA 15 年报告：The Place of Mathematics in Secondary Education。 2. [美] 进步主义教育协会（PEA）Mathematics in General Education（数学教育的生活单元学习的结束）。
1941	1.“为适应抗战建国之需要”颁布《修正数学课程标准》（包括小学算术、初高中数学）。 2. 颁布《六年制数学课程标准（草案）》。 3. 上海数理月刊社：《数理月刊》创刊，只出一期。 4. [美] NCTM 16 年报告：Arithmetic in General Education（趣味算术的确立）。 5. [瑞士] Piaget：《数的发展心理学》。 6. [瑞士] Piaget：《量的发展心理学》。
1943	[德] D. Hilbert 去世。
1944	1.《算学》共出版 12 期。 2. [英] Report of the Conference of Representatives of Examination Boards of Teachers' Associations：School Certifcate of Mathematics。
1945	[美] G. Polya：How to solve it? 《怎样解题》。
1946	1. 成都中等数学座谈会：《中等数学杂志》。 2. [英] M A：算术教育的目标，教材委员会成立。 3. [英] M A：The Place of Mathematics in Modern Schools。
1947	1. 广州中国数学会：《数学教育》（季刊）只出两期。 2. 北平中等算学社：《中等算学》（月刊）。
1948	1. 颁布《修订中学数学课程标准》，初中几何改以教学作图为主，高中解析几何、代数等艰深教材部分予以删减，最后一学期开设“数学复习”。 2. [美] G. Pdya 的《怎样解题》中文版出版。 3. [美] 向综合数学的方向发展。 4. [瑞士] J. Piaget：《空间概念的发达心理学》。
1950	1. 教育部颁布《小学算术课程暂行标准（草案）》。 2. 教育部颁布普通中学《数学教材精简纲要（草案）》。
1951	人民教育出版社出版的《中学数学课本精简本》作为全国统一教材供各地使用，是第一套全国统一教材。 《中国数学杂志》创刊，由毛泽东同志亲笔提写刊名，1953 年改名为 《数学通报》。
1952	1. 教育部颁布《小学算术教学大纲》（草案）和《小学珠算教学大纲》（草案）。 2. 教育部颁布《中学数学教学大纲（草案）》，是中华人民共和国的第一个中学数学教学大纲。 根据《中学数学教学大纲》，人民教育出版社出版一套中学数学课本。
1953	1. [美] NCTM 21 年报告：Learning of Mathematics its Theory and Practice。 2. [美] G. Polya：Mathematics and Plausible Reasoning Vol.1。 3. [英] M A：Report on the Teaching of Higher Geometry in Schools。
1954	1. 教育部颁布《中学数学教学大纲（修订草案）》，是中华人民共和国的第二个中学数学教学大纲。 2. [美] NCTM 22 年报告：Emerging Practices in Mathematics Education。
1955	1.根据 1952 年和 1953 年教材改编的新数学教材陆续在全国使用。 2. [英] M A：The Teaching of Mathematics in Primary Schools。 3. [英] M A：Report on the Teaching of Mathematics in Technical Colleges。
1956	教育部颁布《小学算术教学大纲（修订草案）》。
1957	1. 再次修订《中学数学教学大纲（草案）》，是中华人民共和国的第三个中学数学教学大纲。 2. [美] NCTM 23 年报告：Insight into Modern Mathematics。 3. [美] NCTM：Program Prouisions for the Mathematically Gifted Students in the Secondary School。

续表

年份	数学教育史事项
1958	1. [国际] ICMI（ェジソバラ）数学教育の現代化に関心增大。
	2. [美] NCTM 24 年报：The Growth of Mathematical Ideas，K-12。
	3. [美] Department of Health and Welfare：Mathematics and Science Education in U.S. Public Schools。
	4. [英] Ministry of Education：Teaching Mathematics in Secondary Schools。
1959	1. [美] CEEB 数学委员会：Program for College Preparatory Mathematics。
	2. [美] NCTM：The Secondary Math. Curriculum。
	3. [美] NCTM 24 年报告：The Growth of the Mathematical Ideas，grade K-12。
1960	1. [OEEC] Synopses for Modern Secondary School Mathematics。
	2. [美] NCTM 25 年报告：Instructionin Arithmetic。
1961	1. [美] NCTM 26 年报告：Evaluation in Mathematics。
	2. [美] MCTM：Revolution in School Mathematics。
1962	1. [ICMI]（ストツクホルム）Kenemy（美）。
	2. G. Polya：on Understanding，and Ploblem Solving。
1963	1. 颁布《全日制小学算术教学大纲》（草案）。
	2. 颁布《全日制中学数学教学大纲》（草案）。
	3. 按大纲编出一套“十二年制中学数学课本”。
	4. [OCED] Athens 数学会议：Mathematics Today。
	5. [美] Cambridge 数学会议。成果：Goals for School Mathematics。
	6. [美] NCTM：Computer Oriented Mathematics。
	7. [美] NCTM 27 年报告：Enrichment Mathematics for Grades。
	8. NCTM 28 年报告：Enrichment Mathematics for High School。
	9. [美] NCTM：An Analysis of New Mathematics Program。
	10. [英] M A：The Teaching of Analysis in Sixth Forms。
	11. [英] M A：The Supply and Training of Teachers of Mathematics。
	12. [英] C. Gattegno：For the Teaching of Mathematics。
	13. [法・加] Z. P. Dienes：An Experimental Study of Mathematics Learning。
1964	1. [美] B. Robert Davis：Discovery in Mathematics。
	2. [美] NCTM 29 报告：Topics in Mathematics for Elementary Teachers。
	3. [英] M A：Application of Elementary Mathematics。
	4. [英] M A：A Second Report on the Teaching of Arithmetic in Schools。
1965	1. [英] M A：A Second Report on the Teaching of Mathematics in Schools。
	2. [英] M A：Experiments in the Teaching of Sixth From Mathematics to Non-Specialists。
1966	1. [ICMI] 议题：数学公理的作用和问题解决。
	2. [美] M A. Sobel：Teaching General Mathematics。
	3. [美] M. Kline 现代化攻击，Begel，Meserve，Zant 反论。
	4. [英] M A：Mathematics in Education and Industry。
	5. [英] J. Pearey and K.Lewis：Experiment in Mathematics。
1967	1. [美] NCTM：Computer Facilities for Mathematics Instruction。
	2. [美] Research and Dvelopment in Education：Mathematics—A Report of the Conference on the Needed Research in Mathematics。
	3. [美] S. S. Willoughby：Contemporary teaching of Secondary School Mathematics。
	4. [英] M A：Some Suggestions for sixth From Work on Pure Mathematics and Applications of Sixth From Mathematics Education。
	5. [英] ATM：Notes on Mathematics in Primary School。
	6. [法] Lichnerovicz：Rapport Preliminaire de la Commission ministerielle sur l Enseignment des Mathematiques。

续表

年份	数学教育史事项
1968	1. [美] NCTM. NASSP：The Continuing Revolution in Mathematics。 2. [美] R. V. Bruce：soviet secondary School for the Mathematically Talented（NCTM）。 3. [英] M A：Mathematics Laboratory in School。 4. [英] M A：Mathematics Projects in British Secondary Schools。
1969	1. [美] NCTM 30 年报告：More Topics in Mathematics for Elementary School Teachers。 2. [美] NCTM 30 年报告：Historical Topics for the Mathematics Classroom。 3. [美] Walter：Computer Assisted Instruction and the Teaching of Mathematics（MT）。 4. [瑞士] Piaget：The Psycholog ie et pedagogie。 5. [苏联] V. A. Krutetskii：The psychology of Mathematical Abilities in school Children。
1970	1. [美] NCTM 32 年报告：A History of Mathematics Education in the United States and Canada。 2. [美] NCTM 33 年报告：The Teaching of Secondary School Mathematics。 3. [美] NCTM 34 年报告：Instructional Aids in Mathematics。 4. [英] M A：Primary Mathematics，A Further Report。 5. [英] ATM：Mathematical Reflection。 6. [瑞士] J. Piaget：L'Epistemologie genetique（发生认识论）。 7. [英] Bertrand Russel 去世。 8. [法] de Gaulle 去世。
1971	1. [美] SSMCIS Bulletin：Mathematic Education in Europe and Japan。 2. [美] NCTM：Piagetion Cognitive Development Research and Mathematical Education。 3. [英] R. R. Skemp：The Psychology of Learning Mathematics。 4. [英] M A：Computers and the teaching of Numerical Mathematics in the Upper Secondary Schools。
1972	1. [ICME Ⅱ] R. Thom：Modern Mathematics：does it exist?（现代化批判）。 2. [美] NCTM 35 年报告：The Slow Learner in Mathematics。 3. [英] G. Mathews：Mathematics through School（John Murry）。
1973	1. [美] NCTM 36 年报告：Geometry in Mathematics Curriculum 刊行。 2. [美] NCTM：Guidelines for the Preparation of Teachers of Mathematics。 3. [美] E. Moise：Jobs，Training and Education for Mathematics（AMS）。 4. [英] M. H. Preston：The Measurement of Affective Behaviour in CSE Mathematics。
1974	1. [UNESCO] Goal and Means regarding Applied Mathematics in School Teaching（Report of a Seminar in Lyon）。 2. [美] R. W. Copeland：How Children learn Mathematics? 3. [英] A. G. Howson：Giving meaning to Mathematics（Mathematical Gazette）。 4. [英] M A：（1）Primary Mathematics，a future report；（2）Mathematics：11 to16。 5. [法] J. Dieudonne：Should we teach Modern Mathematics?（American Scientist Vol.61）。
1975	1. [美] NCTM：Research on Mathematical Thinking of Young Children。 2. [美] NCTM 37 年报告：Mathematics Learning in Early Childhood。 3. [荷兰] B. Christiansen：European Mathematics Education，the Past and Present。 4. [瑞士] J. Piaget：To understand is to discovery or to reconstruct by rediscovery。
1976	1. [OECD] New Patterns of Teacher Education and Tasks：Teachers as Innovators。 2. [美] NCTM 76 年报告：Measurement in School Mathematics。 3. [英] A.Fitzgerald：Mathematical Knowledge and Skills regarded by pupils entering Industry at the 16 level（Math in School 5 月号）。 4. [联邦德国] Deutche Mathematiker Vereinigung，Denkschrift zum Mathematikunterricht an Gymnasium。 5. [荷兰] B. Christiansen：European Mathematics Education —Past and Present：an Outline of Major Development in the Period，1960—1976。

续表

年份	数学教育史事项
1977	1. [美] NCTM 1977 年报告：「Organizing for Mathematics Instruction」刊行。
	2. [美] NCSM：Position Paper on Basic Mathematics Skills。
	3. [美] M. N. Suydam and A. Osborne：The Status of Pre-College Science，Mathematics and Social Science Education。
	4. [英] School Council Research Programme：Report of the Mathematics Syllabus Steering Group。
1978	1. 颁布《全日制十年制学校中学数学教学大纲（试行草案）》和《全日制十年制学校小学数学教学大纲（试行草案）》。
	2.《全日制十年制学校初中课本数学（试用本）》和《全日制高中课本数学（试用本）》在全国使用。
	3. [美] NCTM 1978 年报告：Developing Computational Skills。
	4. [英] 英国教育部：Curriculum Development Branch；Mathematics Guide，years one to twelve。
	5. [美] E. F. Krause：Mathematics for Elementary Teachers。
	6. [美] MAA & NCTM：Position Statement on Recommendations for the Preparation of High School Students for College Mathematics Courses。
1979	1.教育部在北京召开“部分省市自治区中小学数学教材改革座谈会”。
	2. [美] NCTM 1979 年报告：Application in School Mathematics。
	3. [美] NCTM：Research in Mathematics Education。
	4. [美] J. T. Fey：Mathematics Teaching today，Perspective from three National Surveys。
	5. [英] M. Brown：Teacher’s Guide to the CSMS Number Operation Test（Concepts in Secondary Mathematics and Science）。
	6. [瑞士] J. Piaget 去世。
1980	1. 对 1978 年“大纲（草案）”进行修订，印行第二版《全日制十年制学校中学数学教学大纲》。
	2. 教育部在北京召开“部分省市、自治区中小学数学教材改革第二次座谈会”。
	3. 第一次设立数学教育专业硕士点。
	4. ICMI-4 在美国加利福尼亚大学伯克利分校召开。中国（除港澳台外）代表 5 人参加，他们是华罗庚、丁石孙、丁尔陞、曹锡华和曾如阜。华罗庚作了“普及数学方法的若干经验”的报告，丁尔陞作了“中国数学教育简介”的报告，这也是我国（除港澳台外）代表首次参加 ICMI。
	5. [UNESCO] Summary of a Report of the UNESCO Meeting of Experts on Goals for Mathematics Education。
	6. [美] NCTM 1980 年报告：Problem Solving in School Mathematics。
	7. [美] R. B. Davis：An Analysis of Mathematics in Soviet Union。
	8. [美] MAA：Prime 80，Proceedings on Prospect in Mathematics Education in the 1980’s（1978）。
	9. [英] APU（Assessment of Performance Unit）：Mathematical Development：Primary Survey（Her Majesty’s Stationery Office）。
	10. [英] M A：Primary Survey Report，HMO。
1981	1. 制定了《六年制重点中学数学教学大纲（草案）》。
	2. 中日数学教育学研究会在日本山梨大学召开，发起人为马忠林、钟善基和日本学者横地清。
	3. 北京师范大学、华东师范大学、辽宁师范大学等高师院校数学系获“教材教法研究”硕士研究生授予权。
	4. [美] NCTM 1981 年报告：Teaching Statistic and Probability。
	5. [美] NCTM，AASA，ASCD：Changing School Mathematics：A Responsive Process。
	6. [美] S. S. Willoughby：Teaching Mathematics，What is Basic?
	7. [英] A. G. Howson，C.Kertel and J.Kilpatrick：Curriculum Development in Mathematics。
1982	1. 中国教育学会数学教学研究会成立。
	2. [美] NCTM 1982 年报告：Mathematics in the Middle Grades。
	3. [美]“Mathematics Counts”：Report of the Cockcroft Committee of Inquiry into the Teaching of Mathematics in Schools—HMSO。
	4. [美] Mathematics today（Charles E. Marrell Publishing Company）。
1983	《数学教学研究》创刊。

续表

年份	数学教育史事项
1985	设立“陈省身数学奖”。
1986	1. 国家教育委员会按“适当降低难度，减轻学生负担，教学要求尽量明确、具体”的原则，制定了新的《全日制小学数学教学大纲》和《全日制中学数学教学大纲》。 2. 建立中国、日本、法国、美国、德国五国数学教育会议组织。 3. 第三次五国数学教育会议在北京举行。
1988	1. 国家教育委员会颁发了《九年制义务教育全日制小学、初中数学大纲（初审稿）》。 2. ICMI-6 在匈牙利布达佩斯召开，中国（除港澳台外）有 8 人参会，他们是张奠宙、丁尔陞、蔡上鹤、曹飞羽、孙树本、叶其孝、袁传宽和王长沛。
1989	我国中学生代表队首次在国际数学奥林匹克竞赛上夺冠，此后一直名列前茅。
1990	1. 在大连召开“全国高师数学教育专业（本科）教育教学改革研讨会”。 2. 颁布《全日制中学数学教学大纲（修订本）》。
1991	1. 设立“华罗庚数学奖”。 2. 国家教委师范司召开“高等师范学校数学教育专业教育教学改革工作小组扩大会”（北京）。 3. ICMI 中国地区数学教育大会在北京召开。
1992	1. 苏步青数学教育奖开始运作。 2.《数学教育学报》创刊，1995 年改为季刊。 3. 首届数学教育高级研讨班在宁波举行，此后每年举行一届。 4. 国家教育委员会正式颁布《九年义务教育全日制初级中学数学教学大纲（试用）》。 5.《九年义务教育全日制初级小学数学教学大纲》（试用）。 6. ICMI-7 在加拿大魁北克召开，中国（除港澳台外）有 9 名代表参加，分别是张奠宙、唐瑞芬、裘宗沪、丁尔陞、关成志、凤良仪、孙名符、胡清林和刘意竹。
1993	1. 多种数学教材开始付诸使用。 2. 全国高师数学教育研究会第 5 届年会在吉林省四平市召开。 3.“中、日、美三国数学教育会议”在上海市和山东寿光分两个阶段举行，我国第一所民办的“侯镇数学教育研究所”同时挂牌成立。
1994	1. 由国际数学教育委员会和我国联合举办的。 2. ICMI 在华东师范大学举行，会上张奠宙教授被选为权威性的国际数学教育委员会的 11 人执行委员会委员（1995—1998），是中国人首次进入这一高层次的领导机构。
1995	1. 21 世纪中国中学数学课程教材改革研讨会在西南师范大学举行。 2. 全国数学学科教学论研究生培养工作会议在贵州师范大学举行。 3. 第一次全国文科数学教育研讨会在太原举行。
1996	1.（数学）教育硕士、数学教育研究生课程班在全国 16 所高师院校面向在职中小学教师招生，并逐步扩大到更多院校和地区。 2. 颁布《全日制普通高级中学课程教学计划（实验）》及相关的《全日制普通高级中学数学教学大纲（实验）》。 3. ICMI-8 在西班牙的塞维利亚市举行，张奠宙担任该届大会国际程序委员会委员，我国（除港澳台外）有 23 人参加。
1999	1. 王建磐先生被选入国际数学教育委员会执行委员会。 2. 华东师范大学、南京师范大学挂靠教育系，以基础数学教授为第一导师的数学教育博士研究生招生。
2000	1.“园丁工程”开始实施，国家中学数学学科带头人培训班在北京师范大学、华东师范大学、东北师范大学、陕西师范大学、华中师范大学、西南师范大学等校开班。 2. 第二届国际数学教育学术研讨会在杭州举行。 3. 颁布《九年义务教育初级中学数学教学大纲（试用修订版）》《九年义务教育全制小学数学教学大纲（试用修订版）》和《全日制普通高级中学数学教学大纲（试用修订版）》。 4. ICMI-9 在日本东京举行，北京教育学院王长沛为大会国际程序委员会成员，中国（除港澳台外）约有 110 人与会，参加人数有大幅增长。

续表

年份	数学教育史事项
2001	1. 颁布《全日制义务教育数学课程标准》（实验稿）。 2. ICMI 中国区域第三次会议在长春市东北师范大学召开。
2002	第 24 届国际数学家大会在中国北京召开，来自 100 多个国家（地区）的 4200 多位数学家与会。这是 21 世纪第一次国际数学家大会，也是历史上第一次在发展中国家举行的国际数学家大会。
2003	颁布《普通高级中学数学课程标准》（实验）。
2004	ICME-10 在丹麦的哥本哈根举行，南京大学郑毓信为大会国际程序委员会成员，中国（除港澳台外）约有 60 人与会。
2008	ICME-11 在墨西哥的蒙特雷市举行，鲍建生为大会国际程序委员会成员，中国（除港澳台外）约有 60 人与会。
2012	ICME-12 在韩国首尔举行，华东师范大学的李士锜为大会国际程序委员会委员。